Inhaltsverzeichnis

1 Leitungen, Anlagen, Schutzmaßnahmen

1.1.1	Kurzzeichenschlüssel für Leitungen	12
1.1.2	Starkstromleitungen	13
1.2.1	Kabel	14
1.2.2	Installationszonen	15
1.3.1	Installationsformen	16
1.3.2	Installationsformen und Schutzbereiche	17
1.4.1	Strombelastbarkeit und Überstromschutz von Leitungen für feste Verlegung	18
1.4.2	Abweichende Betriebsbedingungen von Leitungen für feste Verlegung	19
1.5.1	Hausanschlüsse	20
1.5.2	Selektiver Netzaufbau	21
1.6.1	Gebäudeschnitte, Teilbereiche	22
1.6.2	Gebäudeschnitt einer Mietwohnung	23
1.7.1	Zählerplatz mit Verteilung	24
1.7.2	Installationsplan	25
1.8.1	Funkentstörung	26
1.8.2	Entstörschaltungen	27
1.9.1	Empfangsantennen	28
1.9.2	Gemeinschaftsantennenanlagen	29
1.10.1	Blitzschutz, Auffangeinrichtungen	30
1.10.2	Blitzschutzanlage	31
1.11.1	Gefahren der Elektrizität; Zulässige Berührungsspannung	32
1.11.2	Schutzmaßnahmen; Schutzklassen; Schutzarten	33
1.12.1	Netzformen	34
1.12.2	Schutz gegen gefährliche Körperströme bei direktem Berühren	35
1.13.1	Schutz gegen gefährliche Körperströme bei direktem und indirektem Berühren	36
1.13.2	Schutz gegen gefährliche Körperströme bei indirektem Berühren	37
1.14.1	Schutzisolierung und Schutztrennung	38
1.14.2	Hauptpotentialausgleich, Querschnitte für Schutzleiter und Potentialausgleichsleiter	39
1.15.1	Schutz durch Abschaltung im TN-Netz	40
1.15.2	Schutz durch Abschaltung im TT-Netz	41
1.16.1	Schutz durch Abschaltung oder Meldung im IT-Netz	42
1.16.2	Prüfung des Isolationszustandes von elektrischen Anlagen	43
1.17.1	Messung des Erdungswiderstandes und Messung des Schleifenwiderstandes	44
1.17.2	Nachweis der Wirksamkeit von Fehlerstrom- und Fehlerspannungs-Schutzeinrichtungen	45
1.18.1	Erstprüfungen an Starkstromanlagen DIN VDE 0100 Teil 600	46
1.18.2	Erstprüfungen an Starkstromanlagen DIN VDE 0100 Teil 600	47
1.19.1	Erstprüfungen an Starkstromanlagen DIN VDE 0100 Teil 600	48
1.19.2	Erstprüfungen an Starkstromanlagen DIN VDE 0100 Teil 600	49
1.20.1	Erstprüfungen an Starkstromanlagen DIN VDE 0100 Teil 600	50
1.20.2	Erstprüfungen an Starkstromanlagen DIN VDE 0100 Teil 600	51
1.21.1	Erstprüfungen an Starkstromanlagen DIN VDE 0100 Teil 600	52
1.21.2	Erstprüfungen an Starkstromanlagen DIN VDE 0100 Teil 600	53

1.22.1	Erstprüfungen an Starkstromanlagen DIN VDE 0100 Teil 600	54
1.22.2	Erstprüfungen an Starkstromanlagen DIN VDE 0100 Teil 600	55
1.23.1	Erstprüfungen an Starkstromanlagen DIN VDE 0100 Teil 600	56
1.23.2	Erstprüfungen an Starkstromanlagen DIN VDE 0100 Teil 600	57
1.24.1	Erstprüfungen an Starkstromanlagen DIN VDE 0100 Teil 600	58
1.24.2	Erstprüfungen an Starkstromanlagen DIN VDE 0100 Teil 600	59

2 Lampenschaltungen

2.1.1	Ausschaltungen (Schaltzustände)	60
2.1.2	Ausschaltungen	61
2.2.1	Gruppen- und Serienschaltung (Schaltzustände)	62
2.2.2	Gruppen- und Serienschaltung	63
2.3.1	Wechselschaltungen (Schaltzustände)	64
2.3.2	Wechselschaltungen	65
2.4.1	Kreuzschaltung (Schaltzustände)	66
2.4.2	Kreuzschaltung	67
2.5.1	Stromstoßschalter (Schaltzustände)	68
2.5.2	Stromstoßschalter	69
2.6.1	Serienwechselschaltung (Schaltzustände)	70
2.6.2	Serienwechselschaltung	71
2.7.1	Automatische Treppenhausbeleuchtung (Schaltzustände)	72
2.7.2	Automatische Treppenhausbeleuchtung	73
2.8.1	Sicherheitsbeleuchtung (Schaltzustände)	74
2.8.2	Sicherheitsbeleuchtung	75
2.9.1	Leuchtstofflampen (Wirkungsweise und Kennzeichnungen)	76
2.9.2	Leuchtstofflampenschaltungen	77
2.10.1	Duoschaltung	78
2.10.2	Tandemschaltung, Schaltungen für starterlosen Betrieb	79
2.11.1	Helligkeitsteuerung für Leuchtstofflampen	80
2.11.2	Quecksilberdampf-Hochdrucklampe, Natriumdampflampe	81
2.12.1	Hochspannungs-Leuchtröhren (Schaltzustände und Betriebsdaten)	82
2.12.2	Hochspannungs-Leuchtröhren	83

3 Elektrische Haushaltgeräte

3.1.1	Temperaturregelung	84
3.1.2	Regeleinrichtungen zur Temperaturregelung	85
3.2.1	Handbügelautomat	86
3.2.2	Heizgeräte	87
3.3.1	Heizlüfter (Schaltzustände)	88
3.3.2	Heizlüfter	89
3.4.1	Heizkissen mit Stufenschaltung	90
3.4.2	Heizkissen mit Temperaturregelung	91
3.5.1	Heißwassergeräte, Aufbau und Wirkungsweise	92
3.5.2	Heißwassergeräte, Schaltungen	93
3.6.1	Elektronisch geregelter Durchlauferhitzer	94
3.6.2	Backöfen	95
3.7.1	Elektroherd, Siebentakt-Schaltung (Schaltzustände)	96
3.7.2	Elektroherd, Siebentakt-Schaltung	97

3.8.1	Schnellkochplatte	98
3.8.2	Automatikkochplatte (Leistungsregelung)	99
3.9.1	Vierplattenherd mit Backofen und Grill	100
3.9.2	Elektroherd, Anschlüsse, Meldeschaltung, Backofenschaltung	101
3.10.1	Waschvollautomat, Wirkungsprinzip	102
3.10.2	Stromlaufplan eines Waschvollautomaten	103
3.11.1	Innenschaltung einer Waschmaschine mit Mikroprozessorsteuerung	104
3.11.2	Programmablaufplan einer mikroprozessorgesteuerten Waschmaschine	105
3.12.1	Kompressor-Kühlschrank	106
3.12.2	Absorber-Kühlschrank	107
3.13.1	Nachtstrom-Speicheröfen (Bauarten)	108
3.13.2	Nachtstrom-Speicheröfen (Innenschaltung)	109
3.14.1	Nachtstrom-Speicherheizung (Tarifumschaltung)	110
3.14.2	Nachtstrom-Speicherheizung (Zählertafel mit Speicherofenanschluß)	111

4 Signal- und Fernsprechanlagen

4.1.1	Hörmelder	112
4.1.2	Türöffner und Stromversorgungsgeräte	113
4.2.1	Klingelanlage mit Türöffner	114
4.2.2	Hausklingelanlage für 6 Wohnungen mit Türöffner	115
4.3.1	Lichtrufanlage	116
4.3.2	Licht- und Tonrufanlage	117
4.4.1	Raumschutzanlagen (einfache Ruhestromanlage)	118
4.4.2	Ruhestromschaltungen mit Daueralarm	119
4.5.1	Elektronische Raumschutzanlage	120
4.5.2	Elektronische Raumschutzanlage mit RS-Flipflop	121
4.6.1	Mikrofon, Fernhörer, Grundschaltungen	122
4.6.2	Heimfernsprechanlage für 3 Teilnehmer (direkte Schaltung)	123
4.7.1	Türlautsprecheranlagen mit Verstärker	124
4.7.2	Wechselsprechanlage mit Verstärker	125
4.8.1	Gebäudesystemtechnik, Prinzip und Telegramm	126
4.8.2	Gebäudesystemtechnik, Busorganisation	127

5 Transformatoren

5.1.1	Aufbau und Wirkungsweise	128
5.1.2	Darstellungsarten nach DIN 40900 Teil 6	129
5.2.1	Einphasentransformatoren	130
5.2.2	Stellbare Transformatoren	131
5.3.1	Mehrphasentransformatoren, Schaltgruppen	132
5.3.2	Mehrphasentransformatoren, bevorzugte Schaltungen	133
5.4.1	Transformatorstation, 6 kV/400 V	134
5.4.2	Parallelbetrieb	135
5.5.1	Spannungswandler	136
5.5.2	Stromwandler	137

6 Gleichrichter

6.1.1	Einphasengleichrichter, Betriebszustände	138
6.1.2	Einphasengleichrichter	139
6.2.1	Siebglieder	140
6.2.2	Spannungsvervielfachung	141
6.3.1	Mehrphasengleichrichter	142
6.3.2	Gleichrichterschaltungen (gegenüberstellende Übersicht)	143

7 Gleichstrommaschinen

7.1.1	Schaltzeichen	144
7.1.2	Fremderregter Generator	145
7.2.1	Nebenschluß- und Reihenschlußgenerator	146
7.2.2	Doppelschlußgenerator	147
7.3.1	Feldsteller	148
7.3.2	Doppelschlußgenerator mit Wendepolen und Feldsteller	149
7.4.1	Nebenschluß- und Reihenschlußmotor	150
7.4.2	Doppelschlußmotor	151
7.5.1	Anlasser, Stellanlasser und Feldstellanlasser	152
7.5.2	Doppelschlußmotor mit Feldstellanlasser	153
7.6.1	Schaltzustände der Wendeschaltungen	154
7.6.2	Umschalten der Drehrichtung (Wendeschaltung)	155
7.7.1	Schaltzustände der Gleichstromschützschaltung	156
7.7.2	Schalten eines Gleichstrommotors mit Gleichstromschütz	157

8 Dreiphasen-Wechselstrommotoren

8.1.1	Schaltzustände beim direkten Schalten	158
8.1.2	Drehstrom-Käfigläufermotor	159
8.2.1	Handbetätigte Wendeschaltungen	160
8.2.2	Drehrichtungsumkehr eines Drehfeldes	161
8.3.1	Schaltzustände der Stern-Dreieck-Schaltung	162
8.3.2	Stern-Dreieck-Schaltung	163
8.4.1	Schaltzustände der Stern-Dreieck-Wendeschaltung	164
8.4.2	Stern-Dreieck-Wendeschaltung	165
8.5.1	Polumschaltung (getrennte Wicklungen), Wicklungsabwicklung	166
8.5.2	Polumschaltung (getrennte Wicklungen), Netzanschluß und Schaltzustände	167
8.6.1	Polumschaltung (Dahlander), Wicklungsabwicklung	168
8.6.2	Polumschaltung (Dahlander), Netzanschluß und Schaltzustände	169
8.7.1	Dahlander-Wendeschaltung (Schaltzustände)	170
8.7.2	Dahlander-Wendeschaltung	171
8.8.1	Polumschaltung (3 Drehzahlen), Schaltzustände	172
8.8.2	Polumschaltung (3 Drehzahlen), Netzanschluß	173
8.9.1	Schleifringläufermotor, Grundschaltung	174
8.9.2	Schleifringläufermotor (Schützschaltung und Walzenschalter)	175
8.10.1	Elektromechanische Bremsen (Schaltzustände)	176
8.10.2	Elektromechanische Bremsen	177
8.11.1	Gleichstrombremsung (Schaltzustände)	178
8.11.2	Gleichstrombremsung	179

8.12.1	Gegenstrombremsung (Schaltzustände)	180
8.12.2	Gegenstrombremsung	181
8.13.1	Synchronmotor als Generator	182
8.13.2	Asynchronmotor als Generator	183

9 Einphasen-Wechselstrommotoren

9.1.1	Drehstrom-Kurzschlußläufermotor am Einphasennetz (Drehrichtungen)	184
9.1.2	Drehstrom-Kurzschlußläufermotor am Einphasennetz (Schaltungen)	185
9.2.1	Motoren mit Hilfswicklung	186
9.2.2	Motoren mit Kondensatorhilfswicklung	187
9.3.1	Wendeschaltungen (Schaltzustände)	188
9.3.2	Wendeschaltungen	189

10 Schützschaltungen

10.1.1	Netzanschlüsse, Erhöhung der Schaltsicherheit	190
10.1.2	Vermeidung von unbeabsichtigtem Schalten bei Erdschlüssen	191
10.2.1	Stromgesteuerter Motorschutz	192
10.2.2	Temperaturgesteuerter Motorschutz	193
10.3.1	Möglichkeiten für das Schalten eines Schützes	194
10.3.2	Schalten eines Schützes mit Selbsthaltung	195
10.4.1	Schalten eines Schützes mit Hilfsschütz (Schaltzustände)	196
10.4.2	Schalten eines Schützes mit Hilfsschütz	197
10.5.1	Zeitverzögertes Schalten (Schaltzustände)	198
10.5.2	Zeitverzögertes Umschalten, Ausschalten und Einschalten	199
10.6.1	Zeitverzögertes Zuschalten (Schaltzustände)	200
10.6.2	Zeitverzögertes Zuschalten eines zweiten Antriebes	201
10.7.1	Wendeschütze (Schaltzustände)	202
10.7.2	Wendeschütze	203
10.8.1	Begrenzungsschaltungen (Schaltzustände)	204
10.8.2	Begrenzungsschaltungen	205
10.9.1	Automatische Stern-Dreieck-Schaltung (Schaltzustände)	206
10.9.2	Automatische Stern-Dreieck-Schaltung	207
10.10.1	Stern-Dreieck-Wendeschaltung (Schaltzustände)	208
10.10.2	Stern-Dreieck-Wendeschaltung	209
10.11.1	Polumschaltschütz (Schaltzustände)	210
10.11.2	Polumschaltschütz für zwei getrennte Wicklungen	211
10.12.1	Polumschaltschütz für Dahlanderschaltung (Schaltzustände)	212
10.12.2	Polumschaltschütz für Dahlanderschaltung	213
10.13.1	Polumschalt-Wendeschaltung (Schaltzustände)	214
10.13.2	Polumschalt-Wendeschaltung	215
10.14.1	Polumschaltschütz für drei Drehzahlen (Schaltzustände)	216
10.14.2	Polumschaltschütz für drei Drehzahlen	217
10.15.1	Polumschaltschütz für vier Drehzahlen (Schaltzustände)	218
10.15.2	Polumschaltschütz für vier Drehzahlen	219
10.16.1	Bremswächterschaltungen (Schaltzustände)	220
10.16.2	Bremswächterschaltungen	221
10.17.1	Drehstromschleifringläufer-Selbstanlasser (Schaltzustände)	222
10.17.2	Drehstromschleifringläufer-Selbstanlasser	223

10.18.1	Selbsttätige Netzumschaltung (Schaltzustände)	224
10.18.2	Selbsttätige Netzumschaltung	225
10.19.1	Schrittschaltsteuerung (Schaltzustände)	226
10.19.2	Schrittschaltsteuerung (Blindleistungskompensation)	227

11 Leistungselektronik

11.1.1	Steuerbare Dreiphasengleichrichter (fremdgeführt)	228
11.1.2	Steuerbare Dreiphasengleichrichter bei induktiver Last	229
11.2.1	Gleichstromschalter (selbstgeführte Stromrichter)	230
11.2.2	Gleichstromsteller (selbstgeführte Stromrichter)	231
11.3.1	Wechselrichter	232
11.3.2	Wechselrichter in Brückenschaltung	233
11.4.1	Wechselstromsteller	234
11.4.2	Drehstromsteller	235
11.5.1	Umrichter	236
11.5.2	Stromrichter (gegenüberstellende Übersicht)	237
11.6.1	Betriebsbereiche elektromotorischer Antriebe	238
11.6.2	Zwei vollgesteuerte Dreiphasenbrücken in Antiparallelschaltung	239

12 Meßgeräte und Meßschaltungen

12.1.1	Symbole für Meßgeräte mit Meßwerken	240
12.1.2	Strom- und Spannungsmessung	241
12.2.1	Widerstandsmessung mit Strom- und Spannungsmessern	242
12.2.2	Widerstandsmessung mit Meßbrücken, Widerstandsthermometer	243
12.3.1	Vielfachmeßinstrument (Schaltungsausschnitte)	244
12.3.2	Vielfachmeßinstrument (vereinfacht nach einer Schaltung von Hartmann & Braun)	245
12.4.1	Leistungsmessungen	246
12.4.2	Leistungsfaktormessung	247
12.5.1	Arbeitsmessung und Zähleranschlüsse	248
12.5.2	Zählerschaltungen	249
12.6.1	Aufbau eines digitalen Vielfachmeßgerätes	250
12.6.2	Zweiflanken-A/D-Wandler	251
12.7.1	Meßbereichswahlschalter eines digitalen Vielfachmeßgerätes	252
12.7.2	Kennlinienaufnahme mit digitalen Vielfachmeßgeräten	253

13 Elektronik

13.1.1	Schaltdioden	254
13.1.2	Zenerdioden	255
13.2.1	Thyristor, Thyristorkennlinie	256
13.2.2	Thyristor-Steuerschaltungen (Dimmer)	257
13.3.1	Diac und Triac	258
13.3.2	Dimmerschaltung mit Diac und Triac	259
13.4.1	Temperaturabhängige Widerstände	260
13.4.2	Spannungsabhängige und lichtabhängige Widerstände	261
13.5.1	Bipolare Transistoren	262
13.5.2	Transistorschalter in der Digitaltechnik	263
13.6.1	Schmitt-Trigger	264
13.6.2	Temperaturschalter – Dämmerungsschalter (Anwendungen des Schmitt-Triggers)	265

13.7.1	Bistabile Kippstufe (Gedächtnis, Speicher, Merker, Flipflop)	266
13.7.2	RS-Flipflop	267
13.8.1	Monostabile Kippstufe (Zeitstufe)	268
13.8.2	Monoflop und Zeitelement	269
13.9.1	Astabile Kippstufe (Multivibrator)	270
13.9.2	Zeitgenaues Schalten	271
13.10.1	JK-Flipflop (Zweiflankensteuerung)	272
13.10.2	T-Kippelement, Dualzähler	273
13.11.1	Vierstelliger Dualzähler	274
13.11.2	Zählerauswertung, Codierschaltung	275
13.12.1	Multiplexer	276
13.12.2	Demultiplexer	277
13.13.1	Feldeffekttransistoren, Sperrschicht-FET	278
13.13.2	Feldeffekttransistoren, Isolier-Gate-FET	279
13.14.1	Analogverstärker	280
13.14.2	Stabilisierungsschaltungen	281

14   Operationsverstärker

14.1.1	Anschlüsse, Spannungsversorgung	282
14.1.2	Differenzverstärker	283
14.2.1	Invertierender, nichtinvertierender Eingang	284
14.2.2	Offsetspannung	285
14.3.1	Rückkopplung nichtinvertierender Verstärker	286
14.3.2	Rückkopplung invertierender Verstärker	287
14.4.1	Konstantstromquelle	288
14.4.2	Konstantspannungsquelle	289
14.5.1	Komparatorschaltungen	290
14.5.2	Gegenkopplung, Mitkopplung	291
14.6.1	Summierender Verstärker	292
14.6.2	Integrierender Verstärker	293
14.7.1	Analoge Spannungsstabilisierung (Prinzip)	294
14.7.2	Analoge Spannungsstabilisierung (Stellen der Ausgangsspannung)	295
14.8.1	Getaktete Spannungsstabilisierung (Prinzip)	296
14.8.2	Getaktete Spannungsstabilisierung (Regelvorgang)	297

15   Logische Schaltungen

15.1.1	Signalsprache	298
15.1.2	UND-Verknüpfung (AND-Element)	299
15.2.1	ODER-Verknüpfung (OR-Element)	300
15.2.2	Assoziatives Gesetz der UND-Verknüpfung	301
15.3.1	Assoziatives Gesetz der ODER-Verknüpfung	302
15.3.2	Distributives Gesetz der UND-Verknüpfung	303
15.4.1	Distributives Gesetz der ODER-Verknüpfung	304
15.4.2	NICHT-Verknüpfung oder Umkehrfunktion (NOT-Element)	305
15.5.1	UND-Verknüpfung mit negiertem Ausgang (NOT+AND=NAND-Element)	306
15.5.2	ODER-Verknüpfung mit negiertem Ausgang (NOT+OR=NOR-Element)	307
15.6.1	UND-Verknüpfung mit negierten Eingängen (de Morgansches Gesetz)	308
15.6.2	ODER-Verknüpfung mit negierten Eingängen (de Morgansches Gesetz)	309

15.7.1	Verknüpfungselemente (gegenüberstellende Übersicht)	310
15.7.2	Grundgesetze der Schaltalgebra (gegenüberstellende Übersicht)	311

16 Speicherprogrammierbare Steuerungen

16.1.1	Festverdrahtete Steuerung als Vorstufe der SPS	312
16.1.2	Verbindungsprogrammierte Steuerung als Vorstufe der SPS	313
16.2.1	Prinzipieller Aufbau	314
16.2.2	Eingeben eines Programms	315
16.3.1	Programmieren von NICHT-Funktionen	316
16.3.2	Programmieren der Grundfunktionen	317
16.4.1	Problem des Drahtbruchs in der Befehlsgeberleitung	318
16.4.2	Programmierung einer kombinierten UND-ODER-Schaltung	319
16.5.1	Programmieren der Selbsthalteschaltung	320
16.5.2	Programmieren von Verriegelungsschaltungen	321
16.6.1	Programmieren von Zwischenspeichern (Merkern)	322
16.6.2	Programmieren von Speichern (Ausgangsmerkern)	323
16.7.1	Programmieren von Klammerfunktionen	324
16.7.2	Programmieren einer Einschaltverzögerung	325
16.8.1	Programmieren einer Ausschaltverzögerung	326
16.8.2	Programmieren einer Ausschaltverzögerung mit Hilfe von Merkern und einschaltverzögerten Schaltelementen	327

17 Mikroprozessorsteuerungen

17.1.1	Blockschaltbild eines Steuerungscomputers	328
17.1.2	Bussystem / CPU / RAM / ROM / EPROM / EEPROM	329
17.2.1	Stromlaufplan eines einfachen Steuerungscomputers	330
17.2.2	Adreßdekoder/Zwischenspeicher/Tristate-Technik/serielle Schnittstelle	331
17.3.1	Stromlaufplan eines erweiterten Steuerungscomputers	332
17.3.2	Aufbau des Interfacebausteins 8255	333
17.4.1	Eingangsbaugruppen von Steuerungscomputern	334
17.4.2	Beschaltung der Eingangsbaugruppen von Steuerungscomputern	335
17.5.1	Ausgangsbaugruppen von Steuerungscomputern	336
17.5.2	Beschaltung der Ausgangsbaugruppen von Steuerungscomputern	337
17.6.1	Digital-Analog-Wandler (Funktionsprinzip)	338
17.6.2	Digital-Analog-Wandler mit integrierten Schaltungen	339
17.7.1	Analog-Digital-Wandler (Funktionsprinzip)	340
17.7.2	Analog-Digital-Wandler mit integrierten Schaltungen	341
17.8.1	Temperaturregelung mit Steuerungscomputern	342
17.8.2	Taktoszillator/Istwerterfassung/Sollwertvorgabe/Temperaturanzeige	343

18 Berechnungen

18.1.1	Flächen und Körper	344
18.1.2	Mechanische Größen	345
18.2.1	Ohmsches Gesetz, Leiterwiderstand, Widerstandsschaltungen	346
18.2.2	Elektrische Leistung und elektrische Arbeit	347
18.3.1	Chemische Spannungsquellen	348
18.3.2	Zuleitungen, Spannungs- und Leistungsverlust	349

18.4.1	Elektrisches und magnetisches Feld, Induktion, Wechselspannung	350
18.4.2	Kapazität und Induktivität, kapazitiver und induktiver Widerstand	351
18.5.1	Komplexe Schaltungen mit zwei Widerständen	352
18.5.2	Komplexe Schaltungen mit drei Widerständen	353
18.6.1	Stern- und Dreieckschaltung	354
18.6.2	Motoren und Antriebe	355
18.7.1	Transformatoren und Netzkompensation	356
18.7.2	Lichttechnik	357

19 Tabellen

19.1.1	Zeit-Strom-Kennlinien von Sicherungen	358
19.1.2	Leitungsschutzschalter; Leistungsschalter	359
19.2.1	Mindestquerschnitte von Leitungen	360
19.2.2	Querschnitte für Potentialausgleichs-, Erdungsleiter und Erder	361
19.3.1	Schutzarten und Schutzklassen	362
19.3.2	Leiterkennzeichnung; Sicherungsbaugrößen	363
19.4.1	Richtwerte für Beleuchtung (DIN 5035)	364
19.4.2	Kennzeichnungen von Betriebsmitteln (DIN 40719)	365
19.5.1	Typenbezeichnungen von Halbleiterbauelementen	366
19.5.2	Bauformen und Anschlüsse von Halbleiterbauelementen	367
19.6.1	Höchstzulässige Leitungslängen bei Kurzschlüssen	368
19.6.2	Spannungsfall und höchstzulässige Leitungslänge	369

20 Graphische Symbole für Schaltungsunterlagen DIN 40900

Teil 1	Allgemeines	370
Teil 2	Symbolelemente und Kennzeichen für Schaltzeichen	371
Teil 3	Schaltzeichen für Leiter und Verbinder	373
Teil 4	Schaltzeichen für passive Bauelemente	373
Teil 5	Schaltzeichen für Halbleiter und Elektronenröhren	374
Teil 6	Schaltzeichen für Erzeugung und Umwandlung elektrischer Energie	375
Teil 7	Schaltzeichen für Schalt- und Schutzeinrichtungen	376
Teil 8	Schaltzeichen für Meß-, Melde- und Signaleinrichtungen	379
Teil 9	Schaltzeichen für die Nachrichtentechnik: Vermittlungseinrichtungen	380
Teil 10	Schaltzeichen für die Nachrichtentechnik: Übertragungseinrichtungen	380
Teil 11	Schaltzeichen für Netze und Elektroinstallation	380
Teil 12	Schaltzeichen für binäre Elemente	381

21 Sachwortverzeichnis ... 384

1 Leitungen, Anlagen, Schutzmaßnahmen
1.1.1 Kurzzeichenschlüssel für Leitungen

Für harmonisierte Starkstromleitungen

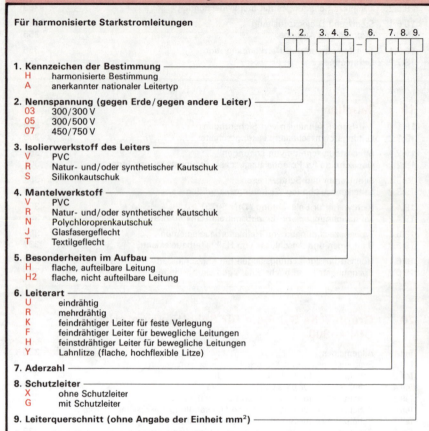

1. **Kennzeichen der Bestimmung**
   - H harmonisierte Bestimmung
   - A anerkannter nationaler Leitertyp

2. **Nennspannung (gegen Erde/gegen andere Leiter)**
   - 03 300/300 V
   - 05 300/500 V
   - 07 450/750 V

3. **Isolierwerkstoff des Leiters**
   - V PVC
   - R Natur- und/oder synthetischer Kautschuk
   - S Silikonkautschuk

4. **Mantelwerkstoff**
   - V PVC
   - R Natur- und/oder synthetischer Kautschuk
   - N Polychloroprenkautschuk
   - J Glasfasergeflecht
   - T Textilgeflecht

5. **Besonderheiten im Aufbau**
   - H   flache, aufteilbare Leitung
   - H2 flache, nicht aufteilbare Leitung

6. **Leiterart**
   - U eindrähtig
   - R mehrdrähtig
   - K feindrähtiger Leiter für feste Verlegung
   - F feindrähtiger Leiter für bewegliche Leitungen
   - H feinstdrähtiger Leiter für bewegliche Leitungen
   - Y Lahnlitze (flache, hochflexible Litze)

7. **Aderzahl**

8. **Schutzleiter**
   - X ohne Schutzleiter
   - G mit Schutzleiter

9. **Leiterquerschnitt (ohne Angabe der Einheit mm^2)**

Für nicht harmonisierte Starkstromleitungen

Kurzzeichen	Bedeutung	Kurzzeichen	Bedeutung	Kurzzeichen	Bedeutung
N	genormte Leitung	H	Hochfrequenzschutz	R	Pendelleitung
A	Ader	I	Stegleitung	S	Sonderleitung
B	Bleimantel	J	mit grün-gelbem Schutzleiter	T	Tragseil
C	Abschirmung			U	Umhüllung
F	Flachleitung	L	Leuchtröhrenleitung	W	wärmebeständig
FA	Fassungsader	M	Mantelleitung	Y	nach N: Aderisolierung aus PVC
FF	feindrähtig	O	ohne grün-gelbem Schutzleiter		am Ende: Mantel aus PVC
G	Gummiisolierung	PL	Pendelleitung	Z	Zinkmantel

1 Leitungen, Anlagen, Schutzmaßnahmen

1.1.2 Starkstromleitungen

Harmonisierte Starkstromleitungen (Auswahl)

Aufbau der Leitung	Kurzzeichen-schlüssel	Beschreibung	Verwendung
	H07V-U	PVC-Aderleitung: 450/750 V	Verlegung in Rohren
	H05V-R	PVC-Aderleitung: 300/500 V, mehrdrähtig	bei Querschnitten ab 16 mm^2
	H03V-K	PVC-Aderleitung: 300/300 V	innere Verdrahtung von Geräten
	H03VH-H	Zwillingsleitung: 300/300 V flach, aufteilbar aus PVC, feinstdrähtiger Leiter	leichte, mechanische Beanspruchung, z. B. Tischleuchte, Rundfunkgeräte
	H05VV-F	mittlere PVC-Schlauchleitung: 300/500 V, feindrähtig/flexibel	mittlere, mechanische Beanspruchung im Haushalt und im Büro
Verzinnte feindrähtige Kupferader, Gewebeband, 2. Gummi-Mantel, 1. Gummi-Mantel	H07RN-F	schwere Gummischlauchleitung: 450/750 V, feindrähtig/flexibel	hohe, mechanische Beanspruchung, auch in feuchten Räumen und im Freien
	H05VVH2-F	nicht aufteilbare PVC-Flachleitung: feindrähtig	Energie- und Steuerleitung in trockenen und feuchten Räumen
	H05SJ-K	Silikonleitung mit Glasfasergeflecht: 300/500 V	bei Umgebungstemperaturen über 55 °C, zur Innenverdrahtung von Wärmegeräten und Leuchten

Nicht harmonisierte Starkstromleitungen (Auswahl)

	Kurzzeichen	Beschreibung	Verwendung
Gummihülle, Gummisteg, PVC-Isolierung	NYIF	flache Stegleitung: PVC-isolierte Kupferleiter in einer gemeinsamen Gummihülle	für feste Verlegung in trockenen Räumen in und unter Putz
Füllmischung	NYM	Mantelleitung: PVC-isolierte Kupferleitung, Füllmischung, PVC-Mantel	universell verwendbar außer im Erdreich; über auf, in und unter Putz
Kupferader, Verzinktes Stahlseil, Kunststoff-Isolierung, Kunststoff-Füllmischung, Mantel	NYMT	Mantelleitung mit Tragseil	für selbsttragende Aufhängung im Freien
Kunststoff-Isolierung, Bleimantel, Füllmischung, Kunststoff-Mantel	NYBUY	Bleimantelleitung: PVC-isolierte Kupferleiter, Füllmischung, Bleimantel, PVC-Umhüllung	hochwertige, universell verwendbare Leitung, nicht im Erdreich

1 Leitungen, Anlagen, Schutzmaßnahmen
1.2.1 Kabel

Kurzzeichenschlüssel

Kurz-zeichen	Bedeutung
N	genormtes Kabel
A	nach N: Aluminiumleiter am Ende: Schutzhülle (Faserstoff)
B	Stahlbandbewehrung
F	Stahlflachdrahtbewehrung
H	Abschirmung
I	Gasinnendruckkabel

Kurz-zeichen	Bedeutung
K	Bleimantel
O	ohne Bewehrung
P	Gasaußendruckkabel
R	Stahlrunddrahtbewehrung
Y	nach N: Aderisolierung PVC am Ende: Mantel aus PVC
W	Stahlwellmantel
Z	z-förmige Stahlprofildraht-bewehrung

Beispiele

Aufbau der Leitung	Kurzzeichen-schlüssel	Beschreibung	Verwendung
Mantel, Schutzhülle	NYY	PVC-isolierte Adern, Füllmischung, PVC-Mantel	in Gebäuden in Kabel-kanälen, im Freien, im Wasser
	NAYBY	Wie NYY, jedoch mit Aluminiumleiter, unter dem äußeren PVC-Mantel eine Bandeisenbewehrung	im Erdreich, wenn mechanische Beanspru-chung zu erwarten ist
Gürtelisolierung, Bleimantel	NKBA	Massekabel: papierisolierte Adern, Gürtelisolierung, Bleimantel, innere Schutz-hülle, Bandeisenbewehrung, Außenhülle (Faserstoff)	im Erdreich, wenn Korrosionsschutz erforderlich ist
innere Schutzhülle	NKFA	wie NKBA, jedoch anstelle der Bandeisenbewehrung eine Stahlflachdraht-bewehrung	im Erdreich und im Wasser bei Zugbeanspruchung

Verlegung

Verlegungstiefe im Erdreich zwischen 0,6 m bis 1,2 m.
Möglichkeiten der Abdeckung gegen unbeabsichtigte Beschädigungen bei Erdarbeiten.

Kabelhaube

Mauersteine

Mauersteine

Formsteine

Ob das Kabel mit oder ohne Abdeckung verlegt ist, oberhalb des Kabelverlaufes sollte immer ein **Trassen-Warnband** ausgelegt sein.

1 Leitungen, Anlagen, Schutzmaßnahmen
1.2.2 Installationszonen

Während nicht sichtbare Leitungen in Decken auf dem kürzesten Weg geführt werden dürfen, müssen Leitungen in Wänden senkrecht oder waagerecht verlegt werden, bzw. parallel zu den Raumkanten. Beschädigen der Leitungen bei späteren Bohr- bzw. Stemmarbeiten lassen sich vermeiden, wenn bei der Elektroinstallation vorgegebene Installationszonen eingehalten werden.

Senkrechte Installationszonen mit einer Breite von 20 cm:

an den Wandecken	neben den Rohbaukanten	von 10–30 cm
an den Türen	neben den Rohbaukanten	von 10–30 cm
an den Fenstern	neben den Rohbaukanten	von 10–30 cm

Waagerechte Installationszonen mit einer Breite von 30 cm:

obere Zone	unter der fertigen Decke	von 15– 45 cm
unter Zone	über dem fertigen Fußboden	von 15– 45 cm
mittlere Zone	über dem fertigen Fußboden	von 90–120 cm

Maße für die **Anordnung von Schaltern und Steckdosen**:

Mitte Schalter über dem fertigen Fußboden	105 cm
Mitte Steckdose über dem fertigen Fußboden	30 cm

(Über Arbeitsflächen ist die empfohlene Vorzugshöhe für Schalter und Steckdosen 115 cm.)

Vorzugsmaße innerhalb der Installationszonen:

obere Zone unter der fertigen Deckenfläche	30 cm
untere Zone über dem fertigen Fußboden	30 cm
mittlere Zone über dem fertigen Fußboden	100 cm

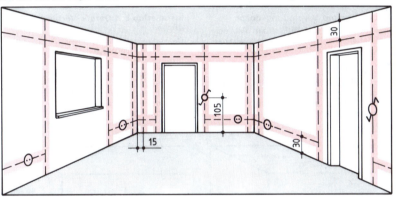

Installationszonen und Vorzugsmaße für Wohnräume

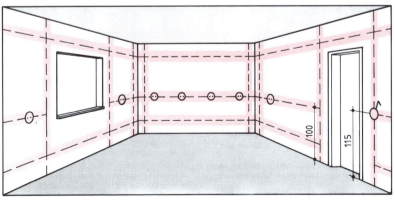

Installationszonen und Vorzugsmaße für Küchen und Hausarbeitsräume

Installationszonen ▇▇▇▇   Vorzugsmaße – – – –

1 Leitungen, Anlagen, Schutzmaßnahmen

1.3.1 Installationsformen

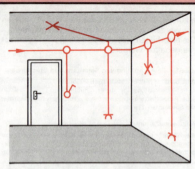

Installation mit Verbindungsdosen

Diese klassische Installationsform hat, dem Installationsweg folgend, an jedem Verzweigungspunkt eine Verbindungsdose.
- relativ viele Verbindungsdosen,
- bei der Fehlersuche oder der Überprüfung der Anlage muß meist die Tapete aufgeschnitten werden,
- relativ wenige Leitungen zwischen den Verbindungsdosen.

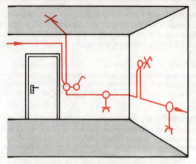

Installation mit Geräte-Verbindungsdosen

Der Verteilerraum für die notwendigen Verbindungen wird hier durch die größere Einbautiefe der verwendeten Schalterdosen gewonnen.
- Verbindungsdosen sind weitgehend überflüssig,
- nach dem Herausnehmen der Betriebsmittel ist bereits die Fehlersuche oder die Überprüfung der Anlage möglich,
- eine relativ hohe Zahl von Leitern zwischen den Geräte-Verbindungsdosen.

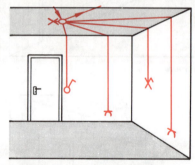

Installation mit Decken-Verbindungsdosen

In jedem Raum ist die zentrale Deckendose die einzige Verbindungsdose. Die Leerrohre in der Betondecke werden vor dem Gießen der Decke auf der Deckenverschalung verlegt.
- relativ viele Verbindungen in dieser einen Dose,
- die Fehlersuche oder die Überprüfung der Anlage ist von dieser einen Dose aus möglich,
- in den Wänden gibt es nur senkrechte Rohrführungen.

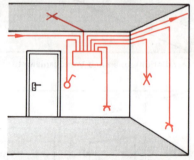

Installation mit zentralen Verteilungskästen

Jedes Betriebsmittel ist mit einer eigenen Leitung mit dem Zentral-Verteiler verbunden. Anpassungen durch Änderungen der Raumaufteilung wie z.B. beim Umsetzen von Zwischenwänden sind hier leicht möglich. Deshalb wird diese Installationsform bevorzugt in Verwaltungsgebäuden u.ä. angewendet.
- anpassungsfähige Installationsform,
- wie bei der Installation über Decken-Verbindungsdosen ein relativ hoher Leitungsaufwand.

Je nach den Erfordernissen sind zwischen diesen vier grundsätzlich verschiedenen Möglichkeiten viele beliebige Mischformen üblich.

1 Leitungen, Anlagen, Schutzmaßnahmen
1.3.2 Installationsformen und Schutzbereiche

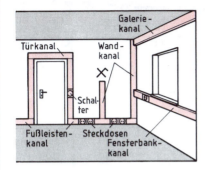

Installation mit Installationskanälen

Die in vielfältigen Formen und Abmessungen angebotenen Installationskanäle nehmen sämtliche Leitungen auf. Abhängig von ihren Abmessungen können sie auch für die Montage der Schalter und Steckdosen genutzt werden.

- in bautechnisch fertigen Räumen leicht installierbar,
- jede Änderung der Anlage ist problemlos möglich.

Installation mit Fußbodenkanälen

Auf dem Rohboden werden die Kanäle verlegt und befestigt. Die Kanäle verschwinden beim Einbringen des Estriches unter diesem. Die Oberkanten aller Dosen müssen mit dem Estrich bündig sein.

- Elektroanschlüsse für Schreib- und Arbeitstische kommen an den gewünschten Stellen direkt aus dem Boden,
- Erweiterungen sind relativ leicht möglich.

Schutzbereiche in Badewannen- und Duschräumen

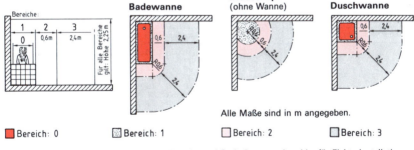

Alle Maße sind in m angegeben.

■ Bereich: 0   ▨ Bereich: 1   ☐ Bereich: 2   ☐ Bereich: 3

Aufgrund der besonderen Gefährdung in Dusch- und Baderäumen gelten hier für Elektroinstallationen folgende einschränkenden Vorschriften.

Bereich 0: Nur Elektrogeräte für Schutzkleinspannung mit max. 12 V dürfen verwendet werden. (IBX7) Die verwendeten Geräte müssen für den Gebrauch in Baderäumen ausgewiesen sein.

Bereich 1: Hier dürfen nur ortsfeste Wasserwärmer installiert werden. (IPX5) Die Zuleitung ist auf direktem Wege senkrecht von oben zu führen, Anschluß von hinten.

Bereich 2: Dieselben Vorschriften wie für den Bereich 1. Zusätzlich sind hier Leuchten zulässig. (IPX4)

Bereich 3: Erst in diesem Bereich dürfen Schalter und Steckdosen angebracht werden. Steckdosen müssen durch Schutztrennung oder durch eine Fehlerstrom-Schutzeinrichtung mit einem Nennfehlerstrom von 30 mA geschützt sein. (IPX1)

In allen Bereichen dürfen keine Leitungen mit Metallmantel verwendet werden. Zulässig sind NYM oder H07V-U in nichtmetallenem Rohr. Im Bereich 3 ist auch IYIF zulässig.

1 Leitungen, Anlagen, Schutzmaßnahmen
1.4.1 Strombelastbarkeit und Überstromschutz von Leitungen für feste Verlegung

Strombelastbarkeit (DIN VDE 0298, Teil 1), Umgebungstemperatur 30°C

Isolierwerkstoff:	PVC								
Zulässige Betriebstemperatur:	70°C								
Bauart-Kurzzeichen:	NYM, NYBUY, NHYRUZY, NYIFY, H07V-U, H07V-R, H07V-K							NYM, NYMZ, NYMT, NYBUY, NHYRUZY	
Anzahl der Adern	2	3	2	3	2	3	2	3	2	3
Verlegeart	A		B1		B2		C		E	
	an wärmedämmenden Wänden		auf oder in Wänden oder unter Putz						frei in der Luft	
	Aderleitungen im Elektroinstallationsrohr		in Elektroinstallationsrohren oder -kanälen				direkt verlegt			
			Aderleitungen im Elektroinstallationsrohr auf der Wand		mehradrige Leitung im Elektroinstallationsrohr auf der Wand		mehradrige Leitung auf der Wand			
	mehradrige Leitung im Elektroinstallationsrohr		Aderleitungen im Elektroinstallationskanal auf der Wand		mehradrige Leitung im Elektroinstallationskanal auf der Wand		einadrige Mantelleitungen auf der Wand			
	mehradrige Leitung in der Wand		Aderleitungen mehradrige Leitung im Elektroinstallationsrohr im Mauerwerk				mehradrige Leitung, Stegleitung in der Wand oder unter Putz			
Nennquerschnitt	Belastbarkeit in A									
Cu mm² 1,5	15,5	13	17,5	15,5	15,5	14	19,5	17,5	20	18,5
2,5	19,5	18	24	21	21	19	26	24	27	25
4	26	24	32	28	28	26	35	32	37	34
6	34	31	41	36	37	33	46	41	48	43
10	46	42	57	50	50	46	63	57	66	60
16	61	56	76	68	68	61	85	76	89	80
25	80	73	101	89	90	77	112	96	118	101
35	99	89	125	111	110	95	138	119	145	126

Überstromschutz (DIN VDE 0100, Teil 430; Empfehlung ZVEH), Umgebungstemperatur 25°C bis 30°C

Verlegungsart	A		B1		B2		C		E	
Anzahl der Adern	2	3	2	3	2	3	2	3	2	3
Nennquerschnitt	Nennstrom der Schutzeinrichtung in A									
Cu mm² 1,5	16	10	16	16	16	10	16	16	20	20
2,5	20	16	25	20	20	20	25	25	25	25
4	25	25	25	25	25	25	35	35	35	35
6	35	25	40	35	35	35	40	40	50	40
10	40	40	50	50	50	50	63	63	63	63
16	63	50	80	63	63	63	80	80	80	80
25	–	63	–	80	–	80	–	100	100	100
35	–	80	–	100	–	100	–	125	125	125

1 Leitungen, Anlagen, Schutzmaßnahmen
1.4.2 Abweichende Betriebsbedingungen von Leitungen für feste Verlegung

Umrechnungsfaktoren für Häufung (Verlegungsart A, B und C)

Anzahl der mehradrigen Leitungen		1	2	3	4	5	6	7
gebündelt direkt auf der Wand, dem Fußboden, im Elektroinstallationsrohr oder -kanal, auf oder in der Wand		1,00	0,80	0,70	0,65	0,60	0,57	0,54
einlagig auf der Wand oder Fußboden mit Berührung		1,00	0,85	0,79	0,75	0,73	0,72	0,72
einlagig auf der Wand oder Fußboden, mit Zwischenraum gleich Leitungsdurchmesser		1,00	0,94	0,90	0,90	0,90	0,90	0,90
einlagig unter der Decke, mit Berührung		0,95	0,81	0,72	0,68	0,66	0,64	0,63
einlagig unter der Decke, mit Zwischenraum gleich Leitungsdurchmesser		0,95	0,85	0,85	0,85	0,85	0,85	0,85

Umrechnungsfaktoren für Häufung (Verlegungsart E)

Verlegeanordnung		Anzahl der Pritschen	Anzahl der Leitungen				
			1	2	3	4	6
unperforierte Kabelwannen		1	0,97	0,84	0,78	0,75	0,71
		2	0,97	0,83	0,76	0,72	0,68
		3	0,97	0,82	0,75	0,71	0,66
		6	0,97	0,81	0,73	0,69	0,63
perforierte Kabelwannen		1	1,0	0,87	0,81	0,78	0,75
		2	1,0	0,86	0,79	0,76	0,72
		3	1,0	0,85	0,78	0,75	0,70
		6	1,0	0,84	0,77	0,73	0,68

Umrechnungsfaktoren für abweichende Umgebungstemperaturen

Isolierwerkstoff	NR/SR	PVC	EPR	Isolierstoff	NR/SR	PVC	EPR
zulässige Betriebstemp.	60°C	70°C	80°C	zulässige Betriebstemp.	60°C	70°C	80°C
Umgebungstemp. °C	Umrechnungsfaktoren			Umgebungstemp. °C	Umrechnungsfaktoren		
10	1,29	1,22	1,18	35	0,91	0,94	0,95
15	1,22	1,17	1,14	40	0,82	0,87	0,89
20	1,15	1,12	1,10	45	0,71	0,79	0,84
25	1,08	1,06	1,05	50	0,58	0,71	0,77
30	1,0	1,0	1,0	55	0,41	0,61	0,71

1 Leitungen, Anlagen, Schutzmaßnahmen
1.5.1 Hausanschlüsse

Hausanschluß über Freileitungsnetz

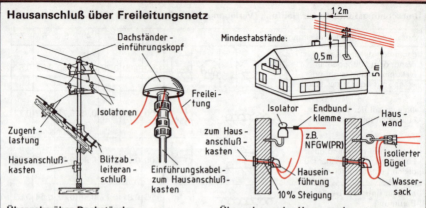

Übergabe über Dachständer
Der Übergabekopf verhindert das Eindringen von Feuchtigkeit.
Zur Zugentlastung kann das Standrohr abgespannt werden.

Übergabe an der Hauswand
Der Wassersack und das schräg geführte Schutzrohr der Wandeinführung verhindern hier das Eindringen von Feuchtigkeit.
Die Zugentlastung wird mit einer Endbundklemme am Isolator oder mit einem Abspannbügel erreicht.

Hausanschluß über Kabelnetz

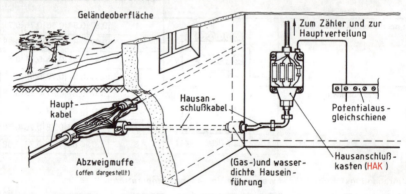

Ab drei Wohneinheiten ist ein besonderer „Hausanschlußraum" vorgeschrieben. In diesem Raum sollen alle Übergabe- und Wartungsstellen der Hausversorgung und der Entsorgung installiert sein. (Strom – Kommunikation – Wasser – Abwasser – gegebenenfalls Gas und Fernwärme.)
Die Größe des Hausanschlußraumes richtet sich nach der Anzahl der zu versorgenden Wohneinheiten und der Versorgungsgüter. (Zu Größe und Ausstattung siehe DIN 18012).
In Ein- oder Zweifamilienhäusern ist, falls kein Hausanschlußraum vorhanden, vor dem Hausanschlußkasten ein ausreichend großer Arbeitsraum freizuhalten.

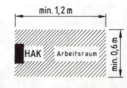

1 Leitungen, Anlagen, Schutzmaßnahmen
1.5.2 Selektiver Netzaufbau

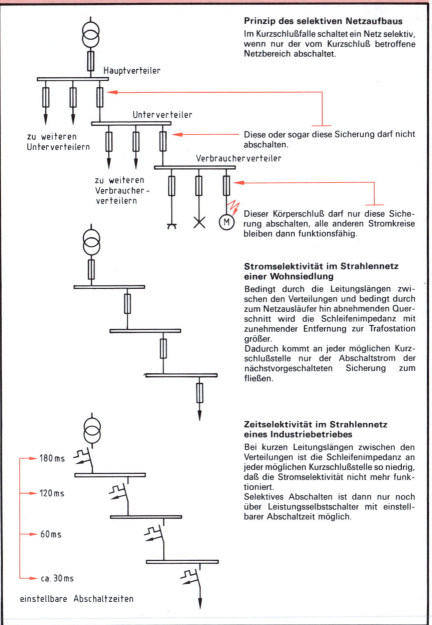

Prinzip des selektiven Netzaufbaus
Im Kurzschlußfalle schaltet ein Netz selektiv, wenn nur der vom Kurzschluß betroffene Netzbereich abschaltet.

Diese oder sogar diese Sicherung darf nicht abschalten.

Dieser Körperschluß darf nur diese Sicherung abschalten, alle anderen Stromkreise bleiben dann funktionsfähig.

Stromselektivität im Strahlennetz einer Wohnsiedlung
Bedingt durch die Leitungslängen zwischen den Verteilungen und bedingt durch zum Netzausläufer hin abnehmenden Querschnitt wird die Schleifenimpedanz mit zunehmender Entfernung zur Trafostation größer.
Dadurch kommt an jeder möglichen Kurzschlußstelle nur der Abschaltstrom der nächstvorgeschalteten Sicherung zum fließen.

Zeitselektivität im Strahlennetz eines Industriebetriebes
Bei kurzen Leitungslängen zwischen den Verteilungen ist die Schleifenimpedanz an jeder möglichen Kurzschlußstelle so niedrig, daß die Stromselektivität nicht mehr funktioniert.
Selektives Abschalten ist dann nur noch über Leistungsselbstschalter mit einstellbarer Abschaltzeit möglich.

1 Leitungen, Anlagen, Schutzmaßnahmen
1.6.1 Gebäudeschnitte, Teilbereiche

Wände und Pfeiler
Vollinie als Umrandung

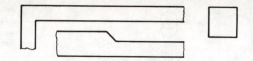

Fenster
Der Mauerfalz wird eingezeichnet und einfache Verglasung durch eine Linie, doppelte Verglasung durch zwei Linien dargestellt

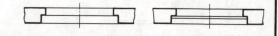

Türen
Der Türschlag (Aufgehrichtung) wird durch das Türblatt und einen Halbkreis gekennzeichnet. Eine Linie im Türdurchbruch bedeutet Schwelle, zwei Linien beiderseitige Schwelle

Schornsteine (Kamine)

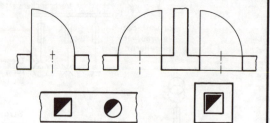

a) **Ent- und Belüftungen**
b) **Aufzugsschächte**

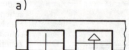
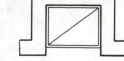

Unterzüge und Träger
Solche Bauteile dürfen nicht geschwächt (angestemmt) werden. Sie sind durch gestrichelte Linien gekennzeichnet

Treppen
Die „Lauflinie" bezeichnet die Gehrichtung. Der Pfeil weist immer aufwärts. Die Unterbrechung durch die schräge Doppellinie symbolisiert die Schnittebene. (Der letzte Teil der dargestellten Treppe liegt unter der Schnittebene.)

Zur Bemaßung:

Maßhilfslinien und Maßbegrenzungen werden in Bauplänen anders gekennzeichnet als im Maschinenzeichnen. (Siehe nebenstehenden Grundriß.) Bei Mauerdurchbrüchen (Fenster, Türen) bedeutet die Zahl über der Achsenlinie die Breite, die Zahl darunter die Höhe

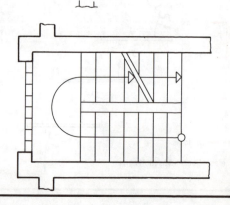

1 Leitungen, Anlagen, Schutzmaßnahmen
1.6.2 Gebäudeschnitt einer Mietwohnung

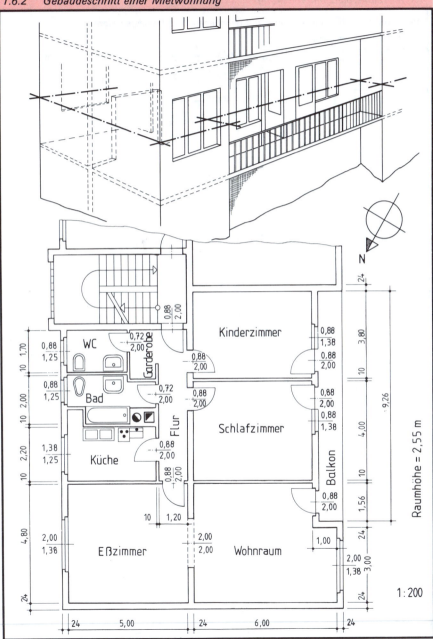

1 Leitungen, Anlagen, Schutzmaßnahmen
1.7.1 Zählerplatz mit Verteilung

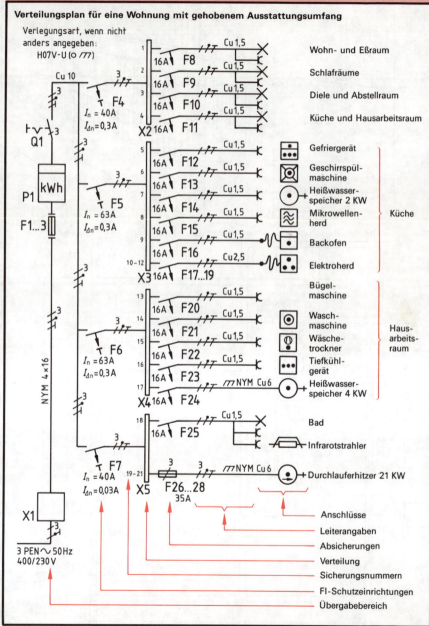

1 Leitungen, Anlagen, Schutzmaßnahmen
1.7.2 Installationsplan

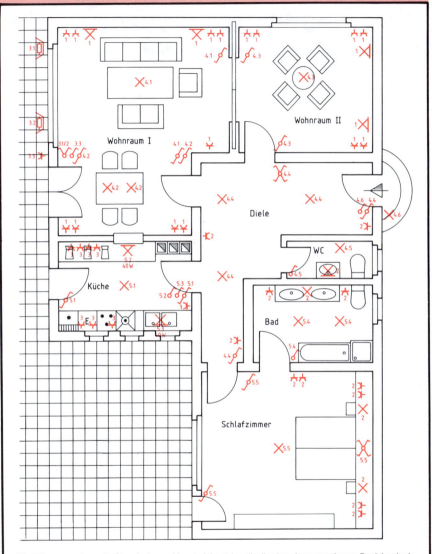

Die Ziffern numerieren die Stromkreise und kennzeichnen jeweils die einander zugeordneten Betriebsmittel.

Stromkreis 1: Steckdosen und Leuchten-Wandauslässe in Wohnraum I und II
Stromkreis 2: Steckdosen und Leuchten-Wandauslässe in Diele, Bad, WC und Schlafzimmer
Stromkreis 3: Steckdosen für Küche und Terrasse, Infrarotstrahler auf der Terrasse
Stromkreis 4: Leuchtenauslässe in Wohnraum I und II, Diele, WC und Eingang
Stromkreis 5: Leuchtenauslässe in Küche, Bad und Schlafzimmer

1 Leitungen, Anlagen, Schutzmaßnahmen
1.8.1 Funkentstörung

Elektrische Anlagen erzeugen bei Schaltvorgängen, bei Funkenbildung und bei Phasenanschnittsteuerungen hochfrequente Schwingungen. Diese können Nutzsignale anderer Anlagen überlagern und so zu Funkstörung führen.
Elektrische Anlagen, die Funkstörung erzeugen, müssen deshalb entstört werden.

Ausbreitung von Störfrequenzen oberhalb ca. 30 MHz
Oberhalb dieser Frequenz wirken Leitungen als Sendeantennen, so daß sich elektromagnetische Schwingungen im Raum ausbreiten.

Entstörung durch Schirmung
Durch eine geerdete, metallische Umhüllung der Leitung, gegebenenfalls der ganzen Anlage, wird die Strahlungskopplung zu anderen Anlagen verhindert.

Ausbreitung von Störfrequenzen über das Netz
Unterhalb von ca. 30 MHz breiten sich Störspannungen auch über das Netz aus.
Diese Ausbreitung kann auf drei Arten erfolgen.

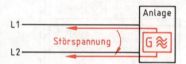

1. Symmetrische Ausbreitung
Hierbei liegt die Störspannung zwischen zwei nicht geerdeten Netzleitern.

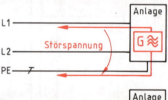

2. Unsymmetrische Ausbreitung
Hierbei liegt die Störspanung zwischen einem nicht geerdeten Netzleiter und der Erde.

3. Symmetrische und unsymmetrische Ausbreitung
Diese tritt bei einphasigen Anschlüssen mit N-Leiter auf. Die Störspannung ist dann sowohl symmetrisch als auch unsymmetrisch.

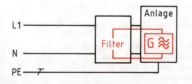

Entstörung durch Schaltmaßnahmen
Nahe bei der Entstehungsstelle werden die Störspannungen unterdrückt und daran gehindert, über das speisende Netz eine Kopplung zu anderen Anlagen herzustellen.

1 Leitungen, Anlagen, Schutzmaßnahmen

1.8.2 Entstörschaltungen

Funkentstörung mit Induktivitäten (Drosselspulen)
Sie werden in Reihe zur Störstelle geschaltet. Je größer der induktive Widerstand für die Störfrequenz ist, je größer ist die Entstörung.
Drosselspulen werden meist in Kombination mit Kondensatoren verwendet.

Funkentstörung mit Kapazitäten (Kondensatoren)
Sie werden parallel zur Störspannung geschaltet. Je kleiner der kapazitive Widerstand für die Störfrequenz ist, je größer ist die Entstörung.

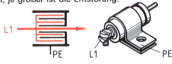

Y-Entstörkondensatoren werden häufig als Durchlaßkondensatoren gebaut, da diese Bauform gegenüber Wickelkondensatoren eine erheblich geringere Induktivität hat.

Kontaktentstörung (Funkenlöschung)
Bei relativ kleinen Kontaktströmen genügt ein parallel liegender Kondensator.
$C \sim 5{-}10$ nF.

Bei höheren Kontaktströmen wird eine $R\text{-}C$-Schaltung bevorzugt.
$\sim 100\ \Omega;\ C \sim 0{,}1$ nF.

Die beste Entstörwirkung läßt sich mit der Larsen-Schaltung erzielen.
$L \sim 0{,}5{-}10$ mH; $C_L \sim 10{-}50$ nF.

Zweileiter-Entstörfilter

1. Dieser Filter unterbindet die symmetrische Ausbreitung von Störfrequenzen. Ein solcher Kondensator wird als X-Kondensator bezeichnet. Seine Kapazität ist unkritisch, sie darf hoch sein.

2. Dieser Filter unterbindet die unsymmetrische Ausbreitung von Störfrequenzen. Solche Kondensatoren werden als Y-Kondensatoren bezeichnet. Durch die Verbindung zur Masse muß ihre Kapazität so begrenzt sein, daß keine Gefährdung entsteht. (5–max. 35 nF)

3. Dieser Filter unterbindet die Ausbreitung symmetrischer und unsymmetrischer Störfrequenzen.

4. Dieser X-Y-Spezialkondensator hat dieselbe Wirkung wie der X-Kondensator und die beiden Y-Kondensatoren in ihrer Kombination.
Ein solcher Filter in einem Gerätestecker eingebaut wird auch verwendet, um das angeschlossene Gerät vor Störfrequenzen aus nicht entstörten Anlagen zu schützen.

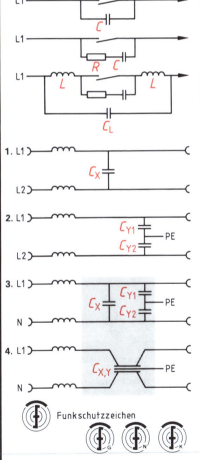

Funkschutzzeichen (Funkentstörzeichen)
Je nach gewünschtem Entstörgrad werden aufwendiger geschaltete Filter oder mehrere in Reihe geschaltete Filter verwendet.
Funkentstörte Geräte tragen dieses Zeichen.
Ein hinzugefügter Buchstabe gibt den Entstörgrad an.

G für Grobentstörgrad, für Geräte in Fabrikanlagen
N für Normalentstörgrad, für Geräte in Wohngebieten
K für Kleinstentstörgrad für höchste Ansprüche
  z.B. in Tonstudios

1 Leitungen, Anlagen, Schutzmaßnahmen
1.9.1 Empfangsantennen

Unterschieden wird bei Empfangsantennen zwischen Kanalantennen für nur einen Kanal, Kanalgruppenantennen für 3 bis 5 Kanäle und Bereichsantennen für 1 bis 2 Bereiche (bis zu 40 Kanäle). Bei Kanalantennen ist der Empfangspegel am größten, bei Bereichsantennen am kleinsten.

Die Anlagendämpfung, bestehend aus der Weichendämpfung, der Verteilerdämpfung, der Kabeldämpfung, der Durchgangsdämpfung und der Anschlußdämpfung, muß bei der Berechnung einer Antennenanlage vom Empfangspegel abgezogen werden. Der dann noch zur Verfügung stehende Empfängereingangspegel muß über dem für einen guten Empfang notwendigen Mindestpegel liegen. Wird der Mindestpegel unterschritten, so sind Antennenverstärker vorzusehen.

Als Antennenkabel werden heute fast ausschließlich Koaxialkabel mit einem Wellenwiderstand von 75 Ohm verwendet.

Aufbau von Antennenleitungsnetzen für Einzelantennenanlagen
Eine Einzelantennenanlage versorgt nur einen Abnehmer, z. B. ein Einfamilienhaus, wobei mehrere Antennensteckdosen in mehreren Räumen installiert sein können.

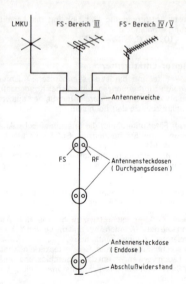

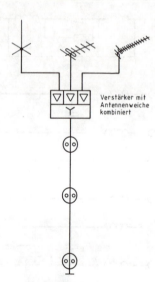

Antennenanlage ohne Verstärker
Die von den einzelnen Antennen empfangenen Spannungen werden in der Antennenweiche so zusammengefaßt, daß die Anpassung erhalten bleibt. Antennenkabel dürfen nicht mit zu engem Biegeradius verlegt oder gar geknickt werden. Stets ist der kürzeste Leitungsweg zu wählen.

Antennenanlage mit Verstärker
Für eine gute Wiedergabe ist nicht nur ein Mindestpegel erforderlich, auch Höchstpegel dürfen nicht überschritten werden, da sonst die Eingangsverstärkerstufe übersteuert werden kann. Als Mittelwert für den Empfängereingangspegel sind 60 dBµV immer richtig.

1 Leitungen, Anlagen, Schutzmaßnahmen
1.9.2 Gemeinschaftsantennenanlagen

Aufbau von Antennenleitungsnetzen für Gemeinschaftsantennenanlagen

Eine Gemeinschaftsantennenanlage versorgt über entsprechende Leitungsnetze mehrere Abnehmer, z. B. in einem Mehrfamilienhaus. Für Gemeinschaftsantennenanlagen sind immer Antennenverstärker notwendig.

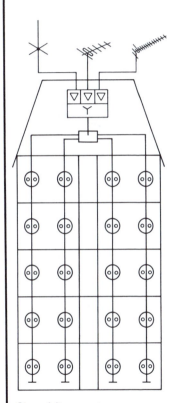

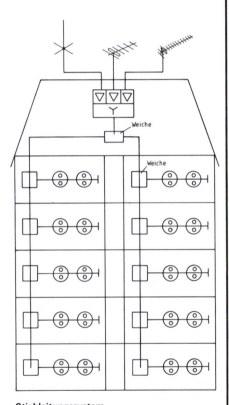

Stammleitungssystem
Jede Steckdose in einer Wohneinheit liegt in einer anderen Stammleitung.

Stichleitungssystem
In jeder Wohneinheit gehen von einer Verteilerdose die Antennensteckdosen mit einer Stichleitung ab.

Die Dämpfung einer Durchgangsdose ist wesentlich geringer als die Dämpfung eines Verteilers, auch die Anschlußdämpfung einer Enddose ist relativ groß. Dies ergibt für ein Stammleitungssystem wesentlich geringere Gesamtdämpfungsverluste als für ein Stichleitungssystem vergleichbarer Größe.

1 Leitungen, Anlagen, Schutzmaßnahmen
1.10.1 Blitzschutz, Auffangeinrichtungen

Kein Punkt einer Dachfläche darf von der Blitz-Auffangeinrichtung weiter als 10 m entfernt sein. Auffangeinrichtungen sollten entlang des Dachfirstes, entlang von Giebelkanten und Traufkanten verlegt werden, wobei Schornsteine, Antennenmaste und Dachaufbauten in die Auffangeinrichtung einzubeziehen sind.

Auffangeinrichtungen

Gebäude		Ableitungen	
Länge m	Breite m	Steildach	Flachdach
bis 20	bis 12		
bis 20	12–20		
20–40	bis 12		
20–40	20–40		

Beispiele:

bis 20 m / bis 12 m

bis 20 m / über 12 m

bis 20 m / bis 12 m

bis 12 m / bis 20 m

Hauptableitungen		Zahl der Hauptableitungen
Steildächer		
Länge in m	Breite in m	
bis 20	bis 12	2
über 20 bis 40		3
über 40 bis 60		4
über 20 bis 40	über 12	6
über 40 bis 60	bis 20	8
Flachdächer		
bis 20	bis 20	4
über 20 bis 40	über 20 bis 40	8

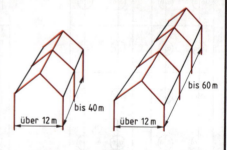
über 12 m / bis 40 m / über 12 m / bis 60 m

Mindestabmessungen für Erdungsleitungen

Werkstoff	außerhalb	innerhalb von Gebäuden
Stahl verzinkt	Draht 8 mm ⌀ Band 20 × 2,5 Seil unzulässig	Draht 4,5 mm ⌀ oder 16 mm²
Kupfer	Draht 8 mm ⌀ Band 20 × 2,5 Seil 7 × 3 mm ↑	Draht 3,5 mm ↑ oder 16 mm²

Erdungsleitungen für Innenverlegung dürfen bis zu einer Länge von einem Meter aus dem Gebäude herausgeführt werden, um sie an einen Erder oder ein Standrohr anzuschließen.

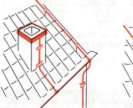

Metallaufsätze, die aus dem Dach herausragen, wie Entlüftungen und Antennen, sowie Schornsteine sind in die Auffangeinrichtung mit einzubeziehen.

1 Leitungen, Anlagen, Schutzmaßnahmen
1.10.2 Blitzschutzanlage

Äußerer und innerer Blitzschutz eines Wohngebäudes

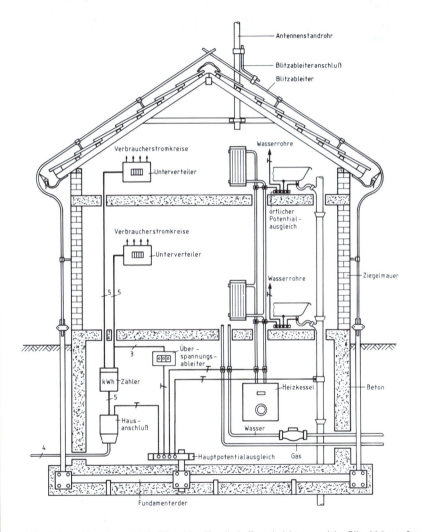

Durch den äußeren Blitzschutz wird ein Blitzschlag über die Auffangeinrichtung und den Blitzableiter außen am Hause vorbei direkt zur Erde abgeleitet. Gelangt über das Leitungsnetz ein Blitzschlag ins Haus, so leitet der Überspannungsableiter die Überspannung über Schutzleiter und Hauptpotentialausgleich zur Erde (innerer Blitzschutz).

1 Leitungen, Anlagen, Schutzmaßnahmen
1.11.1 Gefahren der Elektrizität; Zulässige Berührungsspannung

Ströme durch den menschlichen Körper können zu schwersten Unfällen und zum Tode führen. Die Größe der Gefährdung ist von der Höhe der Stromstärke, der Stromart, der Einwirkungsdauer und dem Stromweg abhängig. Bei niedrigen Widerstandsverhältnissen können selbst bei kleinen Spannungen gefährlich hohe Körperströme fließen.

Physiologische Stromwirkungen
Ströme über das Herz können bereits bei Werten unter 100 mA zu unregelmäßiger Herztätigkeit, zu Herzmuskelverkrampfungen und zum Herzstillstand führen (Herzkammerflimmern).
Ströme über das Muskelgewebe bewirken bereits ab 20 mA Muskelverkrampfungen, die dann selbständiges Loslassen verhindern.

Physikalische und chemische Stromwirkungen
Ab ca. 3 A führen Körperströme aufgrund ihrer Wärmewirkung zu inneren und äußeren Verbrennungen und zum Auskochen der Gewebeflüssigkeit. Aufgrund der chemischen Stromwirkung wird die Körperflüssigkeit zersetzt und das Eiweiß zerstört. Da der Körper die giftigen Zersetzungs- und Verbrennungsprodukte oft nicht abbauen kann, tritt dann nach wenigen Tagen der „Spättod" ein. In solchen Fällen ist Rettung nur durch einen rechtzeitigen Blutaustausch möglich.

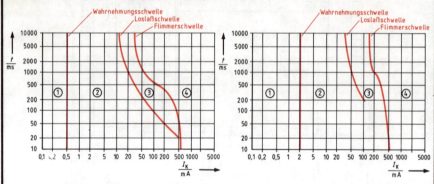

Zeit-Strom-Gefährdungsbereiche für 50 Hz Wechselstrom für den Stromweg linke Hand zu beiden Füßen

Zeit-Strom-Gefährdungsbereiche für Gleichstrom für den Stromweg linke Hand zu beiden Füßen

Körperreaktionen:
Bereich ① – Bis zur Wahrnehmbarkeitsschwelle keine Reaktion.
Bereich ② – Bis zur Loslaßschwelle keine schädliche Wirkung.
Bereich ③ – Bis zur Flimmerschwelle und Zeiten unter 10 s keine organischen Schäden. Bei Zeiten oberhalb von 10 s Vorkammerflimmern und Atembeschwerden möglich.
Bereich ④ – Herzkammerflimmern, Herzstillstand, Atemstillstand, Verbrennungen.

Bei welcher Berührungsspannung gefährlich hohe Körperströme fließen können, ist vorwiegend abhängig vom Körperwiderstand, von den Berührungsflächen, vom Kontaktdruck und von den Feuchtigkeitsverhältnissen.
Als dauernd zulässige Berührungsspannung ist die Spannungshöhe festgelegt, bei der unter ungünstigen Bedingungen Herzkammerflimmern weitgehend ausgeschlossen ist.
Für Wechselstrom (50 Hz)   50 V
Für Gleichstrom   120 V
Bei besonderer Gefährdung gelten niedrigere Spannungswerte, z. B. 24 V für elektrisch betriebenes Kinderspielzeug oder 6 V für med. Geräte im Körper des Patienten.

1 Leitungen, Anlagen, Schutzmaßnahmen

1.11.2 Schutzmaßnahmen; Schutzklassen; Schutzarten

Schutzmaßnahmen sind Maßnahmen gegen gefährliche Wirkungen des elektrischen Stromes.
- Schutz gegen gefährliche Körperströme
- Überstromschutz von Leitungen und Kabeln
- Schutz gegen Über- und Unterspannung
- Brandschutz und Blitzschutz

Schutzklassen bezeichnen die Art des Schutzes elektrischer Betriebsmittel gegen Körperschluß und damit indirekt gegen gefährliche Körperströme.

Schutzklasse I
Kennzeichen ⏚

Die aktiven Teile des Betriebsmittels haben eine Basisisolierung, und die leitfähige Umhüllung der Basisisolierung (das Gehäuse) hat einen Schutzleiteranschluß.

Schutzklasse II
Kennzeichen ▫

Die Umhüllung der Basisisolierung der aktiven Teile besteht aus einer zweiten Isolierung (Schutzisolierung).

Schutzklasse III
Kennzeichen ⬦III⬦

Die mit einer Basisisolierung umhüllten aktiven Teile des Betriebsmittels sind für Kleinspannung ausgelegt.

Schutzarten bezeichnen die Güte des Schutzes gegen das Eindringen von festen Körpern und das Eindringen von Wasser in das Betriebsmittel.

Gekennzeichnet wird die Schutzart mit einer Buchstaben-(IP)-Zahlen-Kombination.
(IP ≙ International Protection)

Kennziffer	als erste Ziffer: Schutz gegen das Eindringen fester Körper	als zweite Ziffer: Schutz gegen das Eindringen von Wasser
0	kein besonderer Schutz	kein besonderer Schutz
1	größer 30 mm Durchmesser	senkrecht fallendes Tropfwasser
2	größer 12 mm Durchmesser	bis zu 15° schräg fallendes Tropfwasser
3	größer 2,5 mm Durchmesser	bis zu 60° auftreffendes Sprühwasser
4	größer 1 mm Durchmesser	Spritzwasser aus allen Richtungen
5	gegen Staubablagerungen	Strahlwasser aus allen Richtungen
6	absolut staubdicht	starkes Strahlwasser
7	———	kurzzeitiges Druckwasser
8	———	dauerndes Druckwasser

Übliche Schutzarten

Schutzart	Beschreibung des Anwendungsbereiches	noch verwendete Sinnbilder nach VDE 0710
IP 20	trockene Räume, Staubentwicklung gering	
IP 21	feuchte Räume	▼
IP 23	im Freien (stationär), regengeschützt	▼
IP 44	im Freien (Baustellen), spritzwassergeschützt	⚠
IP 55	nasse Räume, strahlwassergeschützt	⚠ ⚠
IP 55	Räume mit besonderer Staubentwicklung	✻
IP 66	nasse Räume, starkes Strahlwasser	▼ ▼
IP 66	durch Staubexplosionen gefährdete Räume	◆
IP 68	unter Wasser und dauerndem Wasserdruck	▼ ▼ ···bar

Wird zum Schutz gegen das Eindringen fester Körper oder zum Schutz gegen das Eindringen von Wasser keine Angabe gemacht, so wird an der Stelle der nicht besetzten Kennziffer ein X geschrieben.
Beispiele: IP 2X; IP 4X; IP X8.

1 Leitungen, Anlagen, Schutzmaßnahmen

1.12.1 Netzformen

In den neuen Normen DIN 57100 sind die Kennzeichnungen der Schutzmaßnahmen an die Netzformen gebunden, in denen sie angewendet werden.
Charakterisiert ist jedes Niederspannungsnetz durch die Erdungsverhältnisse der Stromquelle und durch die Erdungsverhältnisse der Körper in der elektrischen Verbraucheranlage.

Zur Kennzeichnung der Netzformen werden Buchstabenkombinationen verwendet:
Der erste Buchstabe gibt Auskunft über die Erdungsverhältnisse der Stromquelle.
T – direkte Erdung eines aktiven Teiles der Stromquelle (Betriebserder)
I – Isolierung aller aktiven Teile gegenüber der Erde
  (Erdverbindung über eine Impedanz ist zulässig)

Der zweite Buchstabe gibt Auskunft über die Erdungsverhältnisse der Körper in der elektrischen Verbraucheranlage.
T – Körper direkt geerdet
N – Körper über einen Schutzleiter direkt mit dem Betriebserder verbunden

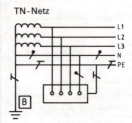
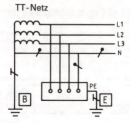
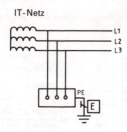

Im TN-Netz gibt es drei Varianten, die Körper mit dem Betriebserder zu verbinden:
– über einen gesonderten Schutzleiter, den PE   TN-S-Netz
– über den Neutralleiter mit gleichzeitiger Schutzfunktion, den PEN   TN-C-Netz
– über eine Kombination beider Möglichkeiten   TN-S-C-Netz

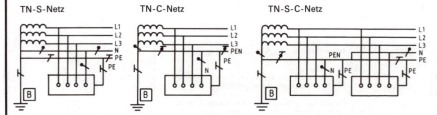

Die hinter der Netzformkennzeichnung verwendeten Buchstaben tragen folgende Information:
S – Neutral- und Schutzleiterfunktion werden von separaten Leitern übernommen
C – Neutral- und Schutzleiterfunktion sind in einem Leiter kombiniert

Die verwendeten Buchstaben sind von englischen und französischen Wörtern abgeleitet:

T – von franz. **T**erre (Erde)   P – von engl. **P**rotection (Schutz)
I – von engl. **I**solation   E – von engl. **E**arth (Erde)
N – von engl. **N**eutral
S – von engl. **S**eparated (getrennt)   PEN → **P**rotection-**E**arth-**N**eutral-Leiter
C – von engl. **C**ombined (verbunden)   PE → **P**rotection-**E**arth-Leiter

1 Leitungen, Anlagen, Schutzmaßnahmen

1.12.2 Schutz gegen gefährliche Körperströme bei direktem Berühren

Schutzmaßnahmen gegen direktes Berühren aktiver Teile zielen darauf ab, daß betriebsmäßig spannungsführende Teile für Personen und Nutztiere unter normalen Bedingungen unzugänglich sind. Hierbei wird zwischen dem **vollständigen Schutz** und dem **teilweisen Schutz** unterschieden.

Schutz durch Isolierung aktiver Teile

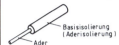

Die Isolation elektrischer Leiter ist hier das typische Beispiel, mit dem ein **vollständiger Schutz** gegen direktes Berühren aktiver Teile (insbesondere für den Laienbereich) erreicht wird.

Schutz durch Abdeckungen oder Umhüllungen

Auch hierdurch wird ein **vollständiger Schutz** gegen direktes Berühren aktiver Teile sichergestellt. Die Umhüllungen müssen mindestens der Schutzart IP 2X entsprechen, horizontale Abdeckungen mindestens der Schutzart IP 4X. Problemstellen bei der lückenlosen Umhüllung sind notwendige Öffnungen wie z. B. bei Steckdosen und Lampenfassungen.

Schutz durch Hindernisse

Durch Hindernisse soll zufällige Annäherung an aktive Teile durch Geländer, Gitterwände usw. und zufälliges Berühren durch Abdeckungen verhindert werden. Hindernisse bieten nur einen **teilweisen Schutz** gegen direktes Berühren aktiver Teile, da sie durch bewußtes Umgehen unwirksam werden.

Schutz durch Abstand

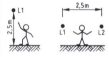

Im Handbereich müssen Teile mit unterschiedlichem Potential mindestens 2,5 m voneinander entfernt sein. Auch hier wird nur ein **teilweiser Schutz** gegen direktes Berühren aktiver Teile bewirkt.

Zusätzlicher Schutz durch Fehlerstrom-Schutzeinrichtungen

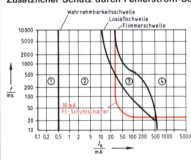

Die Verwendung von Fehlerstrom-Schutzeinrichtungen ist nur als Ergänzung zu den vorgenannten Schutzmaßnahmen gegen direktes Berühren zulässig. Nur Körperströme gegen Erde führen zur Abschaltung, nicht Körperströme zwischen zwei Außenleitern oder einem Außenleiter und dem Neutralleiter, da diese Körperströme sich im FI-Schutzschalter neutralisieren.
Der Nennfehlerstrom des Fehlerstrom-Schutzschalters darf nicht größer als 30 mA sein.

Die 5 Sicherheitsregeln für das Arbeiten in elektrischen Anlagen

Vor dem Beginn von Arbeiten in elektrischen Anlagen muß zur Verhinderung von gefährlichen Körperströmen bei direkter Berührung aktiver Teile der spannungsfreie Zustand hergestellt werden. Dabei sind die 5 Sicherheitsregeln zu beachten.

1. Freischalten
2. Gegen Wiedereinschalten sichern
3. Spannungsfreiheit feststellen
4. Erden und Kurzschließen der aktiven Teile
5. Benachbarte unter Spannung stehende Teile abdecken oder abschranken

1 Leitungen, Anlagen, Schutzmaßnahmen
1.13.1 Schutz gegen gefährliche Körperströme bei direktem und indirektem Berühren

Wird die Nennspannung 50 V Wechselspannung oder 120 V Gleichspannung nicht überschritten, so ist der Schutz gegen gefährliche Körperströme fast immer sichergestellt. Bis zu einer Nennspannung von 25 V Wechselspannung oder 60 V Gleichspannung kann sogar auf Maßnahmen gegen direktes Berühren verzichtet werden.

Schutz durch Schutzkleinspannung

Diese hochwertige Schutzmaßnahme ist für besonders gefahrenträchtige Umgebungsbedingungen gedacht, wie z. B. Kesselanlagen, Behälterbau, Rohrleitungsbau und ähnliches.

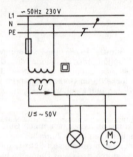
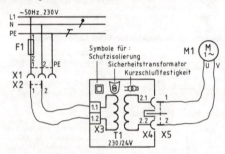

- Zur Erzeugung der Schutzkleinspannung müssen Sicherheitstransformatoren oder Stromquellen, die den gleichen Sicherheitsgrad gewährleisten, verwendet werden.
- Aktive Teile von Schutzkleinspannungsanlagen dürfen weder mit der Erde noch mit Schutzleitern oder aktiven Teilen anderer Stromkreise verbunden werden.
- Stecker für Schutzkleinspannung dürfen sich nur in Steckdosen gleicher oder niedriger Spannung einführen lassen.
- Die Leitungen sollten getrennt von Leitungen anderer Stromkreise verlegt werden.
- Das verwendete Installationsmaterial muß den Anforderungen für 250 V gegen Erde entsprechen, z. B. NYM, HO 3 VV.

Schutz durch Funktionskleinspannung

Die zulässigen Spannungshöhen sind dieselben wie bei der Schutzkleinspannung (50 V~, 120 V−). Hier sind diese Spannungen jedoch durch die betriebliche Funktion der elektrischen Anlage bestimmt, wie z. B. bei Meß- und Steuerstromkreisen. Damit ist die Funktionskleinspannung im Unterschied zur Schutzkleinspannung für normale Umgebungsbedingungen gedacht. Aus Funktionsgründen sind die Körper der Betriebsmittel oft geerdet und die Isolierung gegenüber anderen Stromkreisen höherer Spannungen genügt oft nicht den Anforderungen, die für die Schutzkleinspannung verlangt werden.

Funktionskleinspannung mit sicherer Trennung (Sicherheitskleinspannung)

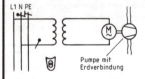

- Die elektrische Trennung zwischen Primär- und Sekundärseite muß der eines Sicherheitstransformators entsprechen.
- Alle Anforderungen für die sichere Trennung gegenüber anderen Stromkreisen, wie beim Schutz durch Schutzkleinspannung, sind auch hier zu erfüllen.

Funktionskleinspannung ohne sichere Trennung

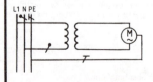

- Die Isolierung der Betriebsmittel muß derjenigen Mindestspannung standhalten, die für die Betriebsmittel der Stromkreise der höheren Spannung festgelegt sind.
- Wenn im speisenden Stromkreis mit der höheren Spannung eine Schutzmaßnahme mit automatischer Abschaltung angewendet wird, so sind die Körper der Funktionskleinspannungsanlage mit dem Schutzleiter des Stromkreises der höheren Spannung zu verbinden.

1 Leitungen, Anlagen, Schutzmaßnahmen

1.13.2 Schutz gegen gefährliche Körperströme bei indirektem Berühren

Bei einem Körperschluß, z. B. durch Beschädigung der Basisisolation, ist der Schutz gegen gefährliche Körperströme bei direktem Berühren des Gerätes nicht mehr gegeben. Das Anfassen des Körpers ist dann eine indirekte Berührung aktiver Teile. Schutzmaßnahmen gegen gefährliche Körperströme bei indirektem Berühren zielen darauf ab, daß auch dann Personen und Nutztiere geschützt sind.

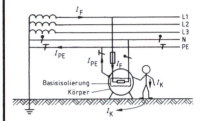

Beispiel:
Bei Körperschluß fließt ein Fehlerstrom I_F über den Außenleiter bis zur Schlußstelle. Hier teilt sich der Fehlerstrom in den Körperstrom I_K und den Schutzleiterstrom I_{PE}, die beide zum Sternpunkt des Transformators fließen. Diese Schutzmaßnahme ist dann wirksam, wenn die Sicherung innerhalb der vorgeschriebenen Zeit abschaltet.

Vorgeschriebene Abschaltzeiten

In Stromkreisen mit Steckdosen bis 35 A Nennstrom und in Stromkreisen mit ortsveränderlichen Betriebsmitteln, die üblicherweise dauernd in der Hand gehalten oder umfaßt werden, muß im Fehlerfalle innerhalb von 0,2 Sekunden abgeschaltet werden, in allen anderen Fällen innerhalb von 5 Sekunden.

DIN 57100 Teil 410 nennt die folgenden Maßnahmen zur Realisierung des Schutzes gegen gefährliche Körperströme bei indirekter Berührung aktiver Teile:

● **Schutz durch Abschaltung oder Meldung**

Unter einer neuen, auf die Netzformen bezogenen Betrachtungsweise sind hier die alten Schutzmaßnahmen „Schutzerdung", „Nullung", „Fehlerstrom-Schutzschaltung", „Fehlerspannungs-Schutzschaltung" und „Schutzleitungssystem" zusammengefaßt. Im Fehlerfalle soll die automatische Abschaltung bewirken, daß eine gefährliche Berührungsspannung nicht fortbesteht. Eng verknüpft mit dieser Schutzmaßnahme ist der bei jedem Hausanschluß oder jeder gleichwertigen Versorgungseinrichtung vorzusehene **Hauptpotentialausgleich**.

● **Schutzisolierung**

Die Basisisolierung wird hier durch eine zweite zusätzliche Isolierung so ergänzt, daß ein Isolationsfehler der Basisisolierung eine Berührungsspannung so gut wie ausschließt.

● **Schutztrennung**

Wird z. B. durch einen Trenntransformator eine räumlich eng begrenzte Anlage von anderen aktiven Teilen und der Erde galvanisch sicher getrennt und potentialfrei gehalten, so kann selbst im Fehlerfalle keine gefährliche Berührungsspannung entstehen.

● **Schutz durch nichtleitende Räume**

Diese, der bisherigen „Standortisolierung" vergleichbare Schutzmaßnahme hat nur geringe Bedeutung, da sie nur eingeschränkt anwendbar ist. Die Anordnung der Betriebsmittel muß ausschließen, daß Personen gleichzeitig zwei Körper berühren können. An den Betriebsmitteln und den Steckdosen darf kein Schutzleiter angeschlossen sein. Zeitlich unbegrenzt fortbestehende Fehlerspannungen, die bei dieser Schutzmaßnahme zulässig sind, dürfen keine Möglichkeit zum Übergang in Bereiche außerhalb dieser Schutzmaßnahme finden.

● **Schutz durch erdfreien örtlichen Potentialausgleich**

Diese Schutzmaßnahme ist in engem Zusammenhang mit dem Schutz durch nichtleitende Räume zu sehen. Alle gleichzeitig berührbaren Körper und fremde leitfähige Teile werden durch einen Potentialausgleichsleiter untereinander verbunden. Dieser Leiter darf weder direkt noch über Körper mit der Erde verbunden sein.

1 Leitungen, Anlagen, Schutzmaßnahmen
1.14.1 Schutzisolierung und Schutztrennung

Schutzisolierung

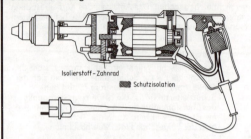
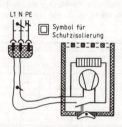

Die verwendeten Betriebsmittel müssen die Bedingungen der Schutzklasse II erfüllen, d. h. Umhüllung der Basisisolierung mit einer zweiten Isolierung. Die verwendeten Isolierstoffe müssen den üblicherweise auftretenden elektrischen, thermischen und mechanischen Beanspruchungen standhalten. Leitfähige Teile innerhalb der zweiten Isolierstoffumhüllung dürfen nicht an einen Schutzleiter angeschlossen werden.

Schutztrennung

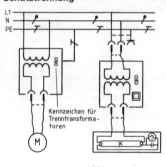

Diese Schutzmaßnahme ist am sichersten, wenn sie auf ein Betriebsmittel beschränkt bleibt, wobei eine Leitungslänge von 500 m nicht überschritten werden soll.
Die Spannungsversorgung muß über einen Trenntransformator, einen Motor-Generator oder ein Gerät gleichwertiger Sicherheit erfolgen.
Ortsveränderliche Trenntransformatoren müssen schutzisoliert sein.
Die aktiven Teile des Sekundärstromkreises dürfen weder mit anderen Stromkreisen noch mit der Erde verbunden werden.

Mehrere Betriebsmittel dürfen angeschlossen werden, wenn die Körper durch einen Potentialausgleichsleiter miteinander verbunden sind, der selber isoliert sein muß und keinerlei Verbindung zu anderen Schutzleitern oder anderen leitfähigen Teilen haben darf.
So ist sichergestellt, daß beim Auftreten von mehr als einem Fehler über den Potentialausgleichsleiter die automatische Abschaltung erfolgt.

1 Leitungen, Anlagen, Schutzmaßnahmen
1.14.2 Hauptpotentialausgleich, Querschnitte für Schutzleiter und Potentialausgleichsleiter

Hauptpotentialausgleich

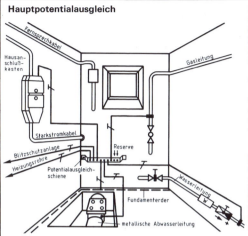

Bei jedem Hausanschluß oder jeder gleichwertigen Versorgungseinrichtung ist an zentraler Stelle ein Hauptpotentialausgleich vorzusehen, der die folgenden leitfähigen Teile miteinander verbindet.
- Hauptschutzleiter (vom Hausanschlußkasten abgehender Schutzleiter)
- Haupterdungsleitung (vom Erder kommende Erdungsleitung)
- Blitzschutzerder
- Hauptwasserrohre
- Hauptgasrohre
- andere metallene Rohrsysteme wie z. B. Heizungsanlagen, auch Gebäudekonstruktionen usw.

Neben dem Hauptpotentialausgleich ist ein zusätzlicher Potentialausgleich besonders dann anzuwenden, wenn aufgrund der Umgebungsbedingungen eine besondere Gefährdung besteht wie z. B. in Baderäumen, Schwimmbädern usw. Alle Körper und leitfähigen Teile, die im Handbereich liegen, werden miteinander verbunden.

Zuordnung der Mindestquerschnitte von Schutzleitern zum Querschnitt der Außenleiter

Außenleiter mm^2	Schutzleiter oder PEN-Leiter[1]		Schutzleiter[3] getrennt verlegt		
	Isolierte Starkstromleitungen mm^2	0,6/1-kV-Kabel mit 4 Leitern mm^2	geschützt mm^2 Cu	Al	ungeschützt[2] mm^2 Cu
bis 0,5	0,5	–	2,5	4	4
0,75	0,75	–	2,5	4	4
1	1	–	2,5	4	4
1,5	1,5	1,5	2,5	4	4
2,5	2,5	2,5	2,5	4	4
4	4	4	4	4	4
6	6	6	6	6	6
10	10	10	10	10	10
16	16	16	16	16	16
25	16	16	16	16	16
35	16	16	16	16	16
50	25	25	25	25	25
70	35	35	35	35	36
95	50	50	50	50	50
120	70	70	50	50	50

[1] PEN-Leiter $\geq 10\ mm^2$ Cu oder $\geq 16\ mm^2$ Al
[2] Ungeschütztes Verlegen von Leitern aus Aluminium ist nicht zulässig
[3] Ab einem Querschnitt des Außenleiters von $\geq 95\ mm^2$ vorzugsweise blanke Leiter anwenden

Querschnitte für Potentialausgleichsleiter

	Hauptpotentialausgleich	Zusätzlicher Potentialausgleich	
normal	0,5 × Querschnitt des Hauptschutzleiters	zwischen zwei Körpern	1 × Querschnitt des kleineren Schutzleiters
		zwischen einem Körper und einem fremden leitfähigen Teil	0,5 × Querschnitt des Schutzleiters
mindestens	6 mm^2 Cu oder gleichwertiger Leitwert[1]	bei mechanischem Schutz	2,5 mm^2 Cu 4 mm^2 Al
		ohne mechanischen Schutz	4 mm^2 Cu
mögliche Begrenzung	25 mm^2 Cu oder gleichwertiger Leitwert[1]	–	–

[1] Ungeschützte Verlegung von Leitern aus Aluminium ist nicht zulässig

1 Leitungen, Anlagen, Schutzmaßnahmen

1.15.1 Schutz durch Abschaltung im TN-Netz

Schutz durch Abschaltung mit Überstrom-Schutzeinrichtungen

Alle Körper müssen mit dem geerdeten Punkt des speisenden Netzes, meist dem Sternpunkt, durch einen Schutzleiter leitend verbunden werden. Dieser Schutzleiter muß in der Nähe des Transformators oder Generators geerdet sein. Diese Betriebserdung sollte innerhalb des Netzes möglichst oft wiederholt werden.
Im Fehlerfalle muß die nächst vorgeschaltete Sicherung innerhalb der vorgeschriebenen Zeit abschalten.

Überstrom-Schutzeinrichtungen sind z.B.: Niederspannungssicherungen und Leitungsschutzschalter.

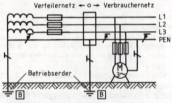

Prinzip des Schutzes durch Abschaltung mit Überstrom-Schutzeinrichtung im TN-C-Netz
Früher: „Klassische Nullung"

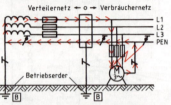

Fehlerstromschleife bei der Abschaltung durch Überstrom-Schutzeinrichtung im TN-C-Netz.

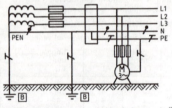

Prinzip des Schutzes durch Abschaltung mit Überstrom-Schutzeinrichtung im TN-S-C-Netz.
Früher: „Nullung"

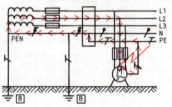

Fehlerstromschleife bei der Abschaltung durch Überstrom-Schutzeinrichtung im TN-S-C-Netz.

Schutz durch Abschaltung mit Fehlerstrom-Schutzeinrichtungen

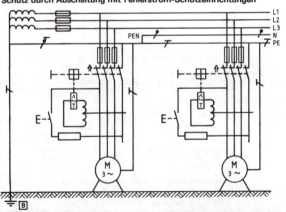

Vereinfachte Darstellung des Fehlerstrom-Schutzschalters

Einpolige Darstellung

Im Fehlerfalle fließt der Fehlerstrom hinter dem Körperschluß über den Schutzleiter außen am FI-Schutzschalter vorbei, wodurch im Summenstromwandler des FI-Schutzschalters das Gleichgewicht gestört ist. Bedingt durch die Widerstandsverhältnisse und die relativ geringe Abschaltstromstärke führt dies dann fast immer zur Abschaltung des FI-Schutzschalters.

1 Leitungen, Anlagen, Schutzmaßnahmen
1.15.2 Schutz durch Abschaltung im TT-Netz

Alle Körper, die durch diese Schutzmaßnahme gemeinsam geschützt werden sollen, müssen durch Schutzleiter an einen gemeinsamen Erder angeschlossen werden.

Schutz durch Abschaltung mit Überstrom-Schutzeinrichtungen

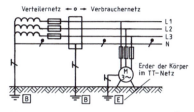

Prinzip des Schutzes durch Abschaltung mit Überstrom-Schutzeinrichtung im TT-Netz.
Früher: „Schutzerdung"

Fehlerstromschleife bei der Abschaltung durch Überstrom-Schutzeinrichtung im TT-Netz.

Das Produkt aus Abschaltstromstärke mal Erdungswiderstand darf 50 V Wechselspannung nicht überschreiten. Sollte bei einem widerstandsbehafteten Fehler keine Abschaltung erfolgen, so muß sichergestellt sein, daß die Berührungsspannung unter 50 V bleibt.

Schutz durch Abschaltung mit Fehlerstrom-Schutzeinrichtungen

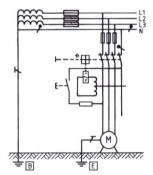

Beim Schutz durch Überstrom-Schutzeinrichtungen führt jeder Körperschluß nicht zu so hohen Abschaltströmen wie im TN-Netz. Durch die Erdübergangswiderstände sind die Abschaltfehlerströme im TT-Netz wesentlich kleiner und die Abschaltzeiten länger.
Deshalb ist in TT-Netzen dem Schutz durch Abschalten mit Fehlerstrom-Schutzeinrichtungen der Vorrang zu geben.
Der Erdungswiderstand muß so auf den Grenzfehlerstrom des FI-Schutzschalters abgestimmt sein, daß in jedem Fehlerfalle unterhalb einer Fehlerspannung von 50 V ausgelöst wird.

Schutz durch Abschaltung mit Fehlerspannungs-Schutzeinrichtungen

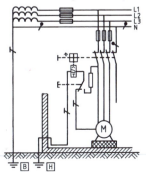

Die Fehlerspannungsspule ist wie ein Spannungsmesser anzuschließen. Der Leiter vom FU-Schutzschalter zum Hilfserder muß gegenüber dem Schutzleiter und dem Körper isoliert verlegt werden, damit die FU-Spule nicht überbrückt werden kann.
Der Hilfserder sollte von anderen Erdern mindestens 10 m entfernt sein, um außerhalb deren Spannungsbereich zu liegen. Sein Erdungswiderstand sollte 200 Ohm nicht überschreiten.
Diese Schutzmaßnahme ist bei Betriebsmitteln, die durch ihre Montage Erdkontakt haben, und bei Erdverbindung des Schutzleiters problematisch. Deshalb sollten Fehlerspannungs-Schutzeinrichtungen nur im Ausnahmefall angewendet werden.

1 Leitungen, Anlagen, Schutzmaßnahmen
1.16.1 Schutz durch Abschaltung oder Meldung im IT-Netz

Durch Isolierung aller aktiven Teile gegen Erde oder bei einer hohen Impedanz aller aktiven Teile gegen Erde ist bei einem Körper- oder Erdschluß der Fehlerstrom so niedrig, daß eine Abschaltung nicht erforderlich ist.

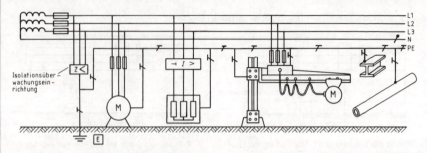

Durch einen ersten Fehler wird das IT-Netz zu einem TT-Netz. Hieraus ergibt sich die Forderung, daß dann bei einem zweiten Fehler die Abschaltung mindestens eines Fehlers erfolgen muß.

Um dies sicherzustellen, müssen die folgenden Maßnahmen beachtet werden:
- Neben dem Hauptpotentialausgleich sind alle Körper gruppenweise oder in ihrer Gesamtheit mit einem Schutzleiter zu verbinden.
- Das Produkt aus dem Erdungswiderstand aller mit dem Schutzleiter verbundenen Körper mit dem Fehlerstrom eines ersten Fehlers mit vernachlässigbarer Impedanz darf den Wert 50 V nicht überschreiten.
- Durch einen zusätzlichen Potentialausgleich, der alle fremden leitfähigen Teile bis zur Bewehrung der Stahlbetonkonstruktionen durch Anschluß an den Schutzleiter mit in die Schutzmaßnahme einbezieht, wird die Anlage noch sicherer.

Die folgenden Schutzeinrichtungen dürfen im TT-Netz verwendet werden:
- Schutz durch Abschaltung mit Überstrom-Schutzeinrichtungen
- Schutz durch Abschaltung mit Fehlerstrom-Schutzeinrichtungen
- (nur in Sonderfällen!) Schutz durch Abschaltung mit Fehlerspannungs-Schutzeinrichtungen.

Eine Isolationsüberwachungseinrichtung zeigt bereits den ersten Körper- oder Erdschluß durch ein akustisches oder optisches Signal an. Jeder gemeldete Fehler ist dann so schnell wie möglich zu lokalisieren und zu beseitigen.

Wirkungsprinzip der Überwachungseinrichtung

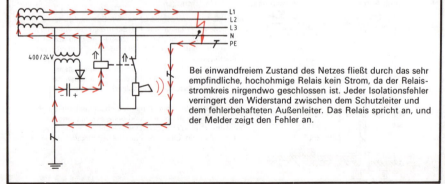

Bei einwandfreiem Zustand des Netzes fließt durch das sehr empfindliche, hochohmige Relais kein Strom, da der Relaisstromkreis nirgendwo geschlossen ist. Jeder Isolationsfehler verringert den Widerstand zwischen dem Schutzleiter und dem fehlerbehafteten Außenleiter. Das Relais spricht an, und der Melder zeigt den Fehler an.

1 Leitungen, Anlagen, Schutzmaßnahmen
1.16.2 Prüfung des Isolationszustandes von elektrischen Anlagen

In allen elektrischen Anlagen aller Netzformen ist nach ihrer Errichtung und dann nach Wartungsplan der Isolationswiderstand zu prüfen, der wesentlichen Einfluß auf die Wirksamkeit der Schutzmaßnahmen bei direktem und indirektem Berühren hat.

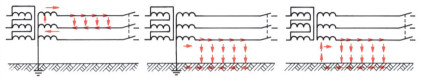

Über die Isolation fließen Fehlerströme von Leitung zu Leitung.

Über die Isolation fließen Fehlerströme zur Erde und über den Betriebserder zum Trafo zurück.

Auch in nicht geerdeten Anlagen schließen sich über Isolation und Erde Fehlerstromkreise.

Da Isolierstoffe keine absoluten Nichtleiter sind, sind Isolations-Fehlerströme unvermeidbar. Die in jedem Falle fließenden Leckströme dürfen 1 mA auf 100 m Leiterlänge nicht überschreiten. Hieraus ergibt sich dann nach dem Ohmschen Gesetz ein Mindest-Isolationswiderstand von 1000 Ω pro Volt.

Beispiele:

Bei einer Nennspannung von 380/220 V muß der Isolationswiderstand mindestens betragen:

Außenleiter ⟷ Außenleiter	380 000 Ω
Außenleiter ⟷ Neutralleiter	220 000 Ω
Außenleiter ⟶ Erde	
Neutralleiter ⟷ Erde	220 000 Ω

Die Messung des Isolationswiderstandes muß mit einer Meßgleichspannung durchgeführt werden, die bei der Belastung mit 1 mA mindestens der Höhe der Nennspannung der zu prüfenden Anlage entspricht. Handelsübliche Isolationsmeßgeräte messen mit 500 V Gleichspannung.

Durchführung der Messungen:

Isolation zwischen Leiter und Erde

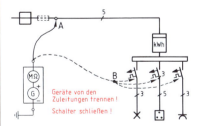

1. Sicherungen öffnen!
2. Geräte von den Zuleitungen trennen!
3. Neutralleiter im Hausanschlußkasten von der Erdverbindung trennen!
A. Messung in der Hauptleitung: Alle Leiter gegen Erde.
B. Messungen in den Stichleitungen: Alle Leiter gegen Erde.

Isolation zwischen Leiter und Leiter

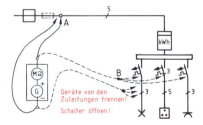

1. Sicherungen öffnen!
2. Geräte von den Zuleitungen trennen!
3. Neutralleiter im Hausanschlußkasten von der Erdverbindung trennen!
Messung A und B: Zwischen zwei Trennstellen (Schalter, Sicherungen usw.) alle Leiter gegeneinander.

1 Leitungen, Anlagen, Schutzmaßnahmen

1.17.1 Messung des Erdungswiderstandes und Messung des Schleifenwiderstandes

Erdungswiderstandsmessung

Diese Messung ist ein wesentlicher Teil der Maßnahme zur Prüfung der Wirksamkeit der Schutzmaßnahmen im TT-Netz.

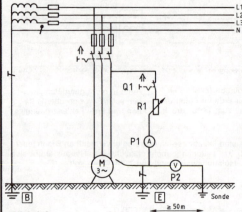

Im Fehlerfall muß die Abschaltung erfolgen, bevor die Berührungsspannung 50 V übersteigt.

Der durch die Messung ermittelte Erdungswiderstand $R_E = \dfrac{U_{P2}}{I_{P1}}$ darf nicht größer sein als

$$R_E \leq \dfrac{U_L}{I_a} \left(\dfrac{\text{zulässige Berührungsspannung}}{\text{Abschaltstromstärke}} \right)$$

Die Abschaltstromstärke ergibt sich bei Sicherungen und Leitungsschutzschaltern aus den Strom-Zeit-Kennlinien, bei der Abschaltung durch Fehlerstrom-Schutzschalter entspricht I_a dem Grenzfehlerstrom I_{FN}.

Wichtig!

- Die Prüfsonde sollte mindestens 50 m vom Erder entfernt sein und außerhalb von Fremderdern liegen. (Mehrere Messungen, wobei die Prüfsonde in unterschiedlichen Richtungen angebracht wird, sichern das Ergebnis.)
- Die verwendeten Spannungsmesser müssen hochohmig sein, mindestens 20 kΩ/V.
- Während der Messung sollte der Schutzleiter vom Körper getrennt werden.

Schleifenwiderstandsmessung

Diese Messung ist ein wesentlicher Teil der Maßnahmen zur Prüfung der Wirksamkeit der Schutzmaßnahmen, vorwiegend im TN-Netz, aber auch im TT-Netz.

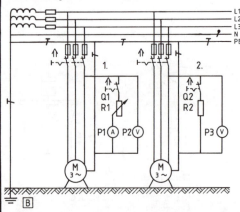

Zwei Meßmethoden sind üblich:

1. Durch Strom- und Spannungsmessungen
   Die Widerstandsgröße des Belastungswiderstandes R_1 braucht nicht bekannt zu sein.

   $$R_{Sch} = \dfrac{U_{N1} - U_{N2}}{I} = \dfrac{\Delta U}{I}$$

2. Nur durch Spannungsmessungen
   Die Widerstandsgröße des Belastungswiderstandes R_2 muß bekannt sein.

   $$R_{Sch} = \dfrac{\Delta U \cdot R}{U_{N1} - \Delta U} \quad (\Delta U = U_{N1} - U_{N2})$$

Wichtig!

Der Prüfwiderstand muß nach der Betätigung von Schalter Q einen merkbaren Spannungsrückgang bewirken. (Bei einer Netzspannung von 230 V sollte der Prüfwiderstand in einer Größenordnung um 20 Ohm liegen.)

1 Leitungen, Anlagen, Schutzmaßnahmen

1.17.2 Nachweis der Wirksamkeit von Fehlerstrom- und Fehlerspannungs-Schutzeinrichtungen

Nachweis der Wirksamkeit des Schutzes durch Abschaltung mit Fehlerstrom-Schutzeinrichtung

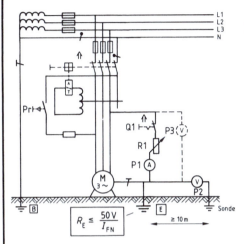

$R_E \leq \dfrac{50\,V}{I_{FN}}$

Mit der Prüftaste Pr wird nur die Funktion des Schutzschalters geprüft, nicht die Funktion der FI-Schutzeinrichtung.
Zur Prüfung der Wirksamkeit der Fehlerstrom-Schutzeinrichtung wird über den stellbaren Widerstand R1 ein Körperschluß simuliert. Der Anfangswiderstandswert muß so groß sein, daß die Berührungsspannung in jedem Falle unter 50 V bleibt.
Beim Verringern des Widerstandswertes von R1 muß der Schutzschalter auslösen, bevor an Spannungsmesser P2 die Berührungsspannung 50 V erreicht und bevor an Strommesser P1 der Grenzfehlerstrom des Schutzschalters überschritten wird.
Wird anstelle des Spannungsmessers P2 der Spannungsmesser P3 geschaltet, so ist die Messung ohne Sonde möglich. Der Schutzschalter muß dann in einem 400/230-V-Netz auslösen, bevor die Spannung den Wert **230 V − 50 V = 180 V** unterschreitet.

Die Messung des Erdungswiderstandes reicht zur Prüfung der Wirksamkeit der Schutzeinrichtung alleine nicht aus. Trotzdem ist es sinnvoll zu prüfen, ob die maximal zulässigen Erdungswiderstände nicht überschritten werden.

$I_{FN} = 30\ \text{mA} \longrightarrow R_E = 1166\ \Omega$
$I_{FN} = 0{,}3\ \text{A} \longrightarrow R_E = 166\ \Omega$
$I_{FN} = 0{,}5\ \text{A} \longrightarrow R_E = 100\ \Omega$
$I_{FN} = 1\ \text{A} \longrightarrow R_E = 50\ \Omega$

Nachweis der Wirksamkeit des Schutzes durch Abschaltung mit Fehlerspannungs-Schutzeinrichtung

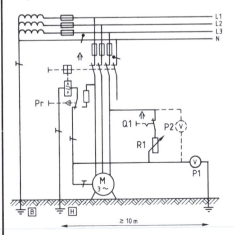

Auch hier kann mit der Prüftaste Pr nur die Funktion des Schutzschalters, nicht die Funktion der FU-Schutzeinrichtung geprüft werden.
Der Anfangswiderstand von R1 muß so groß sein, daß in jedem Falle die Berührungsspannung unter 50 V bleibt. Beim Verringern des Widerstandswertes von R1 muß der Schutzschalter auslösen, bevor an P1 die Berührungsspannung 50 V erreicht.
Möglich ist auch die Messung ohne Sonde mit dem Meßgerät P2 anstelle von Meßgerät P1. Der Schutzschalter muß dann in einem 400/230-V-Netz auslösen, bevor die Spannung an P2 den Wert 230 V − 50 V = 180 V unterschreitet.

1 Leitungen, Anlagen, Schutzmaßnahmen
1.18.1 Erstprüfungen an Starkstromanlagen DIN VDE 0100 Teil 600

Allgemeine Anforderungen

Der **Errichter** muß **vor** der Inbetriebnahme einer

- neu errichteten
- geänderten
- instandgesetzten
- erweiterten

} elektrischen Anlage

prüfen, ob alle Festlegungen für den Schutz von Peronen, Tieren, Sachen eingehalten worden sind.

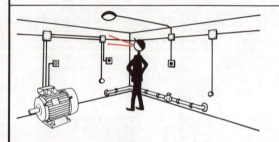

Die Prüfung beginnt mit dem systematischen **Besichtigen**.

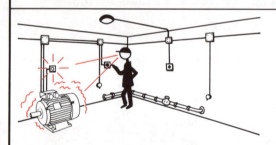

Es folgt das **Erproben** von Schutz-, Überwachungs- und Meldeeinrichtungen.

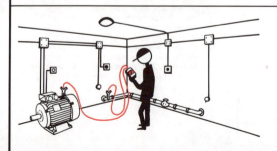

Darauf folgt (wenn erforderlich) das **Messen** für die Beurteilung der Wirksamkeit von Schutzmaßnahmen.

1 Leitungen, Anlagen, Schutzmaßnahmen
1.18.2 Erstprüfungen an Starkstromanlagen DIN VDE 0100 Teil 600

Besichtigen im einzelnen

① Halten die Betriebsmittel den äußeren Einflüssen stand?

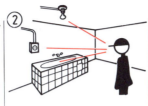

② Sind die Zusatzfestlegungen für Räume und Anlagen besonderer Art eingehalten?

③ Haben die Betriebsmittel erkennbare Mängel?

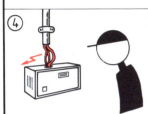

④ Ist die Isolierung der aktiven Teile in Ordnung?

⑤ Entsprechen Abdeckungen und Umhüllungen den Bestimmungen?

⑥ Erfüllen die Hindernisse ihren Zweck?

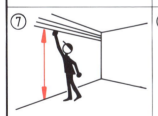

⑦ Ist der Abstand den Vorschriften entsprechend?

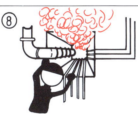

⑧ Sind Leitungs- und Kabeldurchführungen ordnungsgemäß abgeschottet?

⑨ Sind die Montageanleitungen des Betriebsmittels eingehalten?

⑩ Sind die Überstromschutzeinrichtungen richtig ausgewählt und eingestellt?

⑪ Sind die Überwachungseinrichtungen richtig ausgewählt und eingestellt?

⑫ Ist die Anlage durch Pläne hinreichend dokumentiert?

1 Leitungen, Anlagen, Schutzmaßnahmen
1.19.1 Erstprüfungen an Starkstromanlagen DIN VDE 0100 Teil 600

Erproben im einzelnen

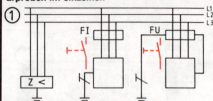

Lösen Isolationsüberwachungseinrichtungen, Fehlerstrom- und Fehlerspannungseinrichtungen beim Betätigen der Prüftaste aus?

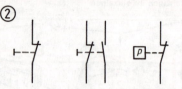

Not-Aus   Verriegelung   Druckwächter

Sind die Sicherheitseinrichtungen wirksam?

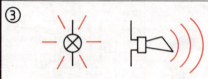

Sind Melde- und Anzeigeeinrichtungen funktionsfähig?

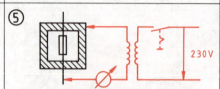

Hält die Isolierung, wenn nicht vom Hersteller garantiert, einer Spannungsprüfung stand?

Messen im einzelnen

Die folgenden Messungen können notwendig sein:

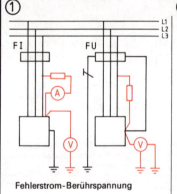

Fehlerstrom-Berührspannung

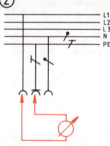

Schleifenwiderstand

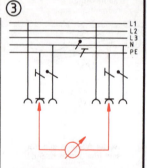

Schutzleiterwiderstand
Erdungsleiterwiderstand
Potentialausgleichsleiterwiderstand

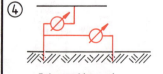

Erdungswiderstand

Widerstand von Fußböden und Wänden

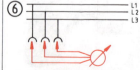

unter Umständen Drehrichtung des Drehfeldes

1 Leitungen, Anlagen, Schutzmaßnahmen
1.19.2 Erstprüfungen an Starkstromanlagen DIN VDE 0100 Teil 600

Schutzkleinspannung
Besichtigen

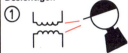

Ist der Transformator ein Sicherheitstransformator nach VDE 0551?

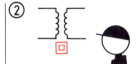

Sind die ortsveränderlichen Transformatoren schutzisoliert (Schutzklasse II)?

Entsprechen alle Betriebsmittel DIN/VDE 196 Teil 101?

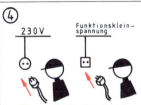

Können die Stecker nicht in „falsche" Steckdosen eingeführt werden?

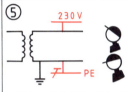

Ist kein elektrisches Teil mit Erde, mit einem Schutzleiter oder mit einem anderen Stromkreis verbunden?

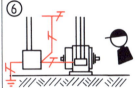

Sind die Körper **nicht** mit Erde, mit dem Schutzleiter oder einem Körper eines anderen Stromkreises verbunden?

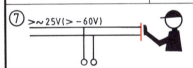

Sind bei Nennspannungen über ~25 V bzw. −60 V die Schutzmaßnahmen gegen direktes Berühren erfüllt?

Erproben

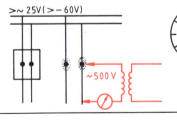

Ist die Nennspannung größer als ~25 V oder −60 V und wird anstelle einer Abdeckung oder Umhüllung eine Isolierung verwendet, so muß in Zweifelsfällen die Spannungsfestigkeit während einer Minute geprüft werden.
Prüfspannung 500 V!

Messen

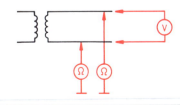

1. Die Spannung zur Kontrolle der Spannungsgrenzen.

2. Der Isolationswiderstand der Leiter gegen Erde.
   Meßgleichspannung: 250 V
   Mindestwert des Isolationswiderstandes: 0,25 MΩ.

1 Leitungen, Anlagen, Schutzmaßnahmen
1.20.1 Erstprüfungen an Starkstromanlagen DIN VDE 0100 Teil 600

Funktionskleinspannung mit sicherer Trennung

Besichtigen

①

Ist der Transformator ein Sicherheitstransformator nach VDE 0551?

②

Sind die ortsveränderlichen Transformatoren schutzisoliert (Schutzklasse II)?

③

Entsprechen die Betriebsmittel VDE 0106 Teil 101?

④

Stecker dürfen nicht in Steckdosen mit höherer Spannung oder Funktionskleinspannung ohne sichere Trennung passen.

Erproben

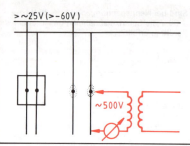

Ist die Nennspannung größer als ~25 V oder −60 V und wird anstelle einer Abdeckung oder Umhüllung eine Isolierung verwendet, so muß in Zweifelsfällen die Spannungsfestigkeit während einer Minute geprüft werden.

Prüfspannung 500 V!

Messen

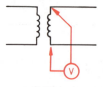

1. Die Kleinspannung muß nachgemessen werden.

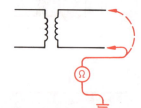

2. Mit einer Gleichspannung von 220 V muß der Isolationswiderstand gegen Erde gemessen werden.

Mindestwert ≥ 0,52 MΩ

1 Leitungen, Anlagen, Schutzmaßnahmen
1.20.2 Erstprüfungen an Starkstromanlagen DIN VDE 0100 Teil 600

Funktionskleinspannung ohne Schutztrennung

Besichtigen

①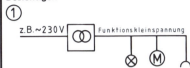

Entspricht der Schutz gegen direktes Berühren den Anforderungen im speisenden Netz?

②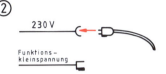

Können Stecker **nicht** in Steckdosen mit höherer Spannung eingeführt werden?

Erproben

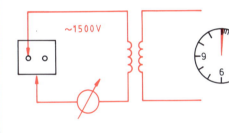

Entspricht die Isolierung nicht der Spannungsfestigkeit im speisenden Netz, so muß die Spannungsfestigkeit mit ~1500 V eine Minute lang geprüft werden.
Prüfspannung 1500 V!

Messen

①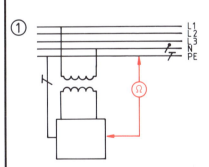

Sind die Körper mit dem Schutzleiter verbunden?

②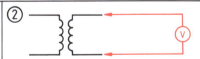

Die Kleinspannung muß nachgemessen werden.

③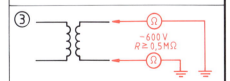

Mit einer Gleichspannung von 600 V muß der Isolationswiderstand gegen Erde gemessen werden. Mindestwert 0,5 MΩ

1 Leitungen, Anlagen, Schutzmaßnahmen
1.21.1 Erstprüfungen an Starkstromanlagen DIN VDE 0100 Teil 600

Schutzisolierung
Besichtigen

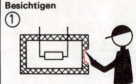
Gibt es Schäden an der Isolierung?

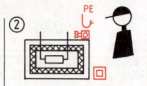
Sind leitfähige berührbare Teile **nicht** an den Schutzleiter angeschlossen?

Sind keine leitfähigen Teile durch die Isolierung geführt?

Erproben

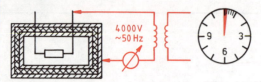
Bestehen Zweifel an der Wirksamkeit der Isolierung, so muß nachgeprüft werden, ob die Isolierung einer Spannung von 4000 V mindestens eine Minute standhält.

Messen Messungen sind nicht erforderlich.

Schutz durch nichtleitende Räume
Besichtigen

Können zwei Körper gleichzeitig berührt werden?

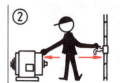
Können ein Körper und ein leitfähiges Teil gleichzeitig berührt werden?

Erproben Hier gibt es keine – für diese Schutzmaßnahme – besonderen Vorschriften.

Messen

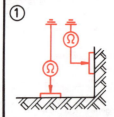
Der Isolationswiderstand von Fußböden und Wänden darf:

50 kΩ
für $U_N \leq$ ~500 V
  −750 V

100 kΩ
für $U_N \geq$ ~500 V
  −750 V

nicht unterschreiten

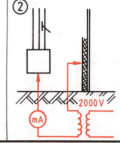
Werden Geräte der Schutzklasse I verwendet und sind fremde leitfähige Teile isoliert, so darf der Ableitstrom 1 mA nicht überschreiten ($U = 2000$ V ~)

1 Leitungen, Anlagen, Schutzmaßnahmen
1.21.2 Erstprüfungen an Starkstromanlagen DIN VDE 0100 Teil 600

Schutztrennung

Besichtigen

①
Ist die Spannungsquelle ein Transformator nach VDE 0550?

②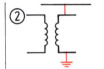
Sind die aktiven Teile weder mit einem anderen Stromkreis noch mit Erde verbunden?

③
Sind die aktiven Teile von anderen Stromkreisen **sicher** getrennt? (Herstellerbescheinigung genügt)

④
Entsprechen die flexiblen Leitungen mindestens der Bauart HO7RN-F bzw. AO7 HN-F?

⑤
Sind die Stellen sichtbar, an denen flexible Leitungen mechanisch beansprucht werden?

⑥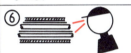
Wurden bei gemeinsamer Umhüllung mit Leitern anderer Stromkreise nur Leitungen ohne Metallmantel verwendet? Ist die Isolierung ausreichend?

⑦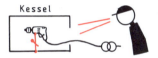
Ist nur ein Verbrauchsmittel angeschlossen, wenn das vorgeschrieben ist? (z. B. in Kesselanlagen)

⑧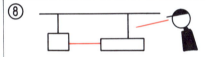
Sind bei mehreren Verbrauchern die Körper durch ungeerdete isolierte Potentialausgleichsleiter miteinander verbunden?

Erproben

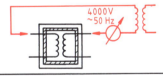
Ist die sichere Trennung nicht durch Herstellerangaben bescheinigt, dann muß eine Spannungsprüfung durchgeführt werden.
Die Isolation muß einer Prüfspannung von ~4000 V eine Minute lang standhalten.

Messen

①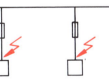
Durch Rechnung oder Messung ist nachzuweisen, daß bei zwei gleichzeitigen Fehlern einer der beiden fehlerhaften Stromkreise abgeschaltet wird.
Die Abschaltzeit muß die gleiche, wie in TN-Netzen sein.

②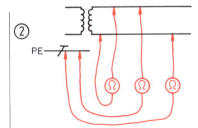
Der Isolationswiderstand darf 1 MΩ nicht unterschreiten!

1 Leitungen, Anlagen, Schutzmaßnahmen

1.22.1 Erstprüfungen an Starkstromanlagen DIN VDE 0100 Teil 600

Hauptpotentialausgleich

Besichtigen

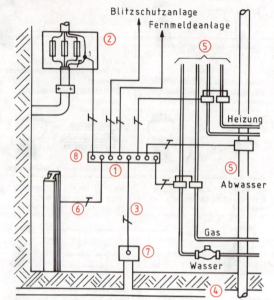

① Sind die Hauptpotentialausgleichsleiter mit der Potentialausgleichsschiene verbunden und entsprechen ihre Querschnitte den Vorschriften?

② Ist der Hauptschutzleiter mit der Potentialausgleichsschiene verbunden?

③ Ist der Haupterdungsleiter mit der Potentialausgleichsschiene verbunden?

④ Ist der Fundamenterder (Blitzschutzerder usw.) mit der Potentialausgleichsschiene verbunden?

⑤ Sind alle metallenen Rohrsysteme mit dem Potentialausgleichsleiter verbunden?

⑥ Sind alle Metallteile der Gebäudekonstruktion mit der Potentialausgleichsschiene verbunden?

⑦ Sind die Vorrichtungen zum Abtrennen der Erdungsleiter zugänglich?

⑧ Sind Potentialausgleichsschiene, Haupterdungsleiter, Hauptpotentialausgleichsleiter und Hauptschutzleiter vor Beschädigungen geschützt?

Erproben
Hier kann nichts erprobt werden.

Messen

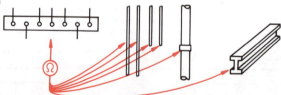

Kann durch die Besichtigung die Verbindung zwischen Potentialausgleichsschiene und fremden leitfähigen Teilen nicht festgestellt werden, so muß durch Messung festgestellt werden, daß die Verbindungen bestehen.

Zusätzlicher Potentialausgleich

Durch Besichtigen oder, wenn das nicht möglich ist, durch Messen ist festzustellen, daß alle gleichzeitig berührbaren Körper, Schutzleiteranschlüsse und fremde leitfähige Teile miteinander verbunden sind.

1 Leitungen, Anlagen, Schutzmaßnahmen
1.22.2 Erstprüfungen an Starkstromanlagen   DIN VDE 0100   Teil 600

Schutzmaßnahmen mit Schutzleiter, allgemein
Besichtigen

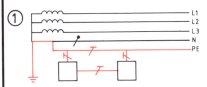

Haben alle Schutzleiter den richtigen Querschnitt?

Sind alle Schutzleiter richtig verlegt?
Sind die Verbindungsstellen gegen Selbstlockern gesichert?
Sind die Anschlußstellen gegen Korrosion geschützt?

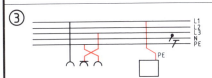

Sind Schutz- und Außenleiter nicht verwechselt?

Sind Neutral- und Schutzleiter richtig gekennzeichnet?

Sind die Schutzkontakte der Steckvorrichtungen nicht verbogen, nicht verschmutzt?

Sind Schutzleiter weder abgesichert noch schaltbar?

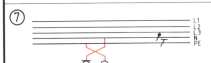

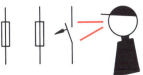

Sind Schutzleiter und Neutralleiter nicht verwechselt?

Sind die Überstromschutzeinrichtungen richtig ausgewählt?

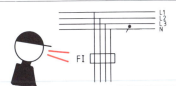

Sind die Fehlerstromschutzeinrichtungen richtig ausgewählt?

1 Leitungen, Anlagen, Schutzmaßnahmen
1.23.1 Erstprüfungen an Starkstromanlagen DIN VDE 0100 Teil 600

Schutzmaßnahmen mit Schutzleiter, allgemein (Fortsetzung)
Erproben

①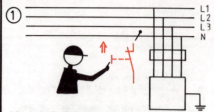

Lösen die FI-Schutzschalter beim Betätigen der Prüftaster aus?

②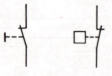

Funktionieren die Sicherheitseinrichtungen, z.B. Not-Aus-Schalter und Druckwächter?

③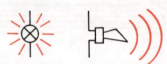

Funktionieren die Meldeeinrichtungen?

④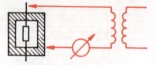

Sind die Isolierungen in Ordnung?
(Beim Fehlen von Hersteller-Garantien muß geprüft werden.)

Messen

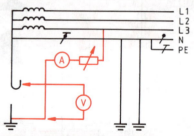

Messung des Erdungswiderstandes des Betriebserders durch eine Schleifenmessung nach dem Strom-Spannungs-Meßverfahren.

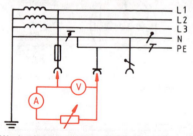

Werden für den Schutz bei indirektem Berühren Überstrom-Schutzeinrichtungen verwendet, so muß der Schleifenwiderstand gemessen werden.

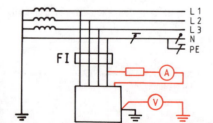

Bei Abschaltung durch Fehlerstrom-Schutzeinrichtungen müssen der Fehlerstrom und die Fehlerspannung gemessen werden.

1 Leitungen, Anlagen, Schutzmaßnahmen

1.23.2 Erstprüfungen an Starkstromanlagen DIN VDE 0100 Teil 600

Im TN-Netz und im TT-Netz

Besichtigen

In beiden Netzformen sind die allgemeinen Prüfungen und die Prüfungen für Schutzmaßnahmen mit Schutzleiter durchzuführen.

Im TT-Netz ist **zusätzlich** festzustellen:

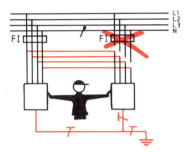

1. Daß alle Körper, die gleichzeitig berührt werden können, an eine gemeinsame Schutzeinrichtung angeschlossen sind.
2. Daß die Schutzeinrichtungen innerhalb von 0,2 s abschalten.
3. Daß durch die Schutzeinrichtungen der Neutralleiter nicht vor dem Außenleiter abgeschaltet wird. Er darf auch nicht vor den Außenleitern einschalten.

Werden 2. und 3. nicht erfüllt, so muß ein zusätzlicher Potentialausgleich vorhanden sein.

Erproben

In beiden Netzformen müssen die Erprobungen wie bei der Prüfung der Schutzmaßnahmen mit Schutzleiter 1.23.1 durchgeführt werden.

Messen

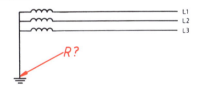

In beiden Netzformen muß der Widerstand des Betriebserders gemessen werden.

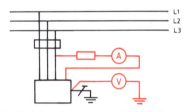

Bei FI-Schutzeinrichtungen müssen Fehlerspannung und Fehlerstrom gemessen werden.

Zusätzliche Messung in TT-Netzen

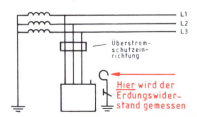

Dienen die Überstromschutzeinrichtungen dem Schutz gegen direktes Berühren, so ist durch Messen nachzuweisen, daß der Erdungswiderstand so niederohmig ist, daß der erforderliche Abschaltstrom fließen kann.
Bei der Messung muß die Leitung zum Erder mitgemessen werden!

1 Leitungen, Anlagen, Schutzmaßnahmen

1.24.1 Erstprüfungen an Starkstromanlagen DIN VDE 0100 Teil 600

Im IT-Netz

Besichtigen

1. Es sind die allgemeinen Besichtigungen durchzuführen.
2. Ergänzend hierzu sind die Besichtigungen für Schutzmaßnahmen mit Schutzleiter 1.22.2 durchzuführen.
3. Zusätzlich muß durch Besichtigung überprüft werden:

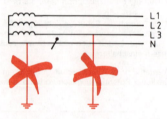

3.1 Es darf kein aktiver Leiter direkt geerdet sein.

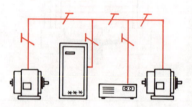

3.2 Alle Körper müssen mit einem Schutzleiter verbunden sein.

Erproben

Es gelten die gleichen Bestimmungen wie für die Prüfung der Schutzmaßnahmen mit Schutzleiter

Messen

Entweder —————— Oder

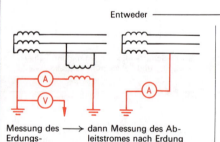

Messung des Erdungswiderstandes. → dann Messung des Ableitstromes nach Erdung eines Außenleiters an der Stromquelle.

Ableitstrom x Erdungswiderstand darf 50 V nicht überschreiten.

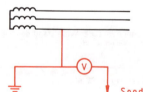

Messung des Spannungsabfalls am Erder nach Erdung eines Außenleiters.

Der Spannungsabfall darf 50 V nicht überschreiten.

Achtung: Durch eine „künstliche" Erdung können Gefährdungen auftreten. Deshalb genügt in überschaubaren Netzen die Messung des Erdungswiderstandes. Die Anlage ist in Ordnung, wenn der Erdungswiderstand den Wert von 15 Ω nicht übersteigt.

1 Leitungen, Anlagen, Schutzmaßnahmen
1.24.2 Erstprüfungen an Starkstromanlagen DIN VDE 0100 Teil 600

Zusätzliche Prüfungen im IT-Netz im Hinblick auf einen zweiten Fehler

A. Bei zusätzlichem Potentialausgleich mit Isolationsüberwachungseinrichtung
Die Isolationsüberwachungseinrichtung ist durch Betätigung der Prüftaste und durch einen simulierten Fehler im Netz zu erproben.

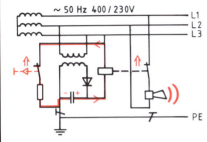
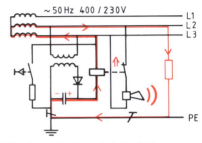

1. Erprobung: Prüftaste betätigt

2. Erprobung: simulierter Isolationsfehler

B. Bei Abschaltung nach den Bedingungen des NN-Netzes
Ein Außenleiter ist an der Stromquelle zu erden.

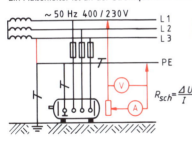
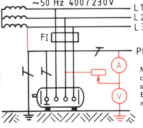

Mindestens beim Erreichen des Grenzfehlerstroms und der zulässigen Berührungsspannung muß abgeschaltet werden.

1. Bei Überstromschutzeinrichtungen ist der Schleifenwiderstand zu messen.
$R_{sch} = \frac{\Delta U}{I}$

2. Bei Fehlerstromschutzeinrichtungen ist ein Fehlerstrom zu erzeugen.

C. Bei Abschaltung nach den Bedingungen des TT-Netzes

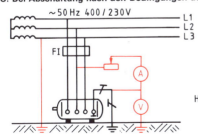
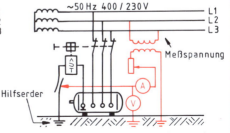

1. Bei Fehlerstromschutzeinrichtungen wird bei einem geerdeten aktiven Leiter Grenzfehlerstrom und Berührungsspannung gemessen.

2. Bei Fehlerspannungsschutzeinrichtungen ist zu prüfen, ob der Erdungswiderstand des Hilfserders 200 Ω nicht überschreitet.

2 Lampenschaltungen

2.1.1 Ausschaltungen (Schaltzustände)

In einer Ausschaltung gibt es nur zwei Schaltzustände: „Ein" oder „Aus".
Das Schalten erfolgt entweder einpolig oder mehrpolig.

Einpolige Ausschaltung

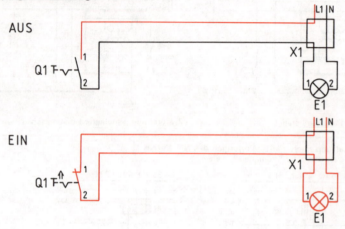

Zweipolige Ausschaltung

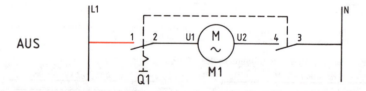

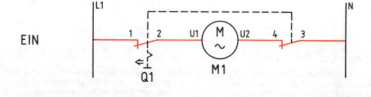

2 Lampenschaltungen
2.1.2 Ausschaltungen

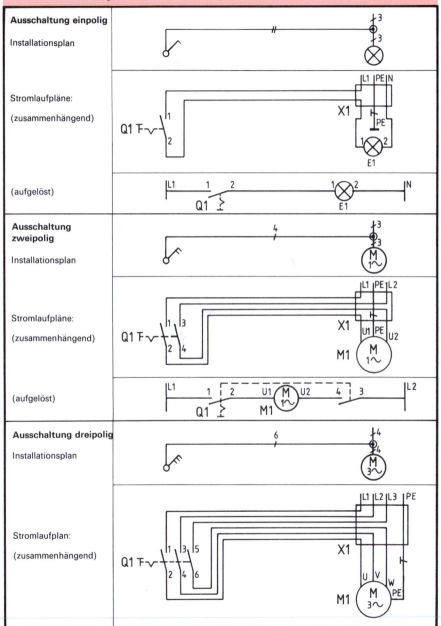

2 Lampenschaltungen
2.2.1 Gruppen- und Serienschaltung (Schaltzustände)

Gruppenschaltung: Zwei Geräte oder zwei Gerätegruppen können nur getrennt, jede für sich allein geschaltet werden (entweder oder).

Serienschaltung: Zwei Geräte oder zwei Gerätegruppen können einzeln oder zusammen geschaltet werden.

Gruppenschaltung

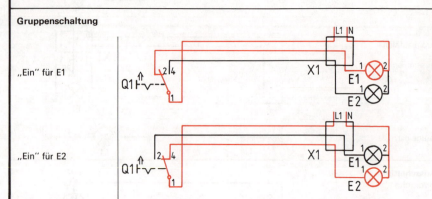

Serienschaltung im Stromlaufplan

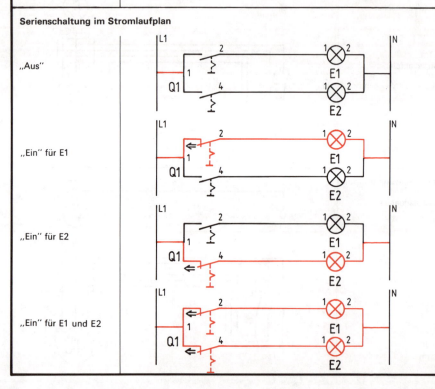

2 Lampenschaltungen
2.2.2 Gruppen- und Serienschaltung

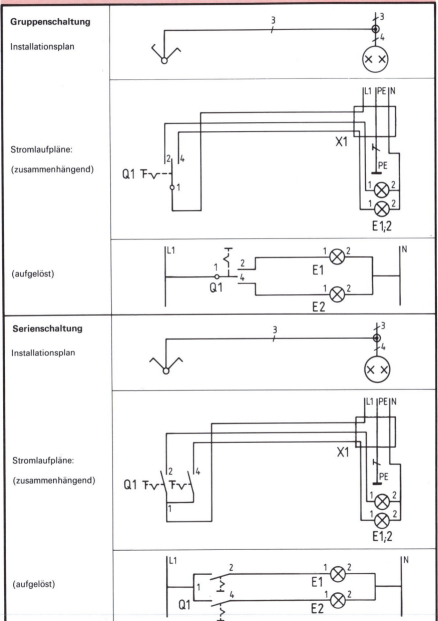

2 Lampenschaltungen

2.3.1 Wechselschaltungen (Schaltzustände)

Von zwei Schaltstellen aus kann wahlweise ein- und ausgeschaltet werden.
Bei der Sparwechselschaltung ist eine Erweiterung der Anlage (Steckdose) durch die zusätzliche Verlegung von nur einem Leiter möglich. Nachteilig ist in dieser Schaltung jedoch der längere Leitungsweg und der damit verbundene größere Leitungswiderstand.

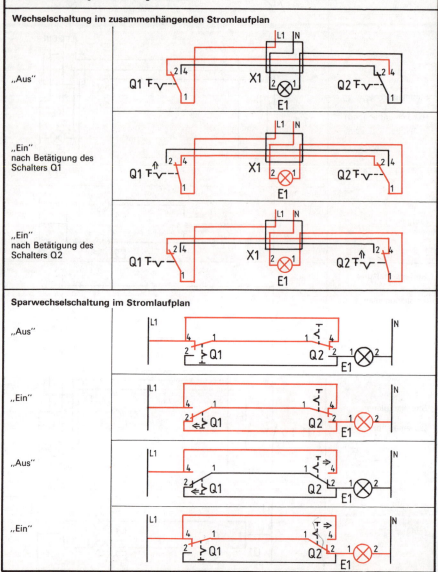

2 Lampenschaltungen
2.3.2 Wechselschaltungen

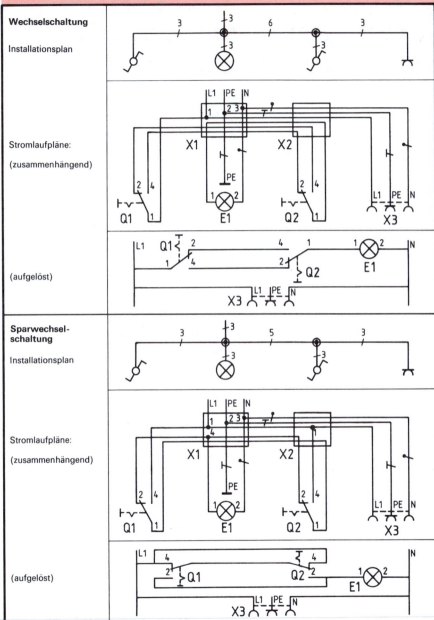

2 Lampenschaltungen

2.4.1 Kreuzschaltung (Schaltzustände)

Von beliebig vielen Schaltstellen aus kann ein- und ausgeschaltet werden.
Als erste und letzte Schalter können Wechselschalter oder Kreuzschalter verwendet werden.

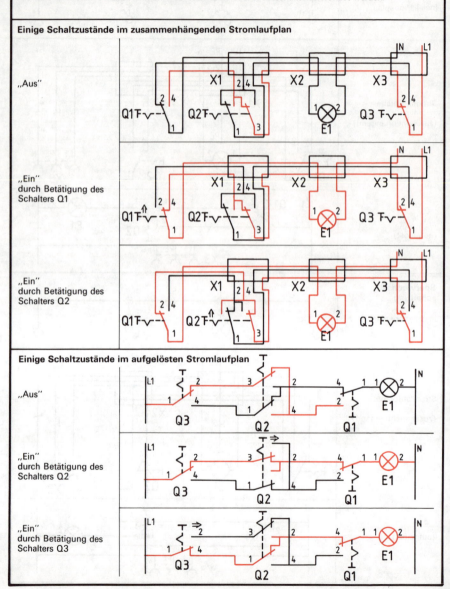

2 Lampenschaltungen
2.4.2 Kreuzschaltung

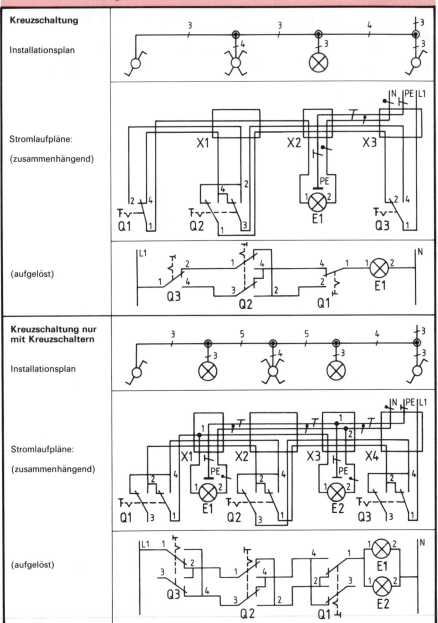

2 Lampenschaltungen

2.5.1 Stromstoßschalter (Schaltzustände)

Achtung: Nach VDE 0100 darf der Neutralleiter nicht geschaltet werden. Trotzdem sind die hier gezeigten Schaltungen in der Praxis üblich.

Ein magnetisch betätigter Stellschalter ändert mit jedem kurzzeitigen Stromstoß seinen Schaltzustand (Ein – Aus).
Die kurzzeitige Erregung erfolgt durch einen Taster.
Als Erregerspannung kann die Netzspannung oder Kleinspannung gewählt werden.

Schaltzustände im zusammenhängenden Stromlaufplan (Steuerspannung = Kleinspannung)

Schaltzustand „Aus"
Durch Betätigung des Tasters Änderung des Schaltzustandes auf „Ein"

Schaltzustand „Ein"
Durch Betätigung des Tasters Änderung des Schaltzustandes auf „Aus"

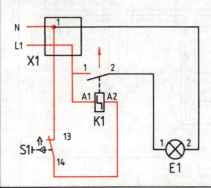
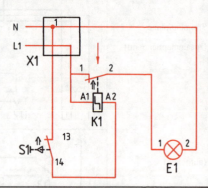

Schaltzustände im aufgelösten Stromlaufplan (Steuerspannung = Kleinspannung)

Schaltzustand „Aus"

Schaltzustand „Aus"
 Durch Betätigung des Tasters Änderung des Schaltzustandes auf „Ein"

Schaltzustand „Ein"
 Durch Betätigung des Tasters Änderung des Schaltzustandes auf „Aus"

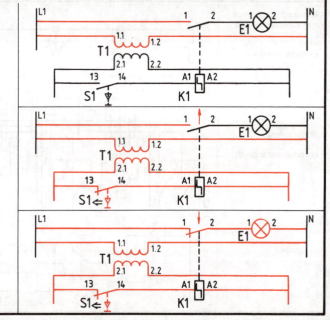

2 Lampenschaltungen

2.5.2 Stromstoßschalter

Achtung: Nach VDE 0100 darf der Neutralleiter nicht geschaltet werden. Trotzdem sind die hier gezeigten Schaltungen in der Praxis üblich.

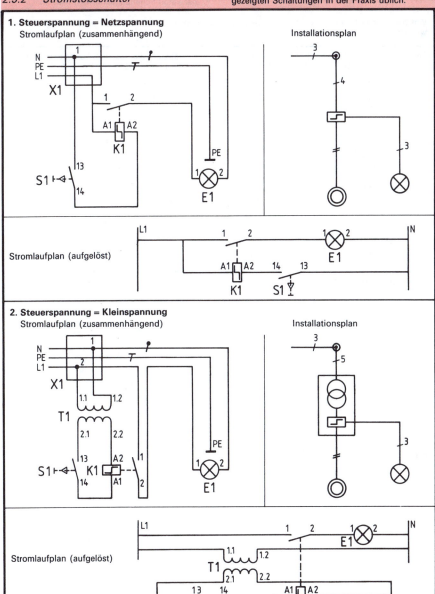

2 Lampenschaltungen

2.6.1 Serienwechselschaltung (Schaltzustände)

Achtung: Nach VDE 0100 darf der Neutralleiter nicht geschaltet werden. Trotzdem sind die hier gezeigten Schaltungen in der Praxis üblich.

Von zwei Schaltstellen aus können zwei Gerätegruppen wahlweise, einzeln oder gemeinsam geschaltet werden.

Bei Betätigung des Tasters S3 ändert sich der Schaltzustand von Q2 von „Aus" auf „Ein".

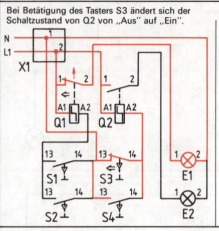

Bei Betätigung des Tasters S2 ändert sich der Schaltzustand von Q1 von „Ein" auf „Aus".

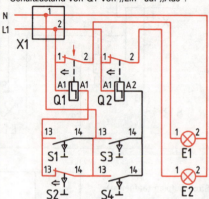

Schaltzustände mit Schaltern

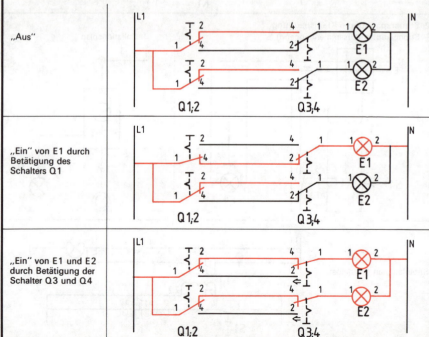

„Aus"

„Ein" von E1 durch Betätigung des Schalters Q1

„Ein" von E1 und E2 durch Betätigung der Schalter Q3 und Q4

2 Lampenschaltungen

2.6.2 Serienwechselschaltung

Achtung: Nach VDE 0100 darf der Neutralleiter nicht geschaltet werden. Trotzdem sind die hier gezeigten Schaltungen in der Praxis üblich.

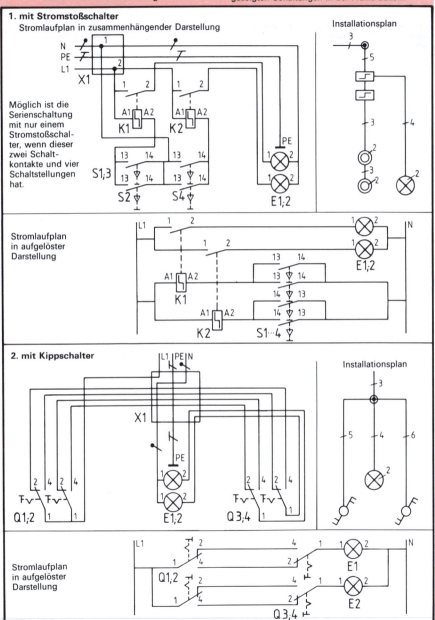

1. mit Stromstoßschalter

Stromlaufplan in zusammenhängender Darstellung

Installationsplan

Möglich ist die Serienschaltung mit nur einem Stromstoßschalter, wenn dieser zwei Schaltkontakte und vier Schaltstellungen hat.

Stromlaufplan in aufgelöster Darstellung

2. mit Kippschalter

Installationsplan

Stromlaufplan in aufgelöster Darstellung

2 Lampenschaltungen
2.7.1 Automatische Treppenhausbeleuchtung (Schaltzustände)

Das Treppenhausautomat genannte Relais wird durch einen Stromimpuls betätigt. Über ein Verzögerungssystem wird die Beleuchtung sofort eingeschaltet und nach einer stellbaren Zeitspanne selbsttätig abgeschaltet.

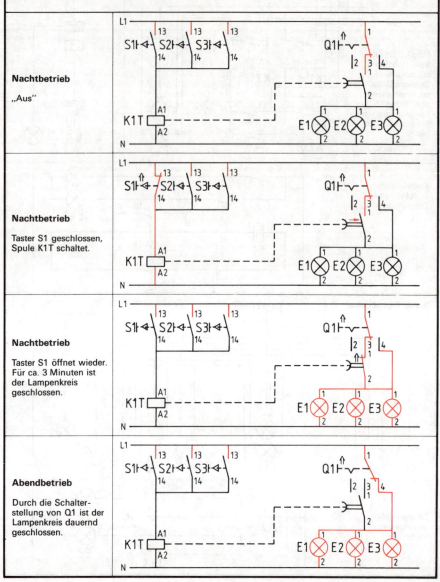

Nachtbetrieb

„Aus"

Nachtbetrieb

Taster S1 geschlossen, Spule K1T schaltet.

Nachtbetrieb

Taster S1 öffnet wieder. Für ca. 3 Minuten ist der Lampenkreis geschlossen.

Abendbetrieb

Durch die Schalterstellung von Q1 ist der Lampenkreis dauernd geschlossen.

2 Lampenschaltungen
2.7.2 Automatische Treppenhausbeleuchtung

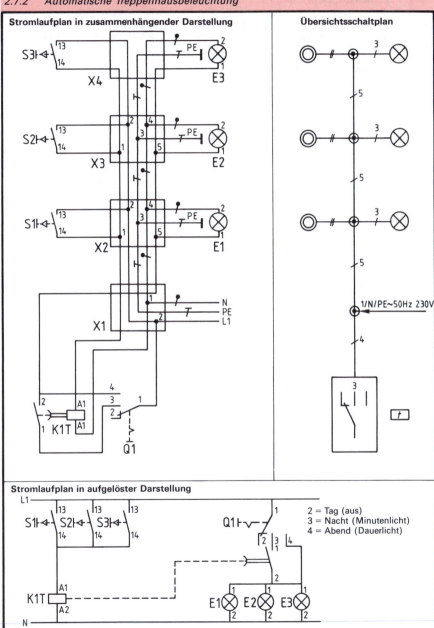

2 Lampenschaltungen

2.8.1 Sicherheitsbeleuchtung (Schaltzustände)

Fällt die Spannung des Versorgungsnetzes aus, so werden die Lampen auf eine andere Spannungsquelle umgeschaltet. Die Umschaltung erfolgt durch das Schütz K1 automatisch. Mit dem Prüftaster S2 kann die Funktionsfähigkeit der Anlage überprüft werden.

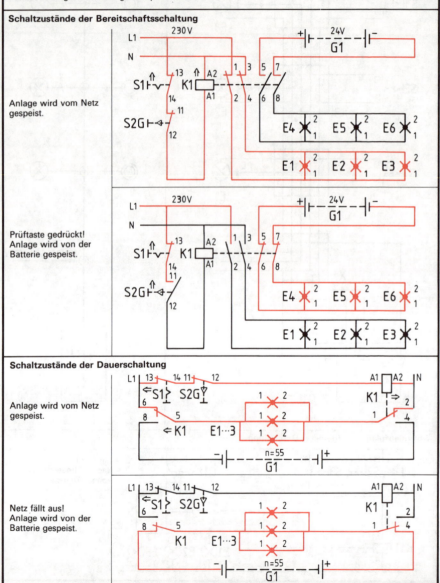

2 Lampenschaltungen

2.8.2 Sicherheitsbeleuchtung

Sicherheitsbeleuchtung in Bereitschaftsschaltung (bisher Panikbeleuchtung)

Stromlaufplan in zusammenhängender Darstellung

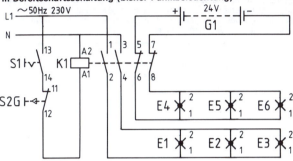

Stromlaufplan in aufgelöster Darstellung

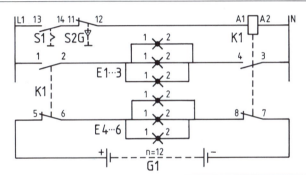

Sicherheitsbeleuchtung in Dauerschaltung (bisher Notbeleuchtung)

Stromlaufplan in zusammenhängender Darstellung

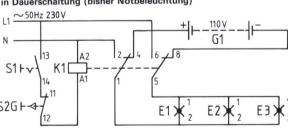

Stromlaufplan in aufgelöster Darstellung

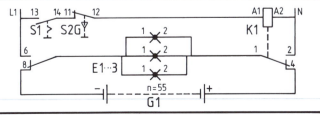

2 Lampenschaltungen

2.9.1 Leuchtstofflampen (Wirkungsweise und Kennzeichnungen)

Die Leuchtstofflampe ist eine Quecksilberdampf-Niederdrucklampe, deren hoher ultravioletter Strahlenanteil durch Leuchtstoffe in sichtbare Strahlung umgewandelt wird.
Zur Vermeidung eines unter gewissen Umständen auftretenden Flimmereffektes werden die Lampen in größeren Anlagen auf das Drehstromnetz aufgeteilt.

Wirkungsweise der Lampe

1. Nach der Einschaltung fließt zunächst ein ganz geringer Strom, der im Starter eine Glimmentladung hervorruft, die das Bimetall des Starters erwärmt.

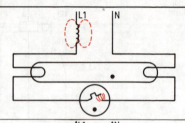

2. Das Bimetall schließt den Starter kurz. Jetzt fließt der ca. 1,5fache Lampenstrom, der in der Drossel ein starkes Magnetfeld aufbaut. Gleichzeitig glühen die Heizwedel auf.

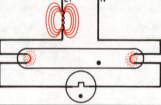

3. Das Bimetall wird nicht mehr erwärmt und öffnet wieder. Das starke Magnetfeld in der Drossel verschwindet in einer sehr kurzen Zeit. Hierbei entsteht in der Drossel ein Spannungsstoß von ca. 800 V, der die Lampe zündet. Die Drossel arbeitet jetzt als Vorwiderstand und begrenzt den Lampenstrom.

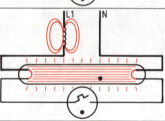

Kurzbezeichnungen (nach Osram)

L 65 W: Leuchtstofflampe mit 65 W Leistungsaufnahme; (ohne weitere Angaben stabförmig)
U: U-förmig; **C**: ringförmig; **X**: explosionsgeschützt.

Lichtfarben

- 11: Tageslicht
- 19: Tageslicht (Daylight)
- 20: Hellweiß
- 21: Weiß de Luxe
- 22: Weiß de Luxe Z (Zweischicht)
- 25: Universalweiß
- 30: Warmton
- 31: Warmton de Luxe
- 32: Warmton de Luxe Z (Zweischicht)
- 36: Natura
- 41: Interna
- 61–64: farbige Lampen: Rosa; Gelb; Hellgrün; Hellblau
- 70: für Pauszwecke
- 72: für Fotokopierzwecke
- 73: für Fluoreszenzanregung
- 76: ideales Licht für Fleischwaren
- 77: für Pflanzen und Aquarien

Beispiele

L 40 W/20 X

Stabförmige Leuchtstofflampe, 20 W Leistungsaufnahme, explosionsgeschützt, Lichtfarbe Hellweiß

L 65 W/25 U

U-förmige Leuchtstofflampe, 65 W Leistungsaufnahme, Lichtfarbe Universalweiß

2 Lampenschaltungen
2.9.2 Leuchtstofflampenschaltungen

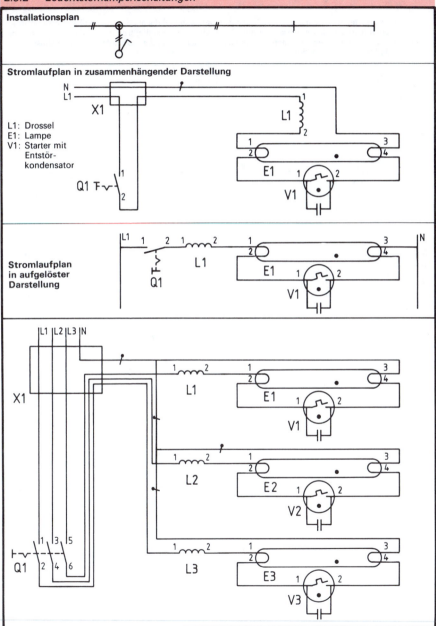

2 Lampenschaltungen
2.10.1 Duoschaltung

Eine Lampe arbeitet mit einem induktiven Vorschaltgerät, während die andere Lampe über ein kapazitives Vorschaltgerät (Drossel mit Kondensator in Reihe) betrieben wird. Hierdurch ergibt sich ein Leistungsfaktor von 1. Gleichzeitig wird durch die gegenseitige Phasenverschiebung der Lichtströme der unter Umständen auftretende Flimmereffekt vermieden.

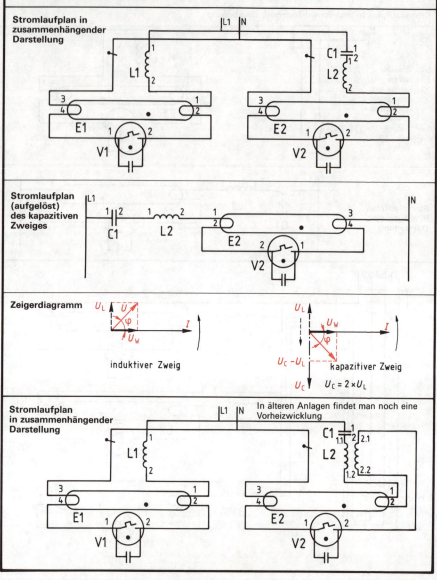

2 Lampenschaltungen
2.10.2 Tandemschaltung, Schaltungen für starterlosen Betrieb

Tandem-Schaltung (Reihenschaltung)

Für zwei Lampen mit einer Leistungsaufnahme von je 20 W wird ein gemeinsames Vorschaltgerät einer 40-W-Lampe verwendet.

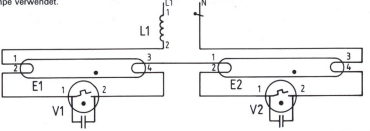

Schaltung für starterlosen Betrieb an Wechselspannung

Nach guter Vorheizung der Elektroden über einen Heiztransformator zündet die Lampe praktisch flackerfrei und sofort. Als Zündhilfe ist jedoch ein mindestens 25 mm breiter geerdeter Metallstreifen notwendig, dessen Abstand zur Lampe nicht größer als 25 mm sein darf.

L1: Drossel
T1: Heiztrafo
C1: Entstörkondensator

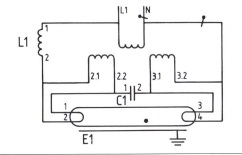

Schaltung für starterlosen Betrieb an Gleichspannung

Bei kalten Elektroden mit Einstiftsockel erfolgt die Zündung der Lampe über einen hochohmigen Innenzündstreifen.

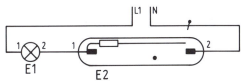

Mit einer Drossel als Vorschaltgerät wird diese Lampe in explosionsgeschützten Leuchten auch an Wechselspannung betrieben.

Kompensationskondensatoren für Leuchtstofflampen (230V)

	Parallelkompensation	Reihenkompensation
L 20 W	5 µF	3 µF
L 32 W/C	4,5 µF	3,6 µF
L 40 W/1 m	6 µF	4,6 µF
L 40 W/1,2 m	4,5 µF	3,75 µF
L 40 W/U	4,5 µF	3,75 µF
L 40 W/C	4,5 µF	3,75 µF
L 65 W	7 µF	5,9 µF
L 65/U	7 µF	5,9 µF

2 Lampenschaltungen

2.11.1 Helligkeitssteuerung für Leuchtstofflampen

Zur Helligkeitssteuerung von Leuchtstofflampen muß die Elektrodentemperatur der Lampen vom Betriebsstrom unabhängig gehalten werden. Erreicht wird dies durch Heiztransformatoren mit getrennten Sekundärwicklungen. Als zusätzliche Zündhilfe wird das Lampenrohr mit einem geerdeten, engmaschigen Metallstrumpf überzogen.

Auch jetzt läßt sich die Helligkeit nicht, wie die von Glühlampen, über einen Stellwiderstand oder einen Stelltransformator steuern. Wegen der notwendigen Zündspannung sind Spannungsimpulse erforderlich, deren Höhe über der Brennspannung liegen und deren Zeitpunkt stellbar sein müssen. Erreicht wird dies mit einem Triac, der durch Kondensatorentladungen über einen Diac gesteuert wird, eine sogenannte „Dimmerschaltung".

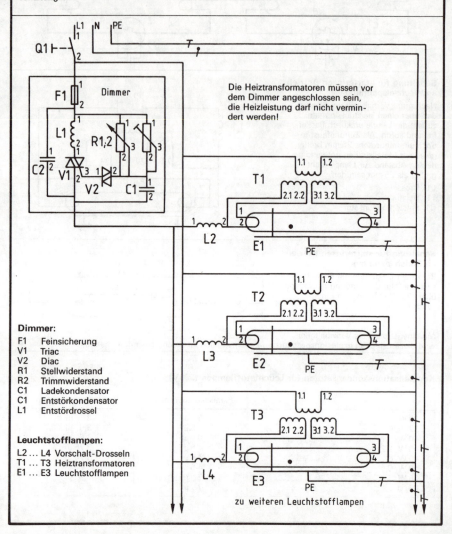

Die Heiztransformatoren müssen vor dem Dimmer angeschlossen sein, die Heizleistung darf nicht vermindert werden!

Dimmer:

- F1 Feinsicherung
- V1 Triac
- V2 Diac
- R1 Stellwiderstand
- R2 Trimmwiderstand
- C1 Ladekondensator
- C1 Entstörkondensator
- L1 Entstördrossel

Leuchtstofflampen:

- L2 ... L4 Vorschalt-Drosseln
- T1 ... T3 Heiztransformatoren
- E1 ... E3 Leuchtstofflampen

2 Lampenschaltungen

2.11.2 Quecksilberdampf-Hochdrucklampe, Natriumdampflampe

Quecksilberdampf-Hochdrucklampe

Die Zündung erfolgt über Hilfselektroden. Zur Strombegrenzung dient eine Drossel.

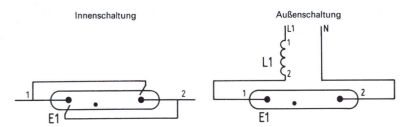

Bei der Mischlichtlampe dient als Vorschaltgerät ein in die Lampe eingebauter, mit dem Brenner in Reihe liegender Wolframfaden.

Natriumdampflampen

Schaltung mit Streufeldtransformator

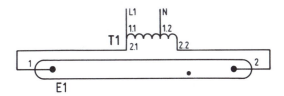

Der Streufeldtransformator erzeugt die notwendige Zündspannung und dient nach der Zündung zur Strombegrenzung.
Vorsicht! Der Streufeldtrafo ist ein Spartransformator.

Schaltung mit Drossel und Glühstarter

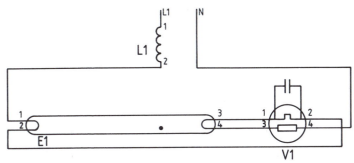

Der Glühstarter bestimmt die Vorheizzeit der beiden heizbaren Elektroden.
Diese Schaltung ist nur bei der 230-V-Lampe üblich.

2 Lampenschaltungen

2.12.1 Hochspannungs-Leuchtröhren (Schaltzustände und Betriebsdaten)

Leuchtröhren sind an Hochspannung betriebene, farbig leuchtende Niederdruck-Entladungslampen, die mit Edelgas oder Quecksilberdampf gefüllt sind. Sie werden ausschließlich für Reklame- und Effektbeleuchtungen verwendet. Leuchtstoffröhren sind mit Leuchtstoff ausgeschwemmte Hochspannungsröhren. Sie werden auch in weißen Lichtfarben für Innenbeleuchtungen hergestellt.

Leuchtröhren und Leuchtstoffröhren werden in Reihenschaltung an Hochspannungs-Streufeld-Transformatoren betrieben, nach VDE 0128 mit Sekundärspannungen bis 7,5 kV bei einseitig geerdeter Hochspannungsseite, bis 15 kV mit einer im Mittelpunkt geerdeten Hochspannungsseite.

Leuchtröhren gibt es in den Durchmessern von 10, 13, 17, 22 und 28 mm mit Nennstromstärken bis 120 mA.

Leuchtstoffröhren für Innenbeleuchtung gibt es in den Durchmessern von 22, 28 und 35 mm mit Betriebsstromstärken bis 400 mA.

Die Betriebsspannungen liegen zwischen 300 V bis 1000 V je Rohrmeter. Je Elektrodenpaar werden ca. 300 V benötigt.

Schaltzustände

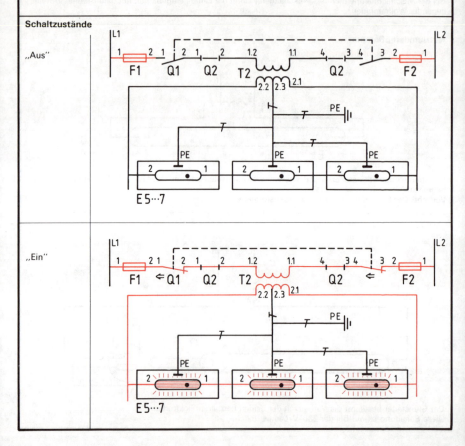

2 Lampenschaltungen
2.12.2 Hochspannungs-Leuchtröhren

Stromlaufplan in zusammenhängender Darstellung

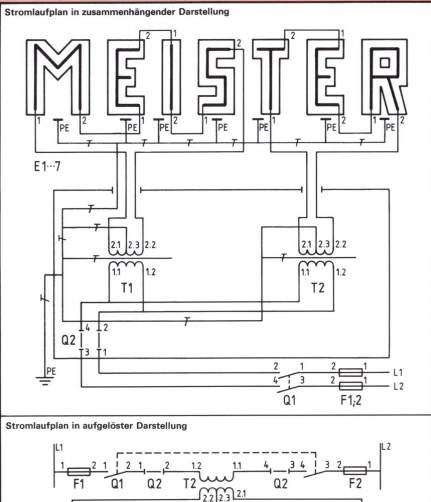

Stromlaufplan in aufgelöster Darstellung

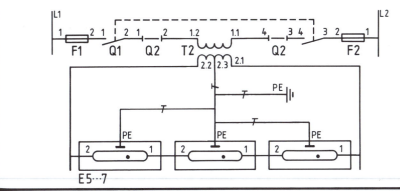

3 Elektrische Haushaltgeräte

3.1.1 Temperaturregelung

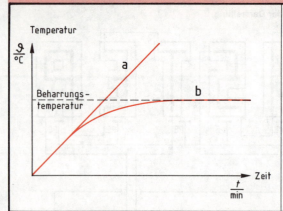

Temperaturanstieg ohne Regelung

Kurve a

Theoretischer Temperaturanstieg
Ohne Wärmeabgabe an die Umgebung muß die Temperatur eines elektrisch geheizten Gerätes immer weiter ansteigen.

Kurve b

Tatsächlicher Temperaturanstieg
Da das Gerät jedoch Verlustwärme und Nutzwärme abgibt, muß die Temperatur einen Endwert erreichen, bei dem zugeführte und abgeführte Wärme im Gleichgewicht sind.

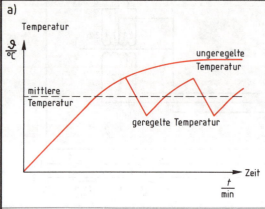

Geregelte Betriebstemperatur

Bei der Temperaturregelung wird das Gerät durch den Regler ein- und ausgeschaltet. Da die Heizung stets eine höhere Temperatur hat als das Heizobjekt (z. B. Kochplatte), steigt die Temperatur auch nach dem Ausschalten der Heizung noch an. Bei ausgeschalteter Heizung kühlt das Heizobjekt ab, und seine Temperatur sinkt. Bei erneutem Einschalten sinkt die Temperatur noch so lange weiter, bis die Heizung die Betriebstemperatur erreicht hat.

Grobe Temperaturregelung
Ist die Temperaturempfindlichkeit des Reglers grob, so sind die Temperaturschwankungen bei der Regelung sehr groß.

Feine Temperaturregelung
Arbeitet der Regler dagegen sehr empfindlich, so sind die Temperaturschwankungen während der Regelung sehr klein.

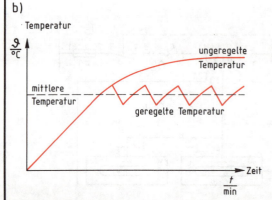

3 Elektrische Haushaltgeräte

3.1.2 Regeleinrichtungen zur Temperaturregelung

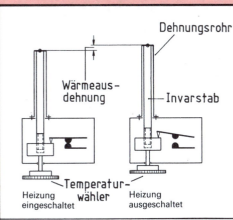

Temperaturregler mit Dehnungsrohr

Ein Invarstab verändert bei Temperaturänderung seine Länge fast nicht. Beim Dehnungsregler ist ein solcher Stab in einem Kupfer- oder Messingrohr eingespannt. Dehnt sich bei Erwärmung das Rohr aus, so behält der Invarstab seine Länge und öffnet deshalb den elektrischen Kontakt.

Durch eine Stellschraube kann die Schalttemperatur verändert werden. Dieser Regler wird vorwiegend in Heißwassergeräten verwendet.

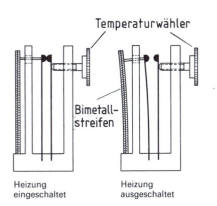

Temperaturregler mit Bimetallstreifen

Zwei unlösbar miteinander verbundene Metallstreifen mit unterschiedlichen Temperaturkoeffizienten bilden den Bimetallstreifen.

Bei Erwärmung verbiegt sich der Bimetallstreifen und betätigt hierbei ein elektrisches Kontaktsystem. Dieser Regler wird vorwiegend in Bügeleisen und Kochplatten benutzt.

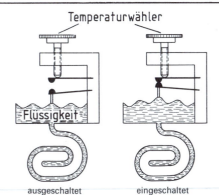

Temperaturregler mit Dehnungsdose

Eine mit Flüssigkeit gefüllte Dose hat einen elastischen Deckel (Membran). Eine durch Wärme bedingte Volumenänderung der Flüssigkeit kann so zur Betätigung eines elektrischen Kontaktsystems benutzt werden.

Dieser Regler wird vorwiegend in Kühlschränken, Kühltruhen und Waschmaschinen verwendet.

3 Elektrische Haushaltgeräte
3.2.1 Handbügelautomat

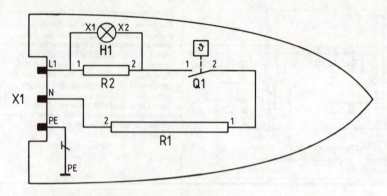

Geräteliste: R1 Heizwiderstand ca. 1000 W
R2 Niederohmiger Vorwiderstand
H1 Pilotlampe ca. 4 V
Q1 Thermostat
X1 Anschlüsse

Der Thermostat (Bimetallregler) taktet die volle Heizleistung entsprechend der am Regler vorgewählten Temperatur, wobei diese Temperatur annähernd konstant bleibt.
Die Pilotlampe (Kontrollampe) liegt parallel zu dem niederohmigen Vorwiderstand, an dem im Betriebszustand eine Teilspannung von ca. 4 V entsteht. Die Lampe leuchtet somit mit eingeschaltetem Heizwiderstand.

Regler

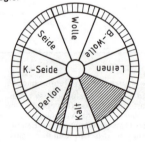

Temperaturen:

Perlon	ca. 60°C – 85°C
Kunstseide	ca. 85°C – 110°C
Seide	ca. 110°C – 135°C
Wolle	ca. 135°C – 175°C
Baumwolle	ca. 175°C – 200°C
Leinen	ca. 200°C – 230°C

Im Dampfbügeleisen befindet sich unter der Haube ein Wasserbehälter. Das Wasser aus diesem Behälter tropft auf eine heiße Platte über der Bügelsohle. Der hierbei entstehende Dampf wird durch Kanäle nach unten geführt.

3 Elektrische Haushaltgeräte

3.2.2 Heizgeräte

Die Wärmeübertragung bei der Raumheizung kann auf folgende Arten erfolgen:

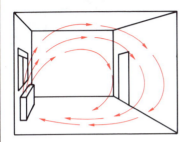

Konvektionsheizung

Die vom Heizgerät erwärmte Luft dehnt sich aus und steigt hoch. Hierbei strömt kalte Luft nach, die dann gleichfalls erwärmt wird. Es entwickelt sich so eine Wärmeströmung.

Der Anschlußwert der Heizung ist von der Größe des Rauminhaltes abhängig.
Je m^3 ca. 40 bis 80 W

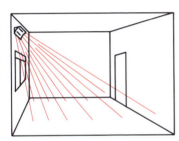

Strahlungsheizung

Es werden nur Körper erwärmt, die von den Wärmestrahlen direkt getroffen werden und in der Lage sind, Wärmestrahlen zu absorbieren. (Schwarze Flächen nehmen mehr Wärme auf als weiße.)

Der Anschlußwert ist von der Größe der bestrahlten Fläche abhängig.
Je m^2 ca. 100 bis 150 W

Kombinierter Heizofen für Konvektionswärme und Strahlungswärme

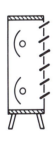
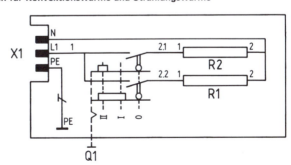

Stehen die schwenkbaren Lamellen der Vorderwand waagerecht, so wirkt das Gerät als Heizstrahler. Stehen die Lamellen dagegen senkrecht, so werden sie von den Wärmestrahlen aufgeheizt. Diese Wärme wird an die anliegende Luft abgegeben, die dann hochsteigt.

3 Elektrische Haushaltgeräte
3.3.1 Heizlüfter (Schaltzustände)

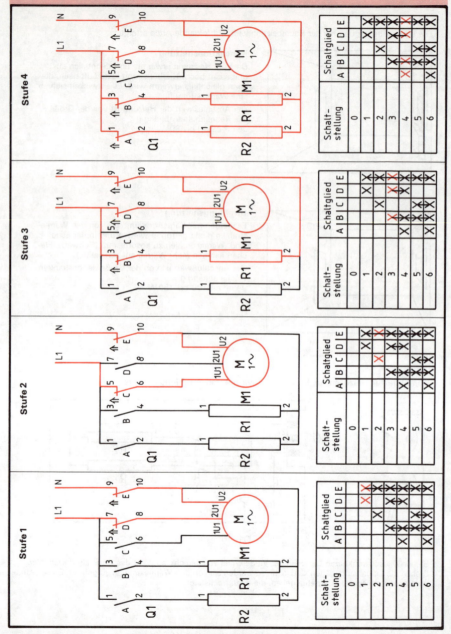

3 Elektrische Haushaltgeräte
3.3.2 Heizlüfter

Schematische Darstellung   **Schalterverbindungen**

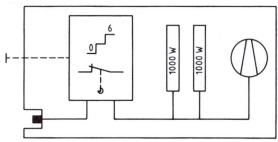

Der Lüftermotor ist auf zwei Drehzahlen umschaltbar. Die Heizung ist gleichfalls in zwei Stufen schaltbar. Insgesamt sind folgende 6 Betriebszustände schaltbar:

Betriebszustand	Lüfter	Heizstufe
1	niedrige Drehzahl	Aus
2	hohe Drehzahl	Aus
3	niedrige Drehzahl	I
4	niedrige Drehzahl	II
5	hohe Drehzahl	I
6	hohe Drehzahl	II

Innenschaltung mit 7-Takt-Nockenschalter

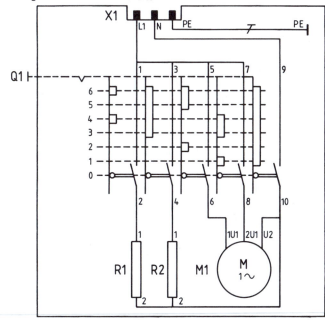

3 Elektrische Haushaltgeräte

3.4.1 Heizkissen mit Stufenschaltung

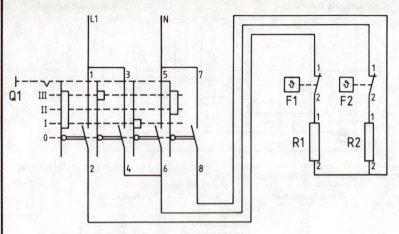

Geräteliste:
- Q1 Nockenschalter
- R1 Heizleiter 220 V, 30 W, 1600 Ω
- R2 Heizleiter 220 V, 30 W, 1600 Ω
- F1 Sicherheits-Thermoregler für 80 °C
- F2 Sicherheits-Thermoregler für 80 °C

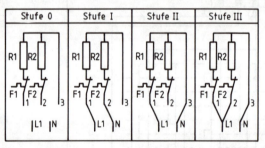

Schaltfolge

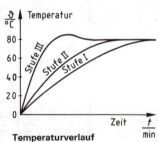

Temperaturverlauf

Zwei Heizleiter, die in ein Kissen eingenäht sind, können in drei Heizstufen geschaltet werden.

Stufe I: 15 W, beide Heizleiter in Reihe geschaltet.
Stufe II: 30 W, ein Heizleiter allein geschaltet.
Stufe III: 60 W, beide Heizleiter parallel geschaltet.

Bei geringem Wärmeentzug aus dem Heizkissen wird auf jeder Heizstufe die gleiche Endtemperatur von ca. 80 °C erreicht. Lediglich die Anheizzeit ist unterschiedlich lang. Durch Ein- und Ausschalten der Sicherheits-Thermoschalter wird die Betriebstemperatur auf 80 °C gehalten.
Die Heizstufe III dient nur zum Aufheizen. Je nach Wärmeentzug können Heizstufe I oder Heizstufe II als Betriebsstufe gewählt werden.

3 Elektrische Haushaltgeräte

3.4.2 Heizkissen mit Temperaturregelung

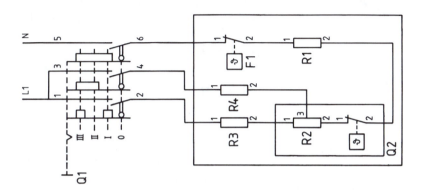

Geräteliste:
- Q1 Nockenschalter
- R1 Heizleiter 230 V, 60 W, 800 Ω
- R2 Heizwicklung für den Arbeitsregler
- R3, R4 Vorwiderstände
- Q2 Arbeits-Thermoregler
- F1 Sicherheits-Thermoregler für 85 °C

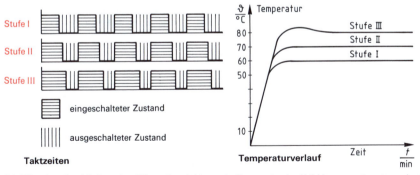

Die Taktzeiten des Arbeitsreglers Q2 werden nicht von der Temperatur des Heizkissens gesteuert, sondern von der Erwärmung der Heizwicklung R2. Bei jeder höheren Wärmestufe werden die Einschaltzeiten gegenüber den Ausschaltzeiten länger. Somit ergeben sich für die verschiedenen Heizstufen verschiedene Temperaturen.

Stufe I: 60 W, erreicht eine Temperatur von ca. 60 °C.
Stufe II: 60 W, erreicht eine Temperatur von ca. 70 °C.
Stufe III: 60 W, erreicht eine Temperatur von ca. 80 °C.

3 Elektrische Haushaltgeräte
3.5.1 Heißwassergeräte, Aufbau und Wirkungsweise

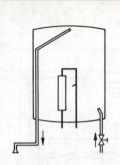

Heißwasserboiler

Ein Boiler besitzt keine Wärmeisolation. Er wird daher nur im Bedarfsfalle geheizt.
Die Baugröße richtet sich nach dem Volumen von ca. 5 bis 80 l. Kochendwassergeräte sind 5-l-Boiler mit Kochstufe. Diese arbeiten mit Teilfüllungen und nach dem Entleerungsprinzip.

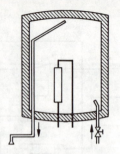

Heißwasserspeicher

Der Speicher besitzt einen Doppelmantel mit einer Wärmeisolation. Das Gerät bleibt immer eingeschaltet. Somit steht das erwärmte Wasser jederzeit zur Verfügung.
Die Baugröße richtet sich nach dem Volumen von ca. 5 bis 120 l.

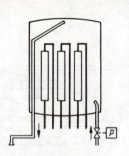

Durchlauferhitzer

Geheizt wird nur bei durchlaufendem Wasser. Deshalb ist eine hohe Leistung erforderlich.
Übliche Leistungen:
12 kW; 18 kW; 21 kW
Die Baugröße dieser Geräte ist sehr gering.

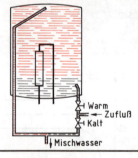

Drucklose Heißwassergeräte

Wegen des ventillosen Ausflusses kann zwischen Innenraum und Außenraum kein Druckunterschied entstehen. Deshalb genügt ein dünnwandiger Außenmantel. Der Warmwasserhahn liegt in der Kaltwasserzuleitung. Bei geöffnetem Hahn fließt kaltes Wasser von unten in das Gerät, wobei warmes Wasser durch den Überlauf abfließt.
Dieses Gerät eignet sich deshalb nur für eine Zapfstelle.

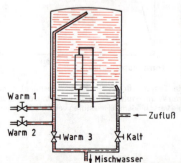

Druck-Heißwassergeräte

Wegen der Ventile in den Ausflußleitungen steht der Behälter stets unter dem gleichen Druck wie das Wasser in der Zuleitung. Im Durchschnitt beträgt dieser Druck 6 bis 12 bar. Die Außenwand des Behälters muß hierauf bemessen sein. Ein zusätzliches Sicherheitsventil schützt vor gefährlichem Überdruck. Da die Warmwasserventile in der Abflußleitung liegen, können mehrere Zapfstellen eingerichtet werden.

3 Elektrische Haushaltgeräte
3.5.2 Heißwassergeräte, Schaltungen

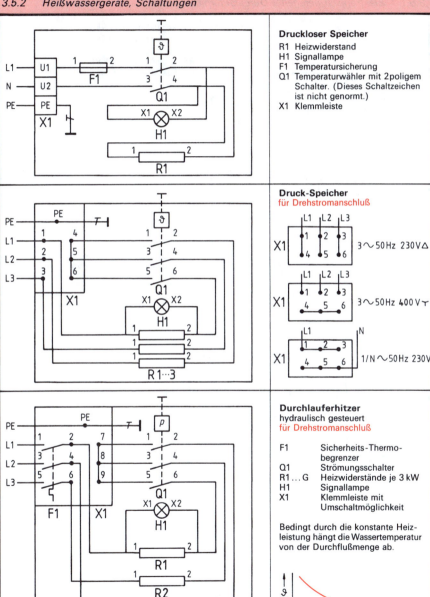

3 Elektrische Haushaltgeräte
3.6.1 Elektronisch geregelter Durchlauferhitzer

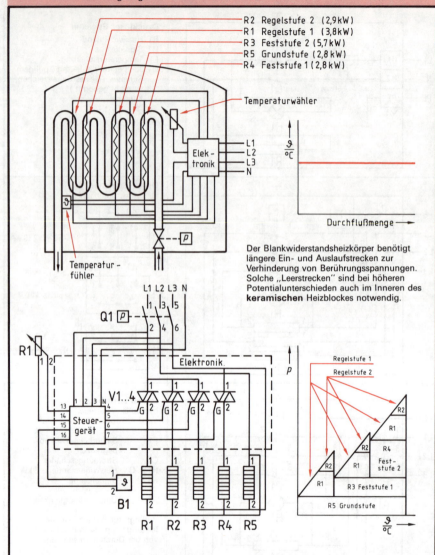

Der Blankwiderstandsheizkörper benötigt längere Ein- und Auslaufstrecken zur Verhinderung von Berührungsspannungen. Solche „Leerstrecken" sind bei höheren Potentialunterschieden auch im Inneren des **keramischen** Heizblockes notwendig.

Die am Temperaturwähler eingestellte Temperatur wird mit der im Auslauf vom Temperaturfühler gemessenen „Isttemperatur" verglichen.
Entsprechend jeder Abweichung der Isttemperatur von der Solltemperatur wird die Heizleistung über die Leistungselektronik herauf- oder heruntergefahren. Unabhängig von der Durchflußmenge wird so die vorgewählte Temperatur konstant gehalten.

3 Elektrische Haushaltgeräte
3.6.2 Backöfen

Konventioneller Backofen

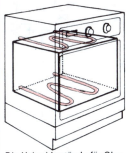

Heißluftbackofen

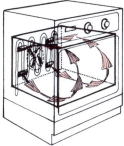

Wärmeableitung (bei Einbaugeräten)

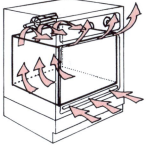

Die Heizwiderstände für Ober- und Unterhitze sind getrennt angeordnet, werden aber gemeinsam gesteuert.
Das Verhältnis Oberhitze – Unterhitze wird durch die Einschubhöhe bestimmt.

Die Heizwiderstände sind hinter der Rückwand angeordnet. Ein Ventilator wälzt die Luft im Backraum über ein Strömungssystem um.
Die Temperatur im Backraum ist an allen Stellen gleich hoch.

Ist der Backofen in die Möbelfront einer Einbauküche integriert, dann kann die Wärme nicht ungehindert an die Umgebung „abfließen". Ein Ventilator sorgt dann über ein Luftströmungssystem für die Kühlung.

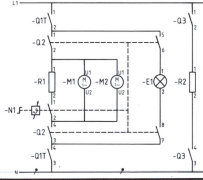

Backofen ohne Ventilator
(konventioneller Backofen)

- E1 Backofenbeleuchtung 40 W
- N1 Invarstab-Temperaturregler (ist mit Q2 zu einer Baueinheit zusammengefaßt)
- Q1T Zeitschalter
- Q2 Backofenkombischalter
- Q3 Drucktastenschalter
- R1 Oberhitze ca. 1100 W
- R2 Unterhitze ca. 1300 W
- R3 Grillstab ca. 2600 W
- R4 Warmhaltefach c. 400 W

Ober- und Unterhitze werden gemeinsam geschaltet. Eine unterschiedliche Wärmeverteilung erfolgt über die Einschubhöhen. Der Invarstab befindet sich auf dem Backofenrohr, deshalb liegt sein Schaltkontakt im N-Leiter.

Einbaubackofen mit Ventilator
(Heißluftbackofen)

- E1 Backofenbeleuchtung
- N1 Flüssigkeit-Temperaturregler (ist mit Q2 zu einer Baueinheit zusammengefaßt)
- Q1T Zeitschalter
- Q2 Backofenkombischalter
- Q3 Drucktastenschalter
- R1 Ringheizkörper ca. 2500 W
- R2 Warmhaltefach ca. 400 W
- M1 Heißluftgebläse ca. 3 W
- M2 Ventilator für Außenkühlung ca. 16 W

Der Kondensatormotor M1 führt die aus dem Backofen angesaugte Luft über den ringförmig um das Gebläse gelegten Heizkörper R1 und dann durch Schlitze in der Rückwand in das Backrohr zurück.

3 Elektrische Haushaltgeräte
3.7.1 Elektroherd, Siebentakt-Schaltung (Schaltzustände)

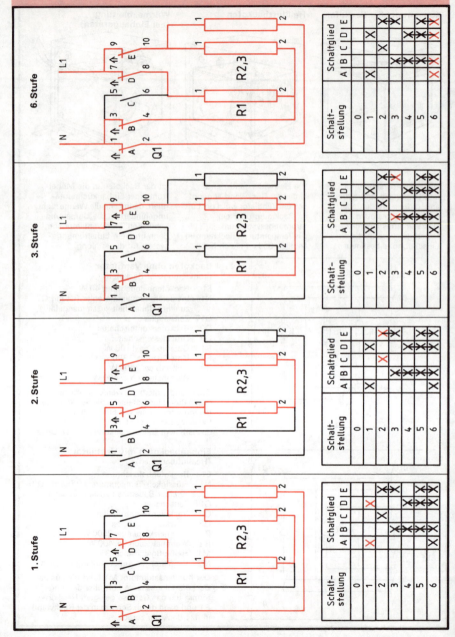

3 Elektrische Haushaltgeräte
3.7.2 Elektroherd, Siebentakt-Schaltung

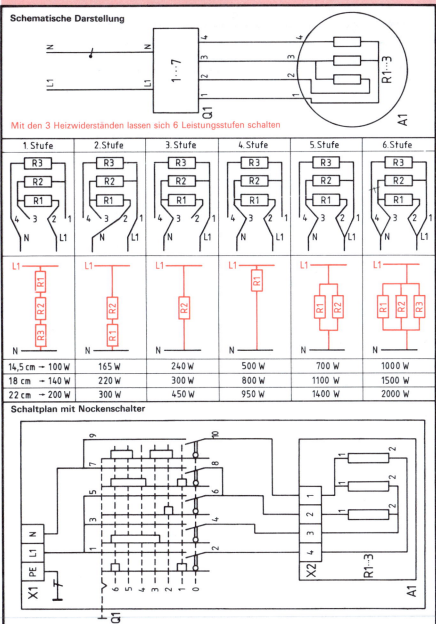

3 Elektrische Haushaltgeräte

3.8.1 Schnellkochplatte

Siebentakt-Schaltung mit Temperaturbegrenzung der letzten Leistungsstufe

Erreicht bei der letzten Leistungsstufe die Betriebstemperatur einen gefährlich hohen Wert, weil z. B. kein Topf oder ein zu kleiner Topf auf der Platte steht, so schaltet der in der Kochplattenmitte eingebaute Bimetallschalter eine Heizwicklung ab.

Schematische Darstellung

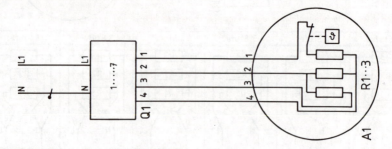

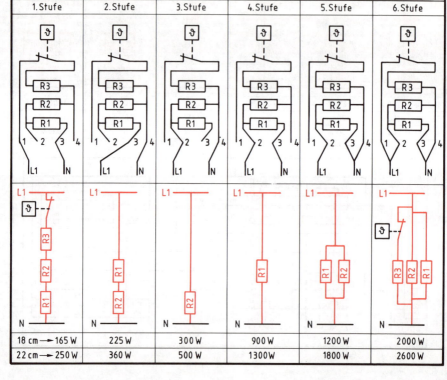

	1. Stufe	2. Stufe	3. Stufe	4. Stufe	5. Stufe	6. Stufe
18 cm →	165 W	225 W	300 W	900 W	1200 W	2000 W
22 cm →	250 W	360 W	500 W	1300 W	1800 W	2600 W

3 Elektrische Haushaltgeräte

3.8.2 Automatikkochplatte (Leistungsregelung)

Automatikplatte mit Wärmefühlerwicklung

Schematische Darstellung

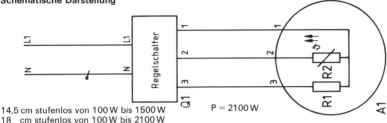

14,5 cm stufenlos von 100 W bis 1500 W
18   cm stufenlos von 100 W bis 2100 W

$P = 2100\,W$

Prinzipdarstellung

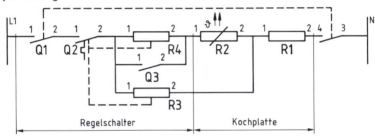

Geräteliste:
- Q1 zweipoliger Lastschalter
- Q2 Bimetallschalter
- R1 Heizwiderstand
- R2 Fühlerwicklung
- R3, 4 Heizung für den Bimetallschalter Q2
- Q3 Kurzschließerkontakt für den Widerstand R4

Mit steigender Plattentemperatur erhöht sich der Widerstand der Wärmefühlerwicklung R2. Hierdurch steigt der Strom in der Bimetallwicklung R3. Je nach der gewählten Leistung beginnt der Bimetallschalter als Takter zu arbeiten. Der Schalter Q3 ermöglicht ein Umschalten auf eine höhere Heizstufe.

Betriebszustand für hohe Temperatur

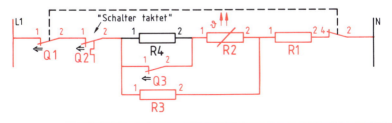

3 Elektrische Haushaltgeräte
3.9.1 Vierplattenherd mit Backofen und Grill

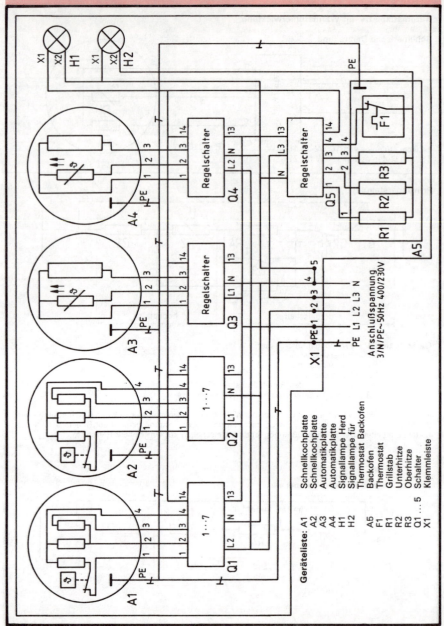

3 Elektrische Haushaltgeräte

3.9.2 Elektroherd, Anschlüsse, Meldeschaltung, Backofenschaltung

Wenn die Betriebsspannung jeder Heizwicklung 230 V beträgt, gelten für den Netzanschluß folgende Herdanschlußschaltungen:

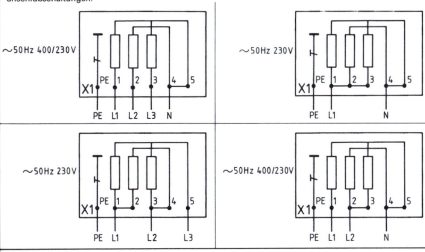

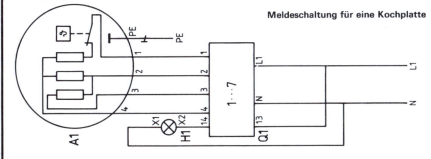

Meldeschaltung für eine Kochplatte

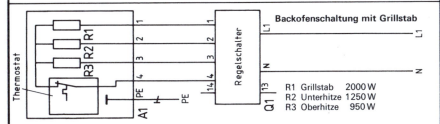

Backofenschaltung mit Grillstab

R1 Grillstab 2000 W
R2 Unterhitze 1250 W
R3 Oberhitze 950 W

Über den Regelschalter können folgende Betriebszustände eingestellt werden:

a) Unterhitze allein; Oberhitze mit Unterhitze. (In beiden Fällen wird die Temperatur über den Thermostaten selbsttätig geregelt.)
b) Oberhitze allein; Grillstab allein; der Thermostat übernimmt hierbei den Überhitzungsschutz.

3 Elektrische Haushaltgeräte
3.10.1 Waschvollautomat, Wirkungsprinzip

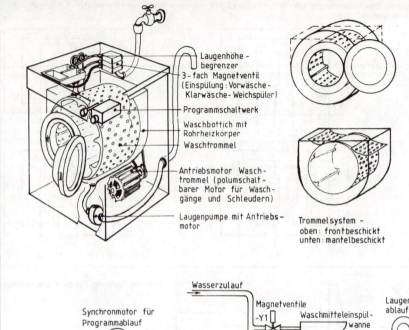

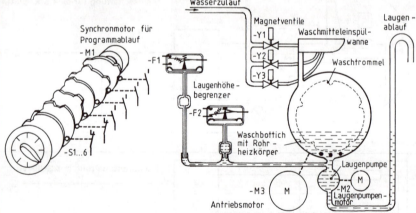

Ein Vollautomat ist eine Trommelwaschmaschine, die in einem durchgehenden Arbeitsablauf wäscht, spült und schleudert.

Die von den Nockenscheiben betätigten Schalter des Programmschaltwerkes schalten in den einzelnen Programmschritten die Einspülventile, die Heizung, die Antriebsmotoren für Wasch- und Schleudergang und die Lagenpumpe.

Beide Laugenhöhenbegrenzer (Druckwächter) sind Membranschalter, die einen Umschaltkontakt betätigen. Mit steigendem Wasserstand in der Waschtrommel entsteht in den Verbindungsschläuchen zu den Membranschaltern ein höherer Luftdruck, der die Schalter bei dem eingestellten Druck betätigt.

Als Antriebsmotoren werden polumschaltbare Motoren mit zwei getrennten Wicklungen verwendet. Die niedrige Drehzahl ist für den Waschgang, die hohe Drehzahl für den Schleudergang.

3 Elektrische Haushaltgeräte
3.10.2 Stromlaufplan eines Waschvollautomaten

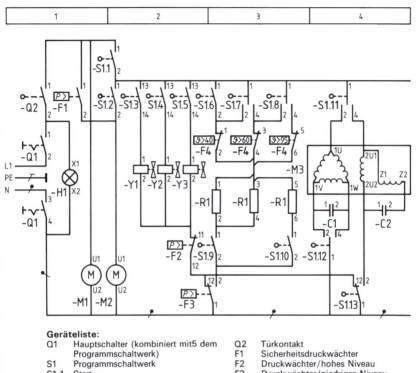

Geräteliste:

Q1	Hauptschalter (kombiniert mit 5 dem Programmschaltwerk)
S1	Programmschaltwerk
S1.1	Start
S1.2	Laugenpumpe
S1.3	Einspülen Vorwäsche
S1.4	Einspülen Klarwäsche
S1.5	Einspülen Weichspüler
S1.6	Thermostat 40°
S1.7	Thermostat 40°/60°
S1.8	Thermostat 60°/95°
S1.9	Heizleistung 2000 W
S1.10	Heizleistung 1000 W
S1.11	Umschalten Waschen/Schleudern
S.1.12	Reversierung der Drehrichtung
S1.13	Niveau Kochen/Schleudern
Q2	Türkontakt
F1	Sicherheitsdruckwächter
F2	Druckwächter/hohes Niveau
F3	Druckwächter/niedriges Niveau
F4	Thermostat/3 Temperaturstufen
H1	Feuchtmelder Bereitschaft
M1	Motor für Programmschaltwerk
M2	Laugenpumpenmotor
M3	Antriebsmotor für Waschen und Schleudern
C1	Kondensator bei niedriger Drehzahl
C2	Kondensator bei hoher Drehzahl
A1	Heizwiderstände 3 × 1000 W
Y1	Magnetventil Vorwäsche
Y2	Magnetventil Klarwäsche
Y3	Magnetventil Waschpulver

Der Thermostat F4 hat 3 Schaltstufen. Ein Flüssigkeitsfühler im Waschbottich ist über ein Kapillarrohr mit der Druckdose verbunden. Die Membrane in der Druckdose betätigt den Schaltmechanismus. Erst nach dem Umschalten des Druckwächters F3 für das niedrige Niveau kann die Heizung eingeschaltet werden. Nach der Klarwäsche wird durch Kaltwasserzufluß abgekühlt. Beim Erreichen des hohen Niveaus unterbricht der Druckwächter F2 den weiteren Wasserzufluß. Der Sicherheitsdruckwächter F1 schaltet bei einer Störung, die den Flüssigkeitsstand über das hohe Niveau bringt, die Laugenpumpe direkt ein. Die Schalter S1.6, S1.7 und S1.8 bestimmen (je nach Wahl eines der 14 Waschprogramme) die thermische Aufheizung bei der Vorwäsche und bei der Klarwäsche. Mit den Schaltern S1.9 und S1.10 werden die verschiedenen Leistungsstufen geschaltet.

3 Elektrische Haushaltgeräte

3.11.1 Innenschaltung einer Waschmaschine mit Mikroprozessorsteuerung

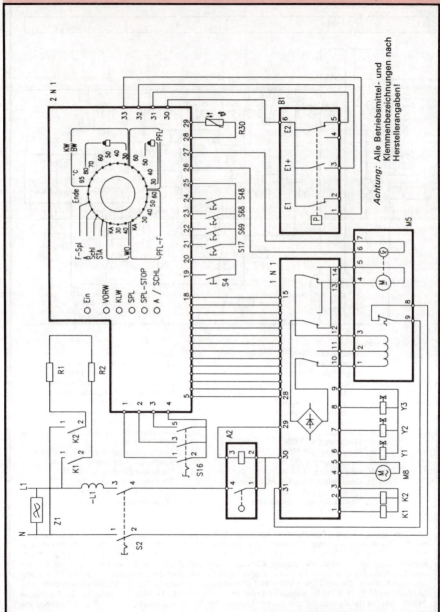

3 Elektrische Haushaltgeräte
3.11.2 Programmablaufplan einer mikroprozessorgesteuerten Waschmaschine

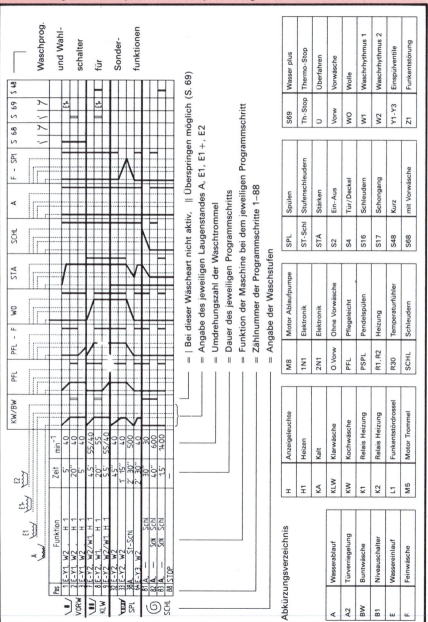

3 Elektrische Haushaltgeräte

3.12.1 Kompressor-Kühlschrank

Schematische Darstellung

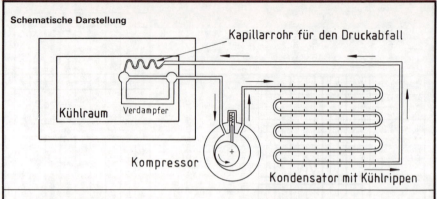

Kühlmittelkreislauf

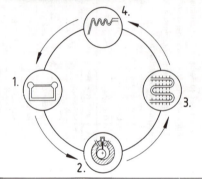

1. Verdampfen des Kühlmittels im Frosterfach.
2. Komprimieren des gasförmigen Kühlmittels im Kompressor. Hier folgt die Energiezufuhr über einen Elektromotor.
3. Verflüssigen des Kühlmittels im Kondensator unter Druck und Wärmeabgabe.
4. Druckabfall des Kühlmittels im Kapillarrohr. Dieses Rohr wirkt wie ein Reduzierventil als Drosselstelle.

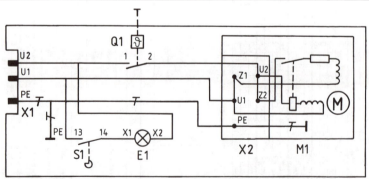

Geräteliste: Q1 Thermostat
M1 Antriebsmotor
S1 Türkontakt
E1 Innenbeleuchtung

3 Elektrische Haushaltgeräte
3.12.2 Absorber-Kühlschrank

Schematische Darstellung

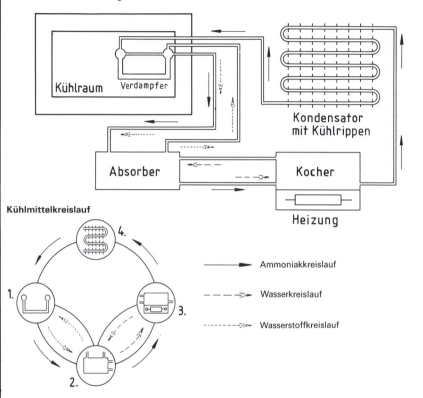

1. Das Kühlmittel Ammoniak verdampft im Verdampfer durch das Hilfsgas Wasserstoff. Dadurch wird dem Kühlraum Wärme entzogen.
2. Im Absorber wird der Ammoniakdampf in Wasser gelöst, wodurch im Verdampfer ein Unterdruck entsteht und weiteres Ammoniak verdampft. Über einen Nebenkreis gelangt das Wasserstoffgas zum Verdampfer zurück.
3. Die Ammoniak-Wasser-Lösung gelangt in den Kocher. Hier wird das Ammoniak durch Wärme ausgetrieben und zum Kondensator geleitet. Das Wasser gelangt über einen Nebenkreis zum Absorber zurück.
4. Im Kondensator wird der Ammoniakdampf unter dem Einfluß des Verdampfungsdruckes vom Kocher her und unter der Wärmeabgabe an den Kühlrippen wieder flüssig. Das flüssige Ammoniak wird dann wieder in den Verdampfer geleitet.

3 Elektrische Haushaltgeräte
3.13.1 Nachtstrom-Speicheröfen (Bauarten)

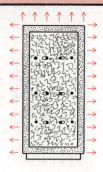

Bauart I
Der elektrisch beheizte Speicherkern ist durch eine dünne Wärmedämmschicht gegenüber dem Außenmantel abgeschirmt.

Die gespeicherte Wärme wird ausschließlich über die Ofenoberfläche abgegeben. Eine Steuerung der Wärmeabgabe ist nicht möglich.

Anwendung:
Alle Räume, die gleichmäßig beheizt werden sollen, wie Lagerräume, Badezimmer usw.

Achtung:
Asbestgefahr bei Altgeräten.

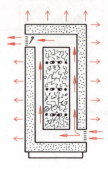

Bauart II
Zwischen dem Speicherkern und der Wärmedämmschicht sind *Luftkanäle* angeordnet, in denen die Luftbewegung nur durch die Wärme erfolgt. Daher liegt die Lufteintrittsstelle unten und die Luftaustrittsstelle oben.

Die gespeicherte Wärme wird abgegeben
1. über die Ofenoberfläche,
2. über die bewegte Luft in den Luftkanälen.

Die Luftbewegung und damit ein Teil der Wärmeabgabe kann durch eine Klappe an der Luftaustrittsstelle gesteuert werden.

Anwendung:
Ganztägig beheizte Räume, in denen eine Steuermöglichkeit der Wärmeabgabe erwünscht ist, z. B. Büroräume.

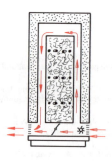

Bauart III
Die Wärmedämmschicht ist so dick, daß über sie fast keine Wärmeabgabe erfolgt. Da die Einlaß- und Auslaßschlitze für die inneren Luftkanäle beide unten liegen, erfolgt ohne Zwangsbelüftung auch hierüber keine Wärmeabgabe.

Zur Zwangsbelüftung dient ein Tangentiallüfter, der von einem Raumthermostaten geschaltet wird. Hierbei ist somit eine exakte Regelung der Raumtemperatur möglich. Heute werden hauptsächlich Geräte dieser Bauart verwendet.

Anwendung:
Überall dort, wo eine Temperaturregelung gefordert wird, z. B. alle bewohnten Räume (Wohnzimmer, Küchen, auch Gaststättenräume u. a.).

Der Speicherkern wird nachts bei billigem Tarif „aufgeladen". Die gespeicherte Wärme wird dann am Tage abgegeben! Bei gleichen Abmessungen ist die Speicherfähigkeit der Bauart I am größten.

3 Elektrische Haushaltgeräte
3.13.2 Nachtstrom-Speicheröfen (Innenschaltung)

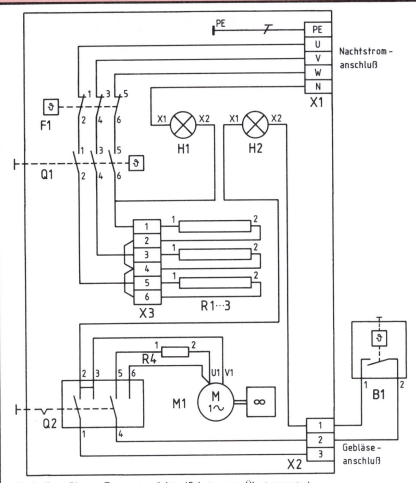

Geräteliste:
- F1   Temperaturwächter (Schutz gegen Übertemperatur)
- Q1   Lastschalter mit Aufladeregelung
- Q2   Stufenschalter für den Lüftermotor
- B1   Raumthermostat zur Steuerung des Lüftermotors
- H1   Kontrollampe für die Aufladung „gelb"
- H2   Kontrollampe für die Aufladung „rot"
- M1   Lüftermotor
- R1 … 3   Heizkörper für die Niedertarif-Aufladung
- R4   Vorwiderstand für niedrige Drehzahl
- X1; 2   Klemmleisten

Ein Nachtstrom-Speicherofen der Bauart III benötigt 2 voneinander unabhängige Netzanschlüsse:
- einen Anschluß für die Wärmeaufladung während der Nachtstunden bei billigem Tarif,
- einen Anschluß für den Tangentiallüfter, um die Wärme am Tage nach Bedarf zu entnehmen.

3 Elektrische Haushaltgeräte
3.14.1 Nachtstrom-Speicherheizung (Tarifumschaltung)

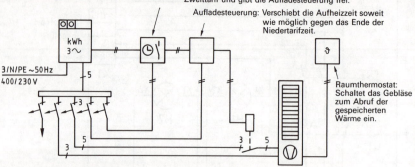

Speicherheizung mit Zweitarifzähler:
Die gesamte Verbraucheranlage läuft in den Nachtstunden über den verbilligten Zweittarif.

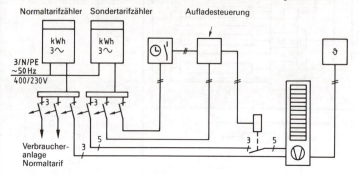

Die Schaltuhr gibt in den Nachtstunden die Aufladesteuerung frei.

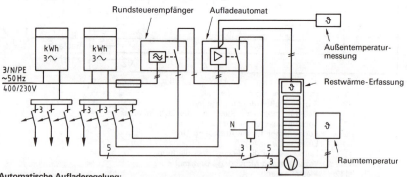

Automatische Aufladeregelung:

Der Aufladeautomat bestimmt nach einem Vergleich von Außentemperatur und Restwärme im Heizkörper die Aufladezeit.
In größeren Städten wird die Freigabe des Sondertarifes über eine Rundsteueranlage zentral vorgenommen.
Fehlt die Rundsteueranlage, so kann wie oben eine Schaltuhr diese Aufgabe übernehmen.

3 Elektrische Haushaltgeräte
3.14.2 Nachtstrom-Speicherheizung (Zählertafel mit Speicherofenanschluß)

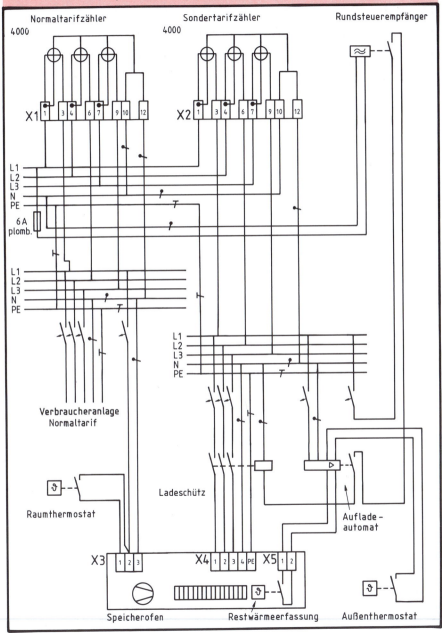

4 Signal- und Fernsprechanlagen
4.1.1 Hörmelder

Einschlagwecker (Ein-Ton-Gong)

Zwischen elektromagnetischen Hörmeldern und Relais besteht kein prinzipieller Unterschied. Bei Erregung der Spule wird der Anker angezogen. Nach Abschalten der Spule stellt sich der Anker durch seine Federkraft wieder auf Abstand.

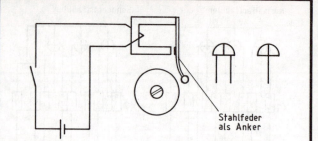

Rasselwecker und Summer

Rasselwecker und Summer haben einen Unterbrecherkontakt. Werden der Anker oder die Metallmembran angezogen, dann wird der Stromkreis unterbrochen. Durch Federkraft schwingen Anker oder Membran wieder zurück, der Stromkreis wird geschlossen – usf.

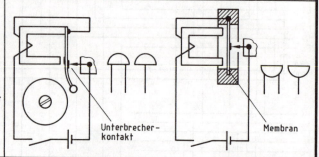

Wechselstromhupe und Wechselstromwecker

Bei Wechselstromhörmeldern schwingen ein Bolzen oder eine Metallmembran bei erregter Spule in der Frequenz des Wechselstroms.

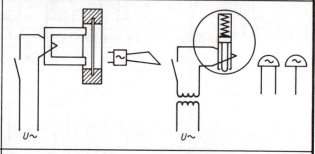

Prinzip des Zweiklanggongs:

Spule erregt:
Bolzen schwingt nach rechts
→ Ton „a".

Spule abgeschaltet:
Bolzen schwingt über die Mittellage nach links
→ Ton „b";
Bolzen pendelt in Mittellage ein.

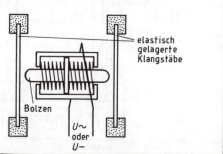

4 Signal- und Fernsprechanlagen
4.1.2 Türöffner und Stromversorgungsgeräte

Türöffner

Wenn die Spule erregt wird, gibt die Sperrklinke des Ankers das Drehblatt, das den Türriegel sperrt, frei. Die Türe kann aufgedrückt werden, so lange, wie der Türöffner betätigt wird.

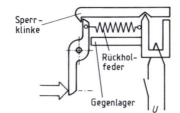

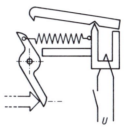

Stromversorgungsgeräte

Signalanlagen werden meist mit Kleinspannung betrieben. Im einfachsten Fall ist das Stromversorgungsgerät ein Klingeltransformator. Für Anlagen mit Gleichspannung enthalten die Versorgungsgeräte zusätzlich Gleichrichter und Glättungsglieder. Blockschaltbilder enthalten keine Information über die Innenschaltung.

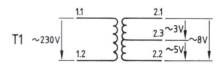

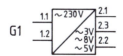

Stromversorgungsgerät für Gleich- und Wechselspannung

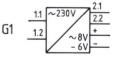

Blockschaltbild des Klingeltransformators

4 Signal- und Fernsprechanlagen
4.2.1 Klingelanlage mit Türöffner

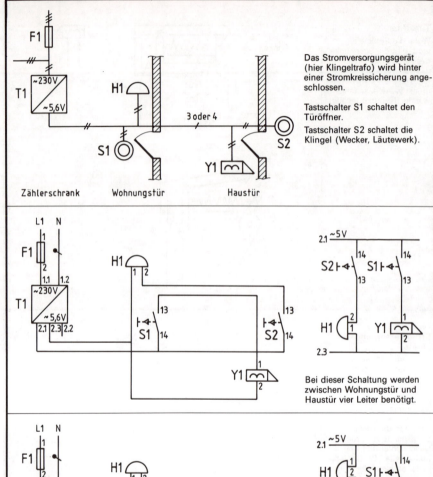

Das Stromversorgungsgerät (hier Klingeltrafo) wird hinter einer Stromkreissicherung angeschlossen.

Tastschalter S1 schaltet den Türöffner.

Tastschalter S2 schaltet die Klingel (Wecker, Läutewerk).

Bei dieser Schaltung werden zwischen Wohnungstür und Haustür vier Leiter benötigt.

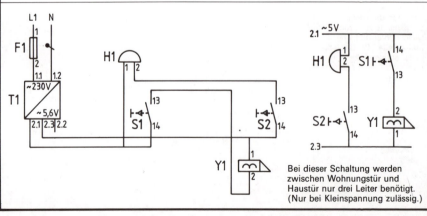

Bei dieser Schaltung werden zwischen Wohnungstür und Haustür nur drei Leiter benötigt. (Nur bei Kleinspannung zulässig.)

4 Signal- und Fernsprechanlagen

4.2.2 Hausklingelanlage für 6 Wohnungen mit Türöffner

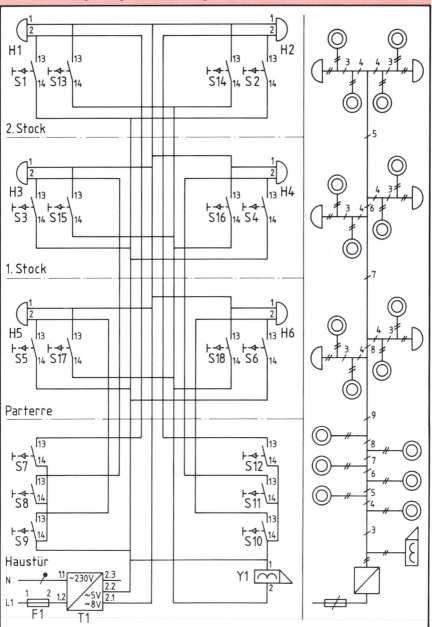

4 Signal- und Fernsprechanlagen
4.3.1 Lichtrufanlage

In jedem Krankenzimmer befindet sich ein Rufrelais mit Einschaltverriegelung.

Wird die Ruftaste betätigt, so schaltet das Rufrelais einen Leuchtmelder auf dem Flur über der Zimmertür und einen Leuchtmelder und Summer im Schwesternzimmer. Der Leuchtmelder im Zimmer zeigt dem Kranken, daß der Ruf eingeschaltet ist. Dieser Leuchtmelder wird deshalb Beruhigungslampe genannt.

Wenn die gerufene Schwester das Krankenzimmer betritt, kann sie durch Betätigung der Entriegelungstaster den Ruf abschalten.

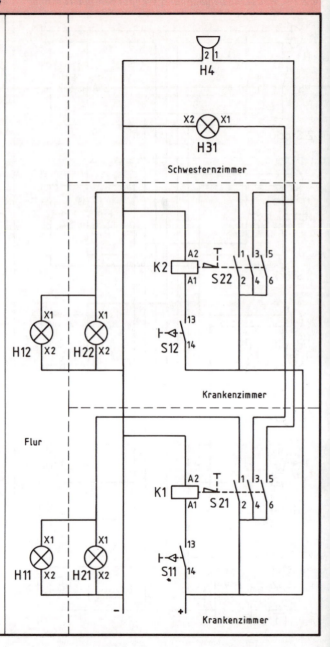

4 Signal- und Fernsprechanlagen
4.3.2 Licht- und Tonrufanlage

Mit einem Schlüsselschalter kann die Schwester in jedem Raum, in dem sie sich aufhält, einen Summer an die Summerleitung anschließen.

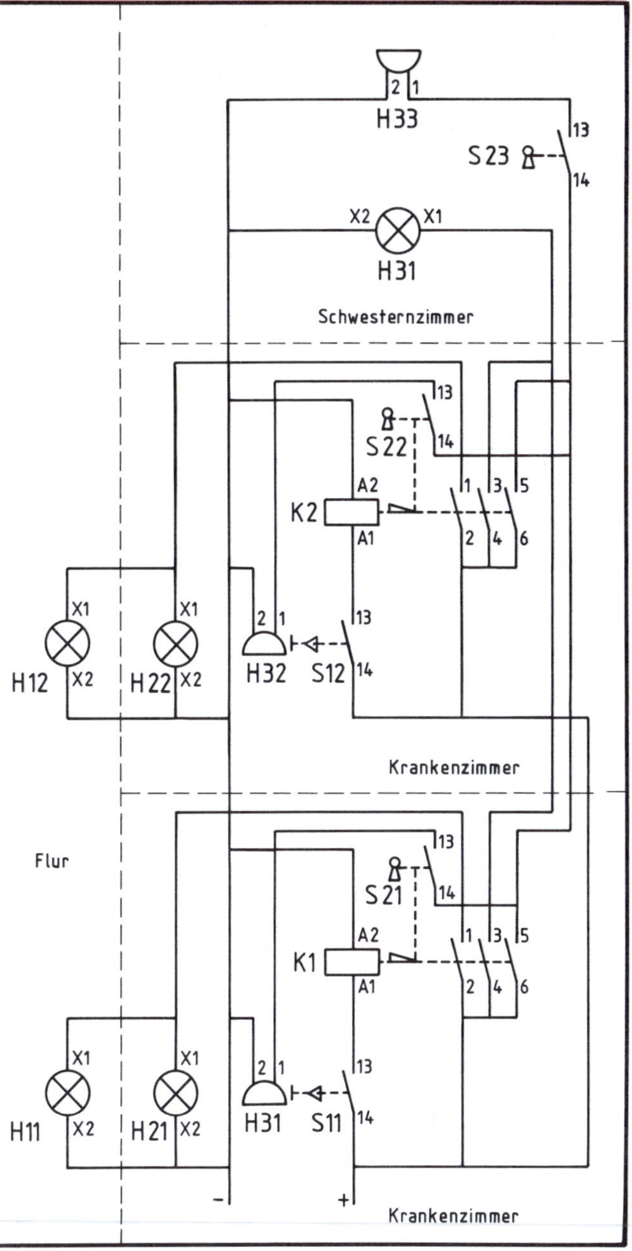

Schwesternzimmer

Krankenzimmer

Flur

Krankenzimmer

4 Signal- und Fernsprechanlagen

4.4.1 Raumschutzanlagen (einfache Ruhestromanlage)

Mit dem Schalter S1 wird die Anlage betriebsbereit geschaltet. Der Einschaltkontakt 13/14 ist voreilend, damit beim Schalten auf Betriebsbereitschaft kein Alarm (kurzfristig) ausgelöst wird.

Die Anlage ist betriebsbereit. Das Relais K1 ist eingeschaltet. Wird jetzt die Sicherheitsschleife unterbrochen, dann wird durch das abfallende Relais der Alarm ausgelöst.

Alarmauslöser sind:
Spanndrähte,
Reißdrähte,
Türkontakte,
Erschütterungsschalter
usw.

Noch vorhandener Nachteil dieser Schaltung:
Ein ausgelöster Alarm verschwindet sobald die alarmauslösende Unterbrechungsstelle wieder geschlossen wird.

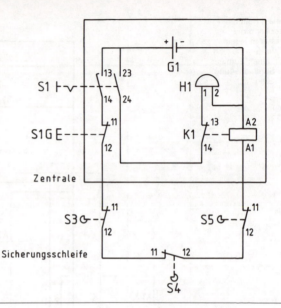

4 Signal- und Fernsprechanlagen
4.4.2 Ruhestromschaltungen mit Daueralarm

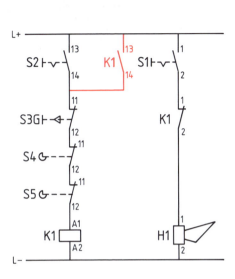

Nach Betätigung von S2 zieht das Relais an und hält sich über seinen Schließer selber. Erst jetzt darf S1 eingeschaltet werden.

Unterbricht ein Alarmkontakt den Relaiskreis, so kann der ausgelöste Alarm durch erneutes Schließen des Alarmkontaktes nicht mehr abgestellt werden.

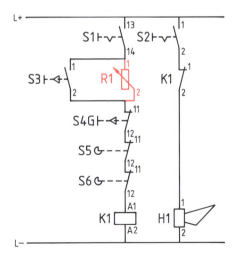

Der Widerstand R1 wird so eingestellt, daß bei geschlossenem Hauptschalter S1 das Relais nicht anzieht. Das Relais bleibt jedoch angezogen, wenn es durch Betätigung von S3 eingeschaltet wurde.

Ein ausgelöster Alarm kann durch Schließen des Alarmkontaktes nicht mehr abgestellt werden.

Noch vorhandene Nachteile dieser beiden Schaltungen:

Eine Überbrückung der Sicherheitsschleife setzt bei beiden Schaltungen ihre Funktion außer Betrieb.

4 Signal- und Fernsprechanlagen
4.5.1 Elektronische Raumschutzanlage

Aufbau

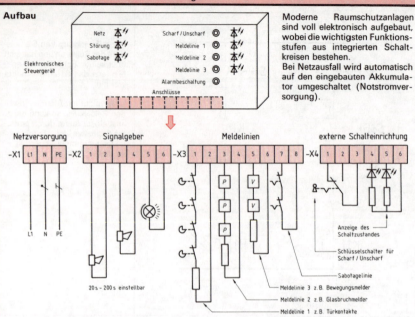

Moderne Raumschutzanlagen sind voll elektronisch aufgebaut, wobei die wichtigsten Funktionsstufen aus integrierten Schaltkreisen bestehen.
Bei Netzausfall wird automatisch auf den eingebauten Akkumulator umgeschaltet (Notstromversorgung).

Netzzustand, Störung oder Sabotage werden von je einer Leuchtdiode gemeldet.
Für das Ein- und Ausschalten der Meldelinien sowie das Scharf- und Unscharfschalten der Anlage dienen Tastschalter. Der jeweilige Schaltzustand wird durch Leuchtdioden angezeigt. Für die Meldelinien bedeutet Blinklicht „ausgeschaltet" und Konstantlicht „ausgelöster Alarm".

Ein Blockschloß in der Haustür ermöglicht das Scharf-/Unscharfschalten von außen. Zwei Leuchtdioden an der Haustür zeigen sowohl den Schaltzustand an als auch eine stattgefundene Alarmauslösung.

Prinzip

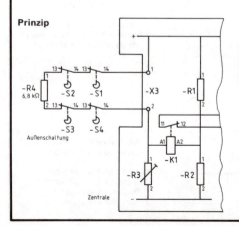

Der Signalzustand jeder Meldelinie wird von einer Differential-Brückenschaltung ausgewertet. Abgeschlossen wird jede Meldelinie mit einem Abschlußwiderstand.

Da die Differential-Brückenschaltung erst bei einer Widerstandsänderung von ca. 300 Ω anspricht, entfällt unabhängig von der räumlichen Ausdehnung der Meldelinie (ca. 3 km) ein Widerstandsabgleich.

Diese Art der Schaltung löst Alarm aus bei:
- Betätigen eines Alarmkontaktes,
- Unterbrechen der Alarmschleife,
- Kurzschließen der Alarmschleife.

4 Signal- und Fernsprechanlagen

4.5.2 Elektronische Raumschutzanlage mit RS-Flipflop

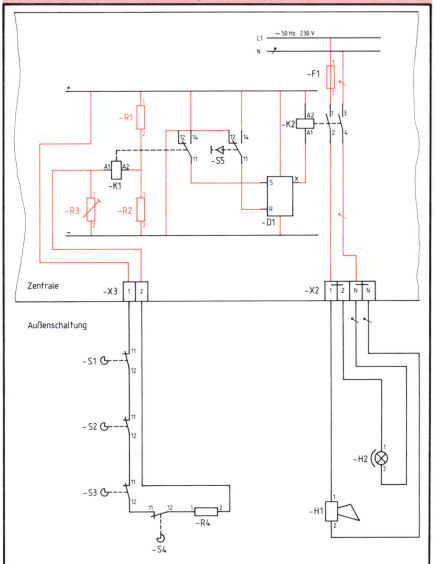

Die Differential-Brückenschaltung überwacht die Meldelinie. Sowohl bei Unterbrechung, als auch bei Überbrückung der Meldelinie spricht das Relais K1 an und das RS-Flipflop wird gesetzt.
Erst durch Betätigung von S5 wird das RS-Flipflop rückgesetzt und der Daueralarm (H1 und H2) abgeschaltet.

4 Signal- und Fernsprechanlagen
4.6.1 Mikrofon, Fernhörer, Grundschaltungen

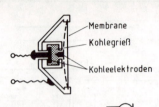

Mikrofon
Die Schwingungen der Membrane beeinflussen den Widerstand der Kohlegrießfüllung.

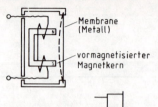

Fernhörer
Der Spulenstrom beeinflußt den Magneten, und die Membrane wird mehr oder weniger angezogen.

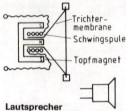

Lautsprecher
In Abhängigkeit vom Strom durch die Schwingspule wird die Trichtermembrane bewegt.

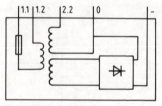

Netzgerät
Es liefert Wechselspannung für die Rufanlage und geglättete Gleichspannung für die Sprechanlage.

Direkte Schaltung
(Gegensprechanlage)

Alle Fernhörer und Mikrofone liegen in Reihe. Wegen des relativ hohen Schleifenwiderstandes ist die Reichweite gering.

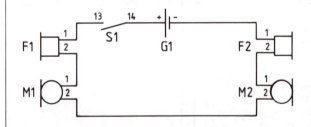

Direkte Schaltung mit drei Leitern

Durch diese Schaltung wird der Schleifenwiderstand kleiner und die Reichweite größer.

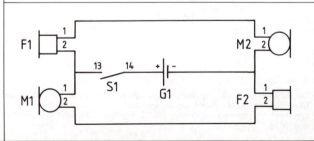

4 Signal- und Fernsprechanlagen

4.6.2 Heimfernsprechanlage für 3 Teilnehmer (direkte Schaltung)

Jede Sprechstelle kann jede andere Sprechstelle rufen.

Die Drosselspule im Netzgerät ist erforderlich, damit der Sprechwechselstrom nicht durch den geringen Innenwiderstand der Spannungsquelle kurzgeschlossen wird.

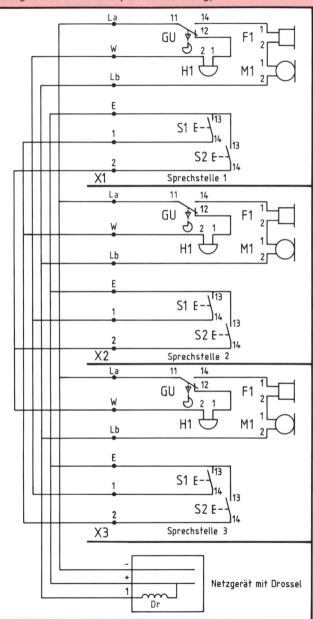

4 Signal- und Fernsprechanlagen
4.7.1 Türlautsprecheranlagen mit Verstärker

Verstärker

Ein Verstärker hat einen Spannungsanschluß + und − , einen Steuereingang a und einen Ausgang X.

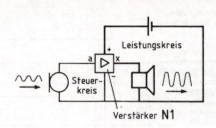

Verstärker in einer Gegensprechanlage

In dieser Schaltung wird nur der Sprechverkehr von der Hausstation zur Torstation verstärkt.

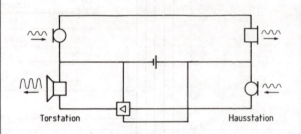

Problem Rückkopplung

Muß wegen großen Umgebungslärms die Lautstärke des Lautsprechers groß sein, dann läßt sich Rückkopplung nicht vermeiden.
Rückkopplung macht die Anlage unbrauchbar. In diesem Falle muß eine Wechselsprechanlage installiert werden.

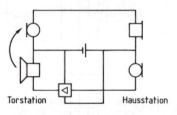

Wechselsprechanlage

Die Lautsprecher werden auch als Mikrofon verwendet. Der Verstärker muß für die jeweilige Sprechrichtung umgeschaltet werden.

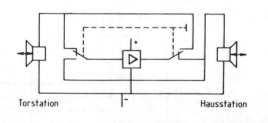

4 Signal- und Fernsprechanlagen
4.7.2 Wechselsprechanlage mit Verstärker

Das Besondere dieser Anlage ist, daß Sprechen, Hören und Türöffnen über eine einzige Leitung geführt werden.

1. Wird in der Türstation S4 betätigt, dann liegt H1 in der Hausstation an der Wechselstromwicklung des Transformators im Netzgerät.
2. Wird jetzt in der Hausstation S2 betätigt, dann schaltet im Netzgerät der elektronische Schalter N2 den Umschalter S5 um. Jetzt liegt der Lautsprecher der Hausstation im Steuerkreis des Verstärkers, der andere Lautsprecher im Leistungskreis.
3. Wird S1 betätigt, dann spricht der elektronische Schalter N2 nicht an. Der Lautsprecher der Türstation liegt im Steuerkreis des Verstärkers und der Lautsprecher der Hausstation im Leistungskreis.
4. Wird S3 betätigt, dann spricht der elektronische Schalter N3 an. Jetzt liegt der Türöffner im Wechselstromkreis.

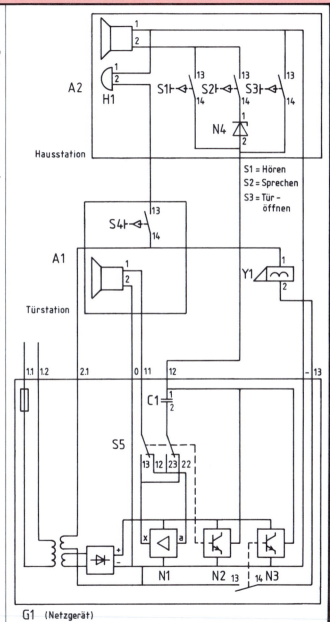

S1 = Hören
S2 = Sprechen
S3 = Türöffnen

4 Signal- und Fernsprechanlagen
4.8.1 Gebäudesystemtechnik, Prinzip und Telegramm

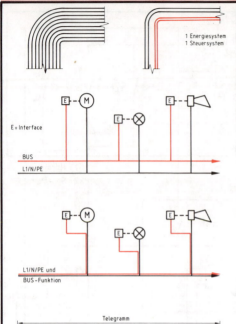

E = Interface

BUS
L1/N/PE

L1/N/PE und
BUS-Funktion

Das Prinzip

Bei der Haussystemtechnik werden Schaltbefehle und Informationen über ein zweiadriges Bussystem übertragen. Diese Technik benötigt gegenüber den bisher üblichen Insellösungen nicht mehr die sonst hohe Zahl von Steuer- und Datenleitungen. Mit entsprechenden Programmen sind erhebliche Energieeinsparungen möglich.

Bei Neuanlagen wird ein gesonderter zweiadriger Installationsbus „i-Bus" verlegt, über den alle angeschlossenen Komponenten miteinander kommunizieren können.

Bei der „Netzbustechnik" wird das vorhandene Installationsnetz gleichzeitig als Bus-Netz genutzt.

Die Übertragung

Der Befehls- und Datenverkehr erfolgt mit „Telegrammen", die außer der Nachricht eine eindeutige Adresse haben müssen, mit der die einzelnen Komponenten selektiv angesprochen werden können. Nur der auf die jeweilige Adresse codierte Empfänger übernimmt die Nachricht und wertet sie aus.

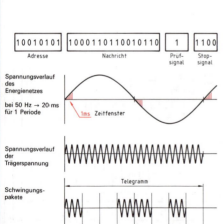

Beim Installationsbus erfolgt die Übertragung mittels digitalisierter Telegramme. Diese werden mit einer Rate von 4,8 kbit/s seriell übertragen. Mit 8 Bit-Adressen können bereits 256 Teilnehmer codiert werden.

Bei der Netzbustechnik wird mit Impuls-Telegrammen gearbeitet, die mit einer Trägerfrequenz von 120 kHz der Netzspannung überlagert werden.

Um Störeinflüsse zu unterdrücken, erfolgt die Signalübertragung jeweils unmittelbar nach einem Nulldurchgang in einem Zeitfenster von 1 ms.

Die Trägerspannung wird so getaktet, daß für die logische 1 die Trägerspannung auf das Netz geschaltet, für die logische 0 dagegen unterdrückt wird.

4 Signal- und Fernsprechanlagen
4.8.2 Gebäudesystemtechnik, Busorganisation

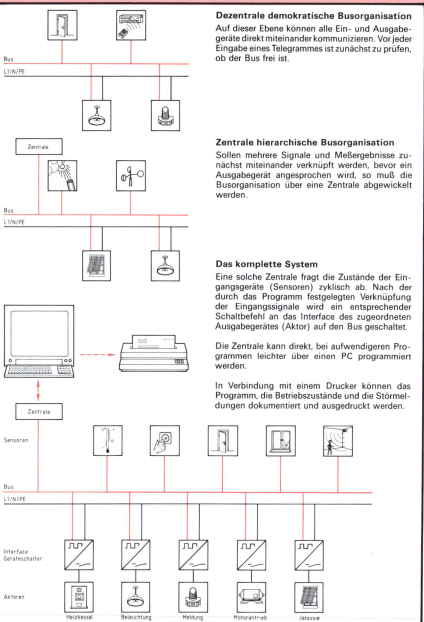

Dezentrale demokratische Busorganisation

Auf dieser Ebene können alle Ein- und Ausgabegeräte direkt miteinander kommunizieren. Vor jeder Eingabe eines Telegrammes ist zunächst zu prüfen, ob der Bus frei ist.

Zentrale hierarchische Busorganisation

Sollen mehrere Signale und Meßergebnisse zunächst miteinander verknüpft werden, bevor ein Ausgabegerät angesprochen wird, so muß die Busorganisation über eine Zentrale abgewickelt werden.

Das komplette System

Eine solche Zentrale fragt die Zustände der Eingangsgeräte (Sensoren) zyklisch ab. Nach der durch das Programm festgelegten Verknüpfung der Eingangssignale wird ein entsprechender Schaltbefehl an das Interface des zugeordneten Ausgabegerätes (Aktor) auf den Bus geschaltet.

Die Zentrale kann direkt, bei aufwendigeren Programmen leichter über einen PC programmiert werden.

In Verbindung mit einem Drucker können das Programm, die Betriebszustände und die Störmeldungen dokumentiert und ausgedruckt werden.

5 Transformatoren
5.1.1 Aufbau und Wirkungsweise

Transformator mit getrennten Wicklungen

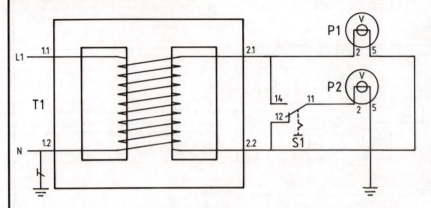

Wird die Primärwicklung des Transformators durch Wechselstrom erregt, so wird in der Sekundärwicklung eine Spannung induziert: $U_2 = U_1 \cdot N_2/N_1$. Das Meßgerät P1 zeigt die induzierte Spannung an.

Die beiden Wicklungen sind elektrisch getrennt. Deshalb zeigt das Meßgerät P2 in beiden Stellungen des Schalters S1 null Volt Spannung gegen Erde.

Transformator mit verbundenen Wicklungen

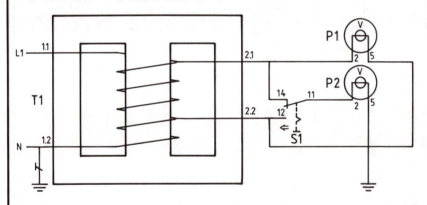

Beim sogenannten Spartransformator sind Primärwicklung und Sekundärwicklung elektrisch miteinander verbunden. Dadurch führt bei primärseitig geerdetem Netz auch die Sekundärwicklung gegen Erde Spannung. Meßgerät P1 zeigt die Sekundärspannung an. Meßgerät P2 zeigt in der dargestellten Schalterstellung für S1 die volle Spannung gegen Erde an. Wird S1 umgeschaltet, so zeigt P2 die Differenzspannung zwischen Netzspannung und Sekundärspannung an.

5 Transformatoren
5.1.2 Darstellungsarten nach DIN 40900 Teil 6

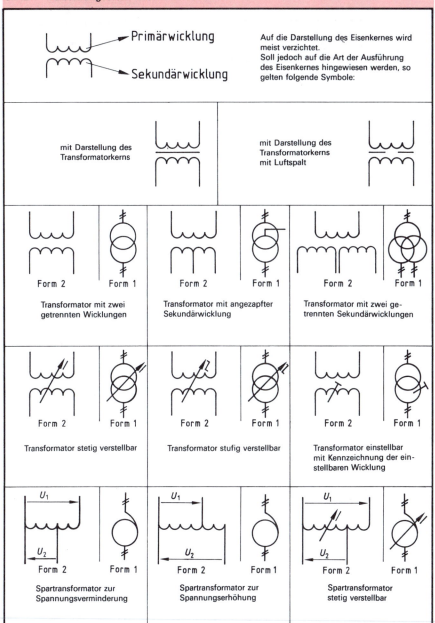

5 Transformatoren

5.2.1 Einphasentransformatoren

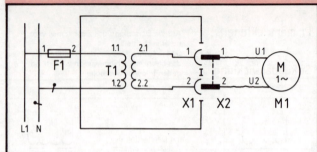

Trenntransformator

Kennzeichen: $\frac{\circ}{\circ}$

Sie haben meist ein Übersetzungsverhältnis von 1:1. An einen Trenntransformator darf nur *ein* Verbraucher mit höchstens 16 A angeschlossen werden.

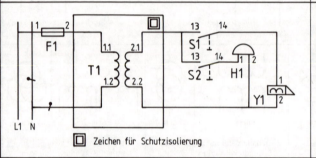

▫ Zeichen für Schutzisolierung

Klingeltransformator

Er wird meist in Signalanlagen verwendet, die mit Kleinspannung arbeiten. Der Eisenkern wird so ausgelegt, daß der Transformator kurzschlußfest ist.

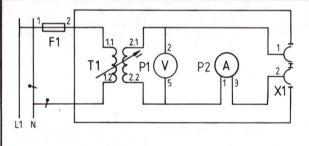

Experimentiertransformator

Experimentiertransformatoren sind meist Ringkerntransformatoren. Die einlagige Sekundärwicklung wird über einen Schleifkontakt feinstufig abgegriffen.

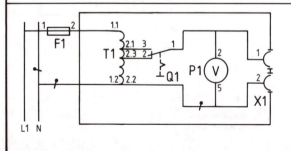

Spartransformator

Die Durchgangsleistung ist wesentlich größer als die Bauleistung. Deshalb werden Spartransformatoren oft zur Anpassung bei stark schwankender Netzspannung verwendet.

5 Transformatoren
5.2.2 Stellbare Transformatoren

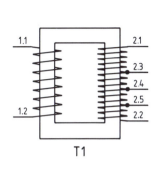

Transformator mit Anzapfungen

Werden die Anzapfungen der Sekundärwicklung an einen Mehrstellenschalter geführt, so läßt sich die Sekundärspannung grobstufig stellen.

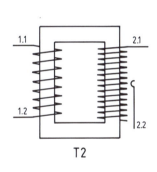

Transformator mit abgreifbaren Windungen

Mit einer Kontaktrolle, welche die blanke Oberfläche der Sekundärwicklung abgreift, ist eine feinstufige Stellung der Sekundärspannung möglich.

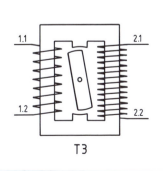

Transformator mit veränderlichem Streufluß

Das Streujoch nimmt einen Teil (je nach Stellung) des magnetischen Flusses auf. Damit kann die Induktionsspannung der Sekundärspule durch Drehen des Streujoches stufenlos verändert werden.

5 Transformatoren

5.3.1 Mehrphasentransformatoren, Schaltgruppen

Kennzahl	Schaltgruppe	Schaltungsbild Oberspannung	Schaltungsbild Unterspannung	Zeigerbild Oberspannung	Zeigerbild Unterspannung	Übersetz. $U_1 : U_2$	alte Bezeichn.
0	Dd0	1U 1V 1W	2U 2V 2W	△ 1U-1V-1W	△ 2U-2V-2W	$\dfrac{W_1}{W_2}$	A_1
0	Yy0	1U 1V 1W	2U 2V 2W	Y 1U-1V-1W	Y 2U-2V-2W	$\dfrac{W_1}{W_2}$	A_2
0	Dz0	1U 1V 1W	2U 2V 2W	△ 1U-1V-1W	2U-2V-2W	$\dfrac{2W_1}{3W_2}$	A_3
5	Dy5	1U 1V 1W	2U 2V 2W	△ 1U-1V-1W	2W-2U / 2V	$\dfrac{W_1}{\sqrt{3}W_2}$	C_1
5	Yd5	1U 1V 1W	2U 2V 2W	Y 1U-1V-1W	△ 2W-2U-2V	$\dfrac{\sqrt{3}W_1}{W_2}$	C_2
5	Yz5	1U 1V 1W	2U 2V 2W /2U /2V /2W	Y 1U-1V-1W	2W-2U / 2V	$\dfrac{2W_1}{\sqrt{3}W_2}$	C_3
6	Dd6	1U 1V 1W	2U 2V 2W	△ 1U-1V-1W	△ 2W-2U / 2V	$\dfrac{W_1}{W_2}$	B_1
6	Yy6	1U 1V 1W	2U 2V 2W	Y 1U-1V-1W	2W-2U / 2V	$\dfrac{W_1}{W_2}$	B_2
6	Dz6	1U 1U 1W	2U 2V 2W /2U /2V /2W	△ 1U-1V-1W	2W-2U / 2V	$\dfrac{2W_1}{3W_2}$	B_3
11	Dy11	1U 1V 1W	2U 2V 2W	△ 1U-1V-1W	2V-2W / 2U	$\dfrac{W_1}{\sqrt{3}W_2}$	D_1
11	Yd11	1U 1V 1W	2U 2V 2W	Y 1U-1V-1W	△ 2V-2W-2U	$\dfrac{\sqrt{3}W_1}{W_2}$	D_2
11	Yz11	1U 1V 1W	2U 2V 2W	Y 1U-1V-1W	2V-2W / 2U	$\dfrac{2W_1}{\sqrt{3}W_2}$	D_3

5 Transformatoren

5.3.2 Mehrphasentransformatoren, bevorzugte Schaltungen

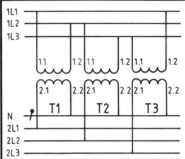

Die **Kennzeichnung** der verschiedenen Transformatorschaltungen erfolgt durch mindestens zwei Buchstaben und eine Kennzahl.

Verkettung	Oberspannungs-seite	Unterspannungs-seite
Dreieck	D	d
Stern	Y	y
Zickzack	–	z
ausgeführter Sternpunkt	–	n

Die Kennzahl mit 30° multipliziert ergibt den Verschiebungswinkel zwischen Ober- und Unterspannung.

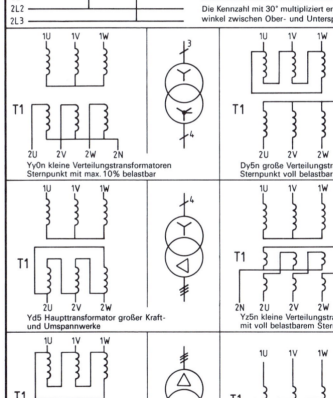

Yy0n kleine Verteilungstransformatoren
Sternpunkt mit max. 10% belastbar

Dy5n große Verteilungstransformatoren
Sternpunkt voll belastbar.

Yd5 Haupttransformator großer Kraft- und Umspannwerke

Yz5n kleine Verteilungstransformatoren mit voll belastbarem Sternpunkt

Dyyn Transformator für Gleichrichteranlagen

Drehstrom-Spartransformator

5 Transformatoren

5.4.1 Transformatorstation, 6 kV/400 V

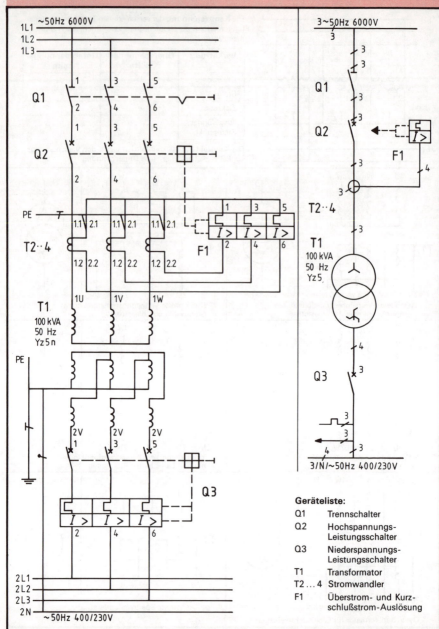

Geräteliste:

Q1	Trennschalter
Q2	Hochspannungs-Leistungsschalter
Q3	Niederspannungs-Leistungsschalter
T1	Transformator
T2…4	Stromwandler
F1	Überstrom- und Kurzschlußstrom-Auslösung

5 Transformatoren
5.4.2 Parallelbetrieb

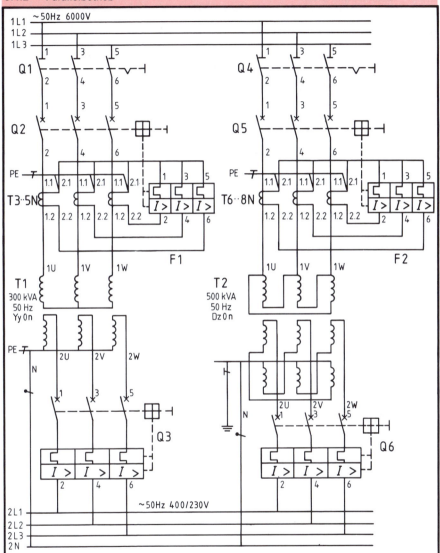

Bedingungen für den Parallelbetrieb

- Die Kennzahl der Schaltgruppe muß für alle Transformatoren die gleiche sein!
- Primärspannung und Sekundärspannung müssen gleich sein!
- Das Verhältnis der Nennleistungen soll nicht größer als 1 : 3 sein!
- Die Kurzschlußspannungen dürfen um höchstens 10% voneinander abweichen!

5 Transformatoren
5.5.1 Spannungswandler

Spannungsmessungen an Hochspannung sind nur über Spannungswandler (Meßtransformatoren) möglich.

Schaltzeichen

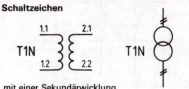

mit einer Sekundärwicklung

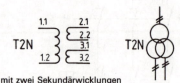

mit zwei Sekundärwicklungen

Spannungswandleranschluß

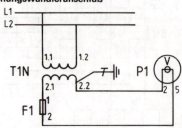

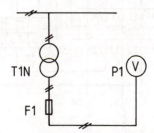

Spannungswandler sind auf der Primärseite und auf der Sekundärseite abzusichern und auf der Sekundärseite an der „Klemme" 2.2 zu erden. Die genormte Sekundärspannung beträgt 100 V.

Spannungswandler in Drehstromnetzen

Sternschaltung

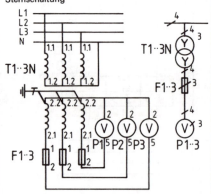

Im Vierleiternetz werden drei Spannungswandler zu einem Dreiphasentransformator Yy6 geschaltet.

V-Schaltung

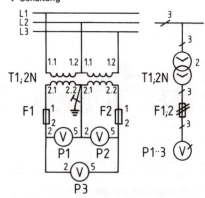

Im Dreileiternetz wird bei dieser Schaltung ein Spannungswandler eingespart. Trotzdem sind alle drei Leiterspannungen meßbar.

5 Transformatoren
5.5.2 Stromwandler

Strommessungen in Hochspannungsanlagen können nur über Stromwandler (Meßtransformatoren) erfolgen. In Niederspannungsnetzen werden Stromwandler bei größeren Strömen eingesetzt.

Schaltzeichen

mit einer Sekundärwicklung | mit zwei Sekundärwicklungen

Stromwandleranschluß

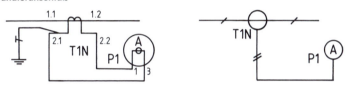

Stromwandler müssen auf der Sekundärseite am Anschluß 2.1 geerdet werden. Eine Absicherung ist weder auf der Primärseite noch auf der Sekundärseite zulässig. Der genormte sekundäre Grenzstrom beträgt 5 A.

Stromwandler in Drehstromnetzen

Beispiel: Auslöseeinrichtung für einen Leistungsschalter

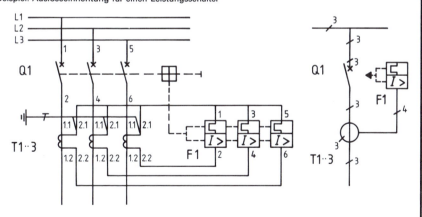

Q1 Leistungsschalter
T1 ... 3 Stromwandler
F1 Auslöseeinrichtung

Die drei Stromwandler wirken auf die drei Auslöseeinrichtungen

6 Gleichrichter

6.1.1 Einphasengleichrichter, Betriebszustände

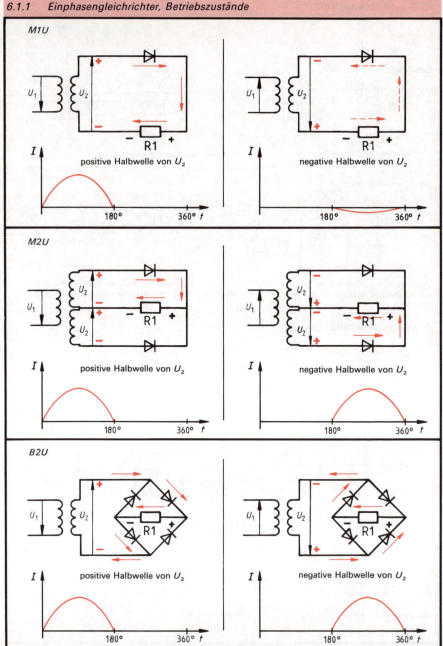

6 Gleichrichter
6.1.2 Einphasengleichrichter

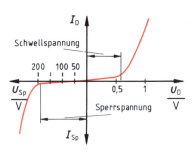

Gleichrichterkennlinie

Symbol für Halbleitergleichrichter

Einphasengleichrichter-Schaltungen

M1U Einpuls-Mittelpunktschaltung, ungesteuert

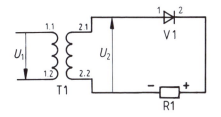
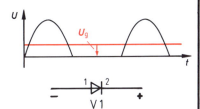

M2U Zweipuls-Mittelpunktschaltung, ungesteuert

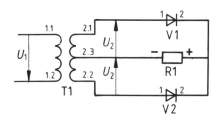
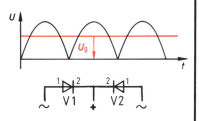

B2U Zweipuls-Brückenschaltung, ungesteuert

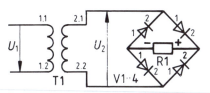
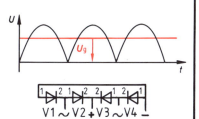

6 Gleichrichter
6.2.1 Siebglieder

1. Die Wirkung des Kondensators auf die Glättung

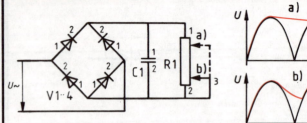

Die Glättungswirkung des Kondensators sinkt mit der Belastung

2. Die Wirkung der Drosselspule auf die Glättung

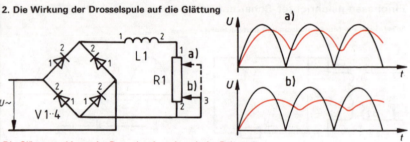

Die Glättungswirkung der Drosselspule steigt mit der Belastung

3. Die Wirkung von Kondensator und Drosselspule auf die Glättung

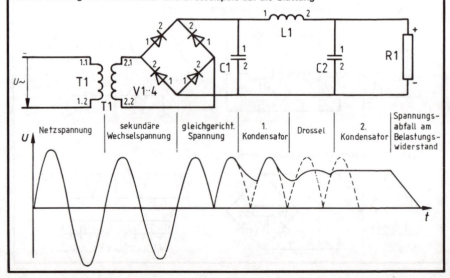

6 Gleichrichter
6.2.2 Spannungsvervielfachung

Villard-Schaltung

a) Spannungsverdopplung (einstufige Schaltung)

Die positive Halbwelle des Wechselstromes lädt über den Gleichrichter V1 den Kondensator C1 auf. Die negative Halbwelle liegt dann mit der Kondensatorspannung C1 in Reihe und lädt über den Gleichrichter V2 den Kondensator C2 auf die doppelte Spannungshöhe auf, die dann auch an dem parallel liegenden Belastungswiderstand auftritt.

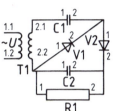
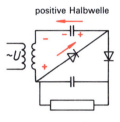
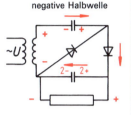

Die Ausgangsspannung ist doppelt so hoch wie der Scheitelwert der Wechselspannung!

b) Spannungsvervielfachung (mehrstufige Schaltung)

Beliebig viele einstufige Schaltungen werden hintereinander geschaltet, wobei jeder Kondensator und jeder Gleichrichter für die doppelte Wechselspannung bemessen sein muß.

Schaltung für drei Stufen

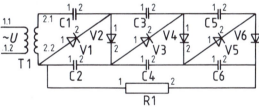

positive Halbwelle

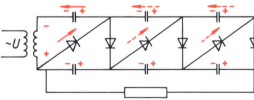

negative Halbwelle

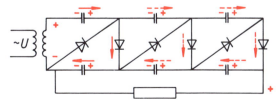

Die Ausgangsspannung erreicht den *n*-fachen Wert der Stufenspannung von 200% des Scheitelwertes der Wechselspannung!

6 Gleichrichter
6.3.1 Mehrphasengleichrichter

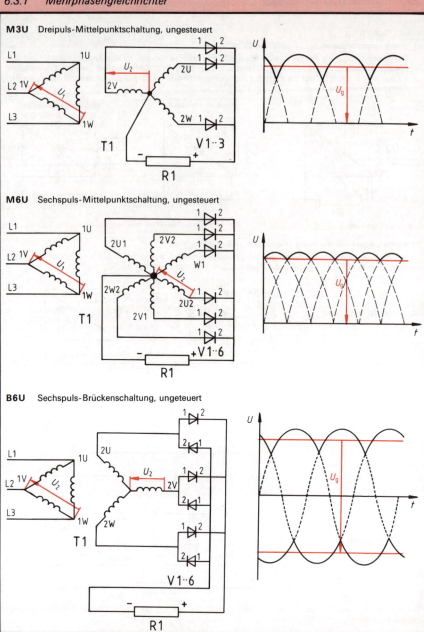

M3U Dreipuls-Mittelpunktschaltung, ungesteuert

M6U Sechspuls-Mittelpunktschaltung, ungesteuert

B6U Sechspuls-Brückenschaltung, ungeteuert

6 Gleichrichter

6.3.2 Gleichrichterschaltungen (gegenüberstellende Übersicht)

Kurzbe-zeichnung	Schaltungen	Gleichspannung U_d	Bauleistung des Trafos
M1U		$0{,}45 \cdot U_2$	$3{,}09 \cdot P_{Last}$
M2U		$0{,}9 \cdot U_2$	$1{,}34 \cdot P_{Last}$
B2U		$0{,}9 \cdot U_2$	$1{,}11 \cdot P_{Last}$
M3U		$1{,}17 \cdot U_2$	$1{,}34 \cdot P_{Last}$
M6U		$1{,}35 \cdot U_2$	$1{,}55 \cdot P_{Last}$
B6U		$2{,}34 \cdot U_2$	$1{,}05 \cdot P_{Last}$

7 Gleichstrommaschinen
7.1.1 Schaltzeichen

Symbole für den Läufer

Läufer mit Wicklung, Stromwender, Bürsten und Anschlüssen

dgl. mit Anschlußkennzeichnungen und Darstellung der Bürsten

Rechtslauf

Linkslauf

Rechts- und Linkslauf

Generator

Motor

Motor für Rechtslauf

Symbole für die Ständerwicklungen

Die Wicklungsart (z. B. Reihen- oder Nebenschluß) geht aus der Darstellung und den Klemmenbezeichnungen hervor. Die Feldwicklungen sollen stets so angeschlossen werden, daß die Stromrichtung mit der alphabetischen Reihenfolge der Klemmenbezeichnungen übereinstimmt.

Fremderregung

Nebenschluß

Reihenschluß

Symbole für die Wendepolwicklung

$B2 \frown B1$

Mögliche Schaltungen

Wendepolwicklungen, einseitig zum Anker geschaltet

Wendepolwicklung, symmetrisch zum Anker aufgeteilt

7 Gleichstrommaschinen
7.1.2 Fremderregter Generator

Die Feldwicklung wird an eine fremde – vom Generator unabhängige – Spannungsquelle angeschlossen.
Bei Rechtslauf ist A positiv, bei Linkslauf negativ.

Stromlaufplan in zusammenhängender Darstellung

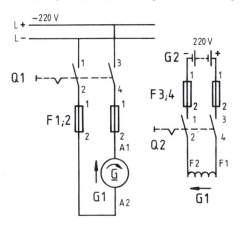

Stromlaufplan in aufgelöster Darstellung

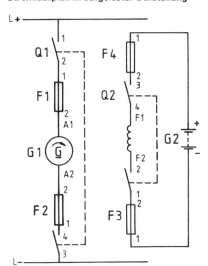

Übersichtsschaltplan

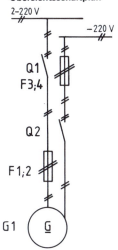

7 Gleichstrommaschinen
7.2.1 Nebenschluß- und Reihenschlußgenerator

Der Nebenschlußgenerator

Ständerwicklung und Läuferwicklung sind parallel geschaltet

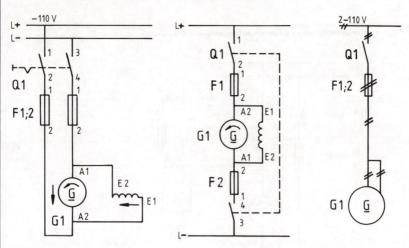

Der Reihenschlußgenerator

Ständerwicklung und Läuferwicklung sind in Reihe geschaltet

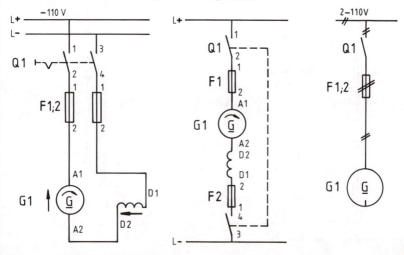

7 Gleichstrommaschinen
7.2.2 Doppelschlußgenerator

Die Maschine besitzt sowohl eine Reihenschluß- als auch eine Nebenschlußwicklung. A1 ist bei Rechtslauf positiv, bei Linkslauf negativ.

Stromlaufplan in zusammenhängender Darstellung

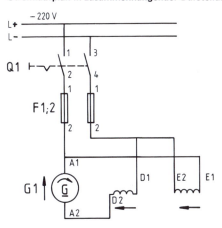

Stromlaufplan in aufgelöster Darstellung

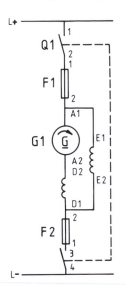

Übersichtsschaltplan

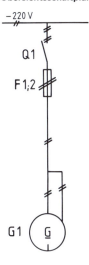

7 Gleichstrommaschinen
7.3.1 Feldsteller

Die Klemmenspannung eines Generators hängt von der Stärke des Erregerfeldes ab. Sie kann deshalb über den Erregerstrom verändert werden.

Zur Änderung des Erregerstromes dient ein stellbarer Widerstand, der Feldsteller genannt wird.

Um beim Abschalten eines Generators hohe Selbstinduktionsspannungen zu vermeiden, wird vor dem Abschalten mit Hilfe des Feldstellers die Erregerwicklung kurzgeschlossen (Anschluß: E2).

Feldsteller

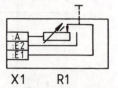

Feldsteller mit Klemmenbrett

Nebenschlußgenerator mit Feldsteller

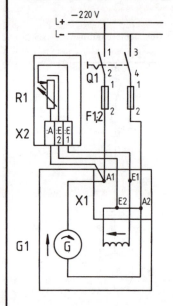
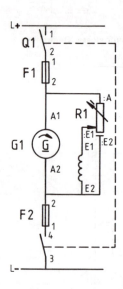
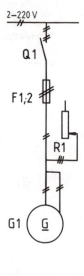

7 Gleichstrommaschinen

7.3.2 Doppelschlußgenerator mit Wendepolen und Feldsteller

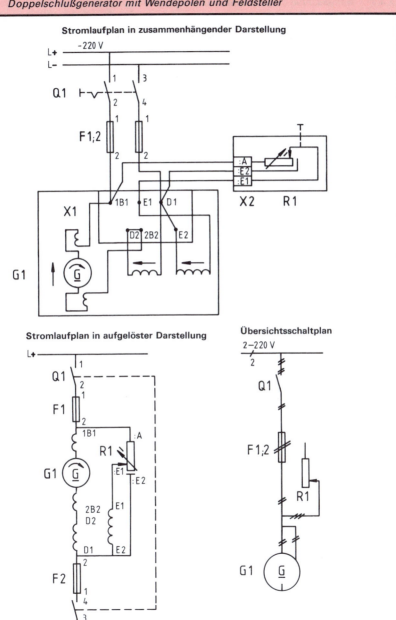

7 Gleichstrommaschinen
7.4.1 Nebenschluß- und Reihenschlußmotor

Der Anker läuft stets – auf die Spitze des Feldrichtungspfeiles bezogen – von der Plus- zur Minusbürste.

Der Nebenschlußmotor

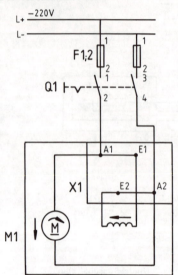
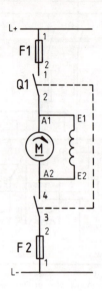
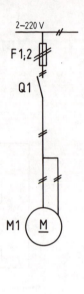

Der Reihenschlußmotor

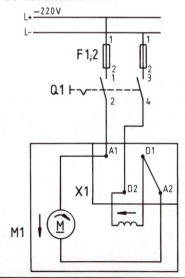
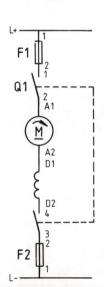

7 Gleichstrommaschinen

7.4.2 Doppelschlußmotor

Stromlaufplan in zusammenhängender Darstellung

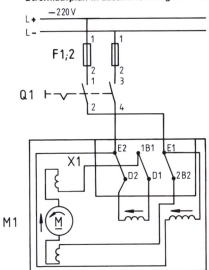

Stromlaufplan in aufgelöster Darstellung

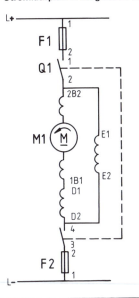

Übersichtsschaltplan

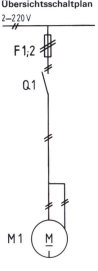

7 Gleichstrommaschinen
7.5.1 Anlasser, Stellanlasser und Feldstellanlasser

Der durch die fehlende Gegen-EMK bedingt hohe Einschaltstrom muß durch einen Anlasser begrenzt werden. Die Feldwicklung des Nebenschlußmotors darf beim Anlassen nicht beeinflußt werden. Deshalb unterscheiden sich Anlasser von Reihen- und Nebenschlußmotoren.

Reihenschlußmotor mit Anlasser

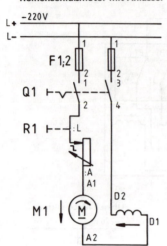

Nebenschlußmotor mit Anlasser

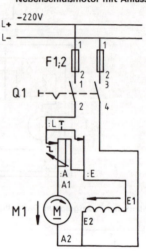

Der Stellanlasser ist so dimensioniert, daß mit ihm eine Drehzahleinstellung unterhalb der Nenndrehzahl möglich ist. Beim Nebenschlußmotor kann mit Hilfe des Feldstellanlassers die Motordrehzahl auch über die Nenndrehzahl gestellt werden.

Feldstellanlasser

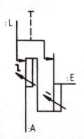

Anlasser mit Klemmenbrett

Feldstellanlasser mit Klemmenbrett

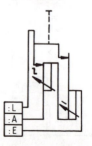

7 Gleichstrommaschinen
7.5.2 Doppelschlußmotor mit Feldstellanlasser

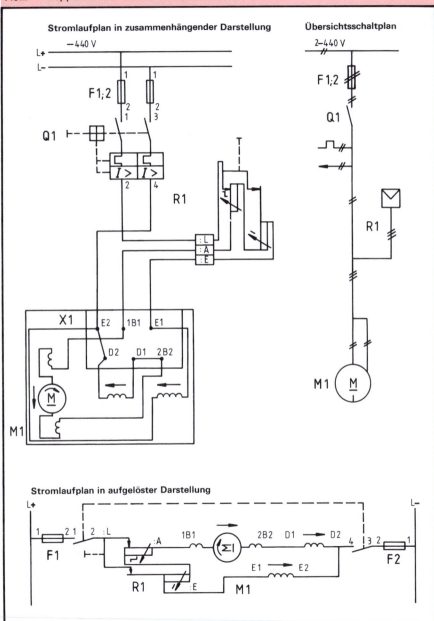

7 Gleichstrommaschinen
7.6.1 Schaltzustände der Wendeschaltungen

Nebenschlußmotor

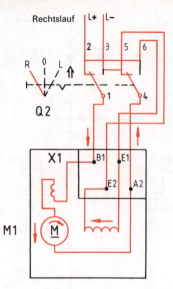
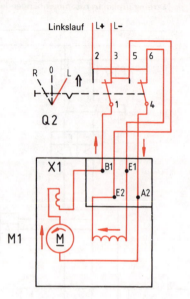

Reihenschlußmotor

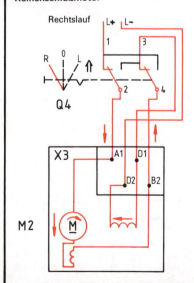
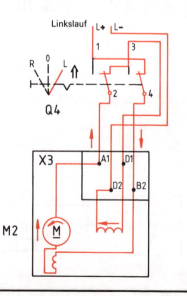

7 Gleichstrommaschinen
7.6.2 Umschalten der Drehrichtung (Wendeschaltung)

Die Umschaltung der Drehrichtung erfolgt stets durch Umpolen der Ankerwicklung. Der Anschluß der Feldwicklung bleibt hierbei unverändert.

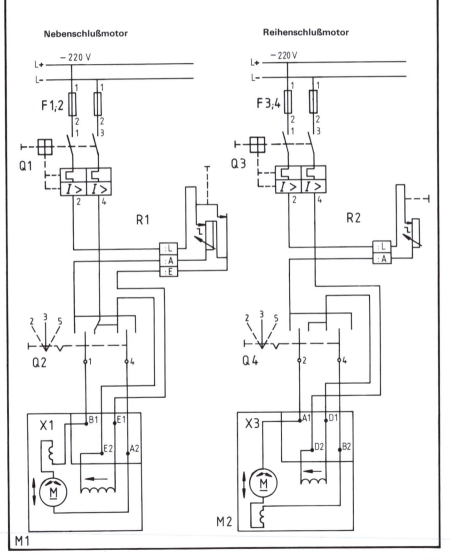

7 Gleichstrommaschinen
7.7.1 Schaltzustände der Gleichstromschützschaltung

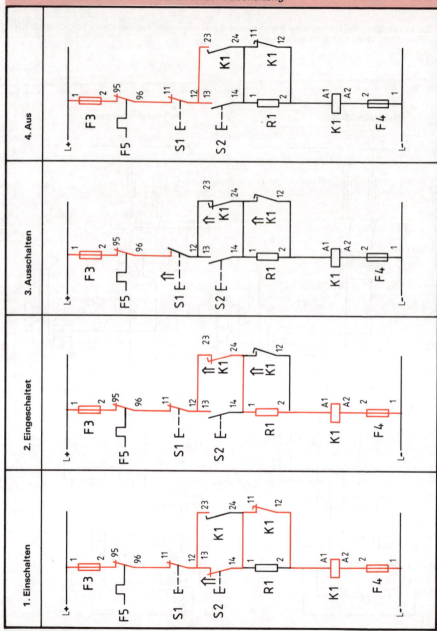

7 Gleichstrommaschinen

7.7.2 Schalten eines Gleichstrommotors mit Gleichstromschütz

Beim Einschalten liegt die Schützspule an der vollen Betriebsspannung (der Vorwiderstand im Spulenkreis ist kurzgeschlossen). Nach dem Einschalten des Schützes liegt der Vorwiderstand mit der Schützspule in Reihe.

Stromlaufplan in zusammenhängender Darstellung

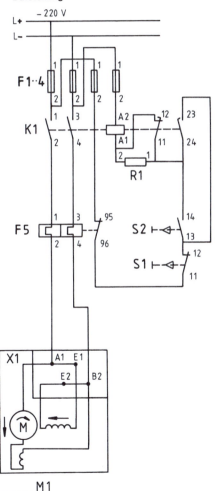

Stromlaufplan (aufgelöst) der Steuerung

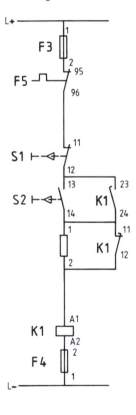

8 Dreiphasen-Wechselstrommotoren
8.1.1 Schaltzustände beim direkten Schalten

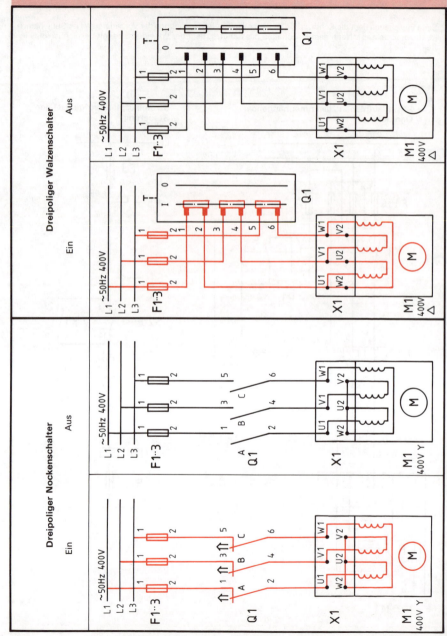

8 Dreiphasen-Wechselstrommotoren

8.1.2 Drehstrom-Käfigläufermotor

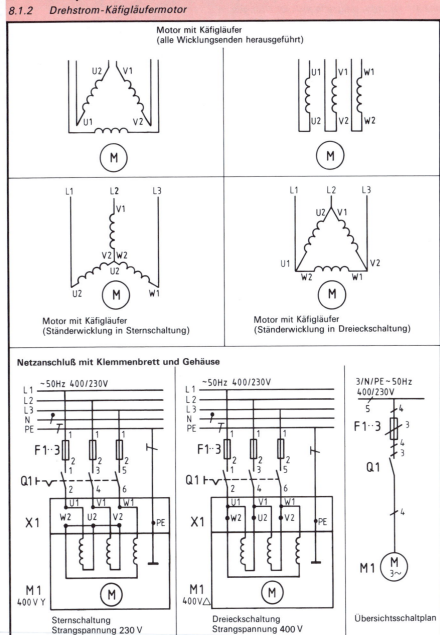

8 Dreiphasen-Wechselstrommotoren
8.2.1 Handbetätigte Wendeschaltungen

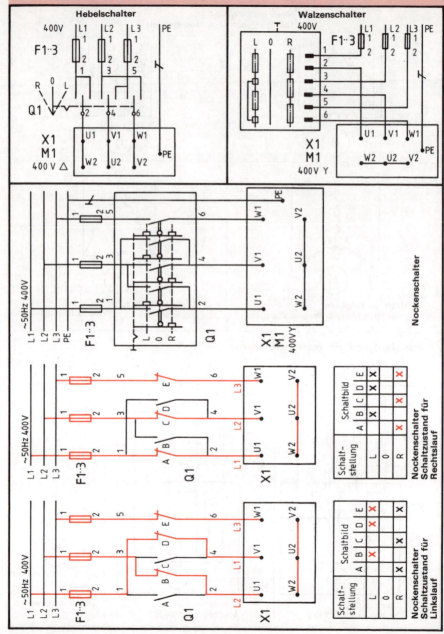

8 Dreiphasen-Wechselstrommotoren

8.2.2 Drehrichtungsumkehr eines Drehfeldes

Werden die Wicklungsklemmen *U, V, W* in der alphabetischen Reihenfolge mit L1, L2, L3 verbunden, so wandert das Drehfeld in der Abwicklung von links nach rechts (Rechtslauf).

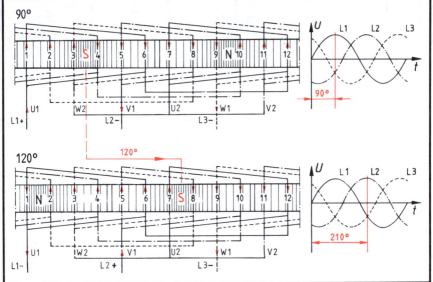

Werden gegenüber dem Rechtslaufanschluß zwei Außenleiter vertauscht, so kehrt das Drehfeld seine Drehrichtung um.

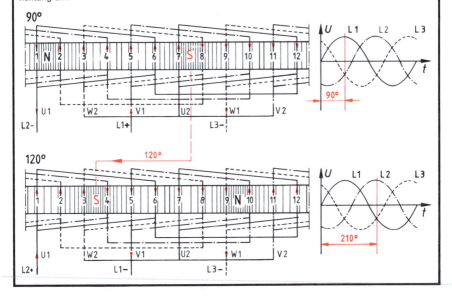

8 Dreiphasen-Wechselstrommotoren

8.3.1 Schaltzustände der Stern-Dreieck-Schaltung

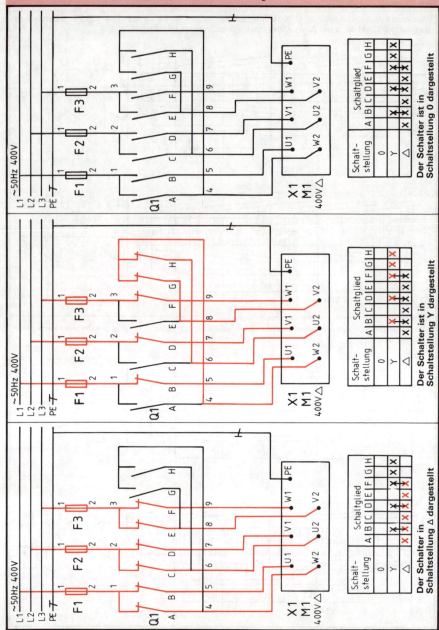

8 Dreiphasen-Wechselstrommotoren
8.3.2 Stern-Dreieck-Schaltung

In der Sternschaltung liegen je zwei Wicklungsstränge in Reihe an der Außenleiterspannung. In der Dreieckschaltung liegt jeder Wicklungsstrang an der Außenleiterspannung.

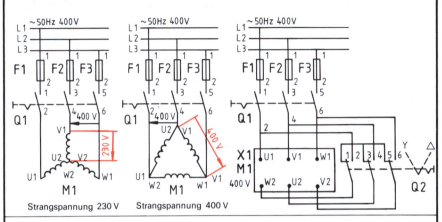

Strangspannung 230 V   Strangspannung 400 V

Netzanschluß mit Walzenschalter

Übersichtsschaltplan

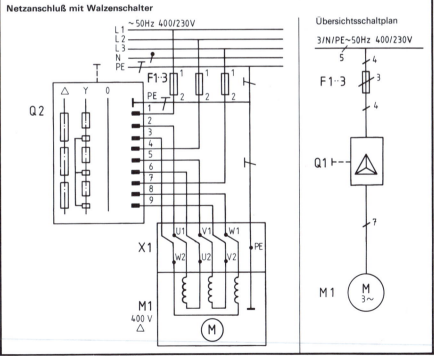

8 Dreiphasen-Wechselstrommotoren
8.4.1 Schaltzustände der Stern-Dreieck-Wendeschaltung

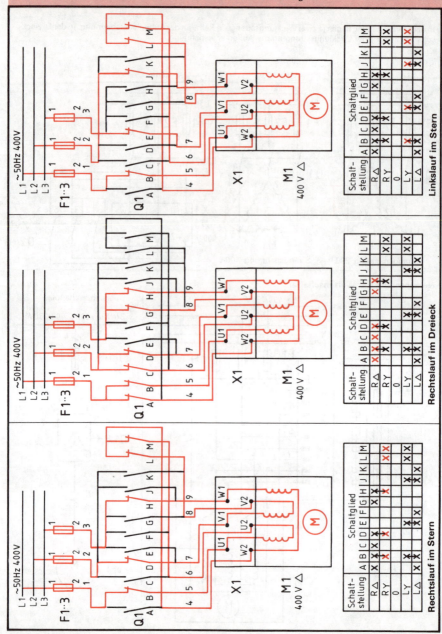

8 Dreiphasen-Wechselstrommotoren

8.4.2 Stern-Dreieck-Wendeschaltung

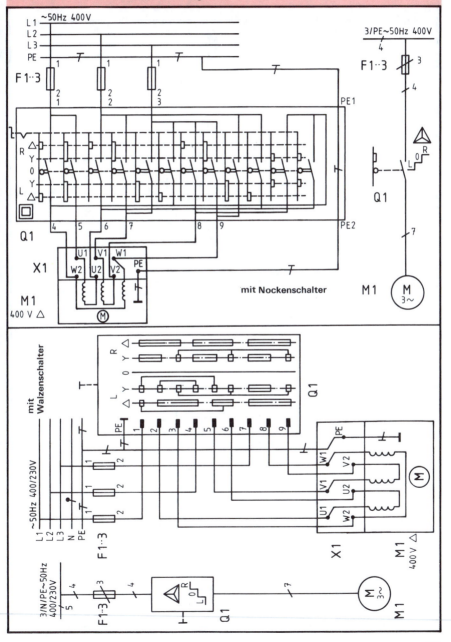

8 Dreiphasen-Wechselstrommotoren
8.5.1 Polumschaltung (getrennte Wicklungen), Wicklungsabwicklung

Drehzahlen, die nicht im Verhältnis 1:2 stehen, können nur durch getrennte Wicklungen erreicht werden.

1. Wicklung
4 Polpaare = 8 Pole

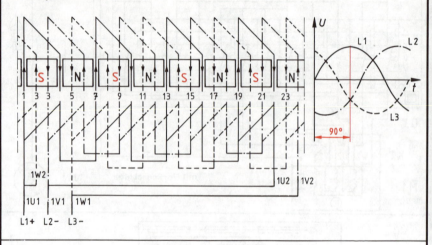

2. Wicklung
1 Polpaar = 2 Pole

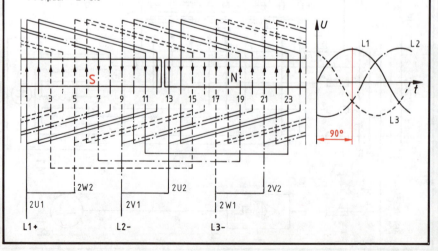

8 Dreiphasen-Wechselstrommotoren

8.5.2 Polumschaltung (getrennte Wicklungen), Netzanschluß und Schaltzustände

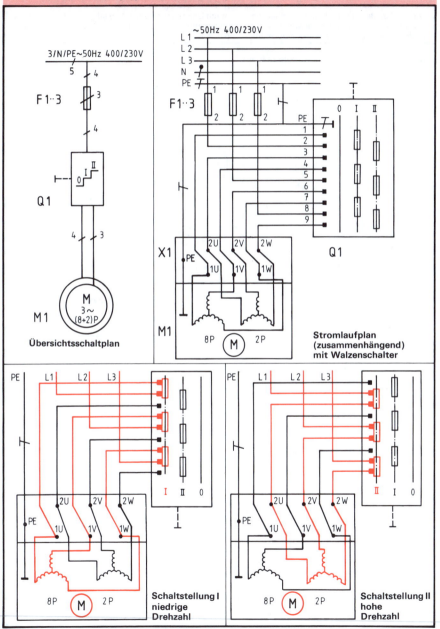

8 Dreiphasen-Wechselstrommotoren

8.6.1 Polumschaltung (Dahlander), Wicklungsabwicklung

Drehzahlen, die im Verhältnis 1:2 stehen, können durch Umschaltung einer Wicklung erreicht werden. Bei der niedrigen Drehzahl liegen zwei Spulen oder Spulengruppen eines Stranges in Reihe, bei der höheren Drehzahl liegen die Spulen oder Spulengruppen parallel.

Niedrige Drehzahl = hohe Polzahl (4 Pole)

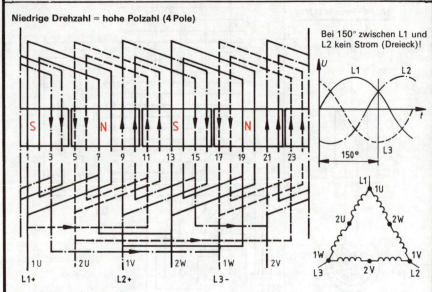

Bei 150° zwischen L1 und L2 kein Strom (Dreieck)!

Hohe Drehzahl = niedrige Polzahl (2 Pole) hier schwache Gegenpole

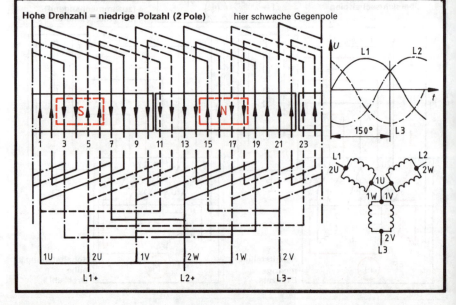

8 Dreiphasen-Wechselstrommotoren

8.6.2 Polumschaltung (Dahlander), Netzanschluß und Schaltzustände

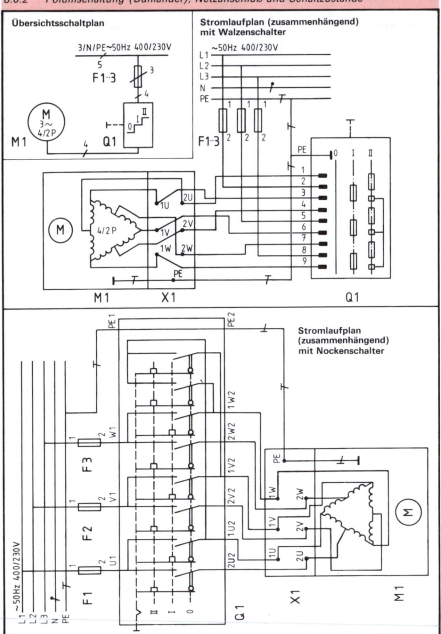

8 Dreiphasen-Wechselstrommotoren

8.7.1 Dahlander-Wendeschaltung (Schaltzustände)

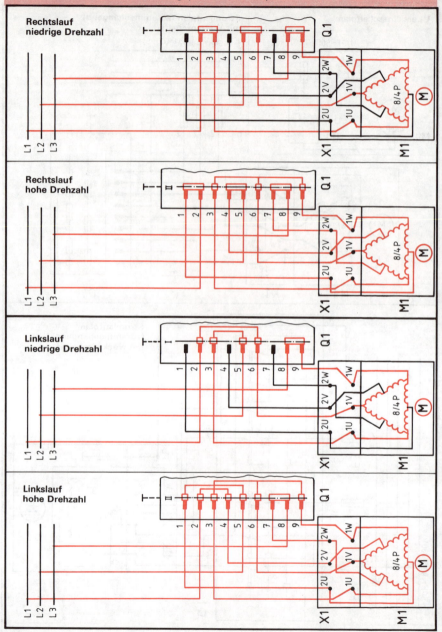

8 Dreiphasen-Wechselstrommotoren
8.7.2 Dahlander-Wendeschaltung

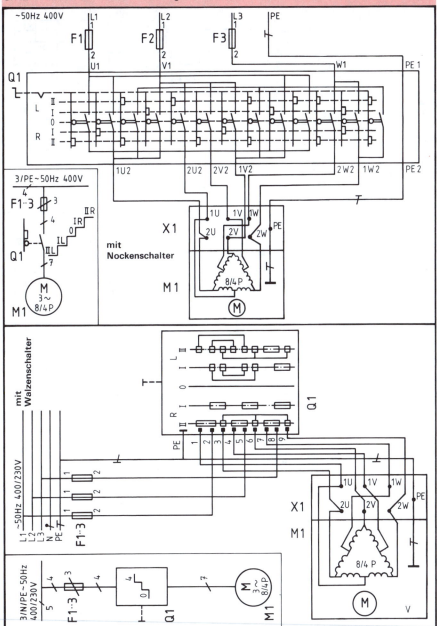

8 Dreiphasen-Wechselstrommotoren
8.8.1 Polumschaltung (3 Drehzahlen), Schaltzustände

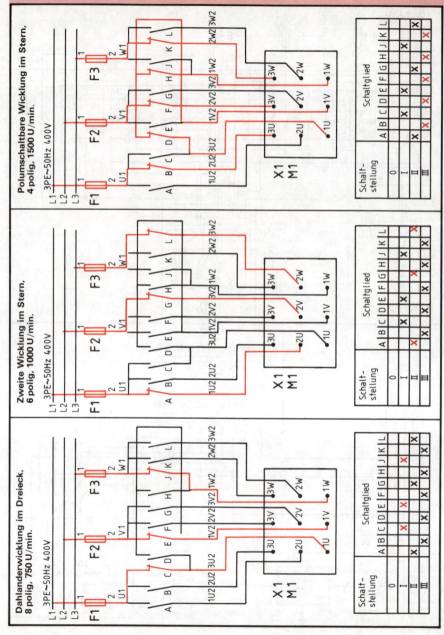

8 Dreiphasen-Wechselstrommotoren

8.8.2 Polumschaltung (3 Drehzahlen), Netzanschluß

Durch eine Kombination von Dahlanderschaltung und getrennter Wicklung kann ein Motor für die Drehzahlen ausgelegt werden.

Beispiele für handelsübliche Motoren:

Polzahl:	8/4/2	8/6/4	12/6/4	12/8/4
Drehzahl:	750/1500/3000	750/1000/1500	500/1000/1500	500/750/1500

Ist die getrennte Wicklung eingeschaltet, so muß bei gewissen Polzahlverhältnissen das „Dreieck" der Dahlanderwicklung geöffnet werden um Induktionsströme zu vermeiden.

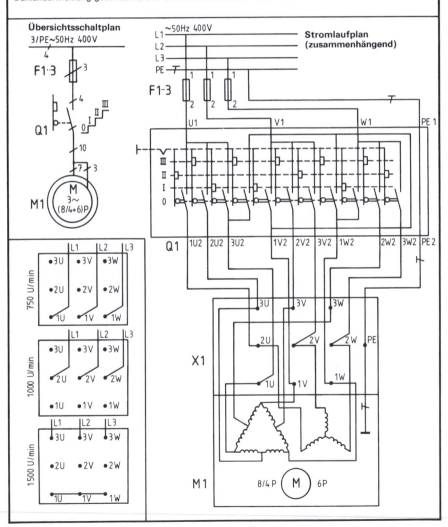

8 Dreiphasen-Wechselstrommotoren
8.9.1 Schleifringläufermotor, Grundschaltung

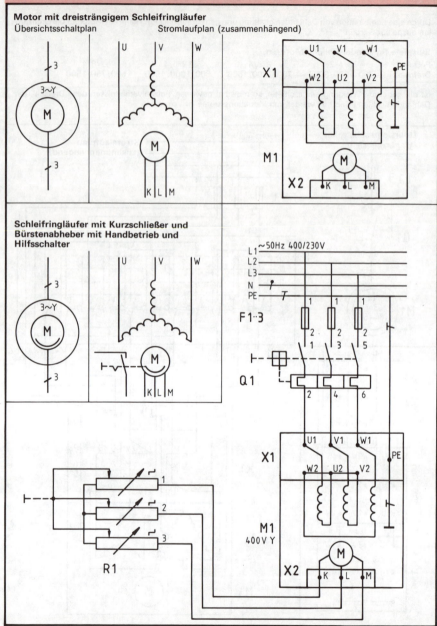

8 Dreiphasen-Wechselstrommotoren

8.9.2 Schleifringläufermotor (Schützschaltung und Walzenschalter)

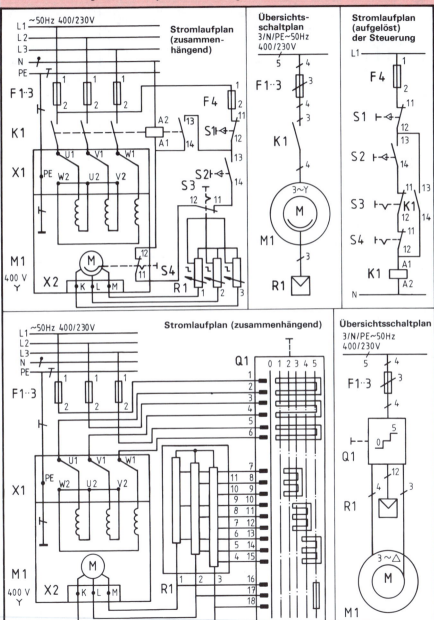

8 Dreiphasen-Wechselstrommotoren
8.10.1 Elektromechanische Bremsen (Schaltzustände)

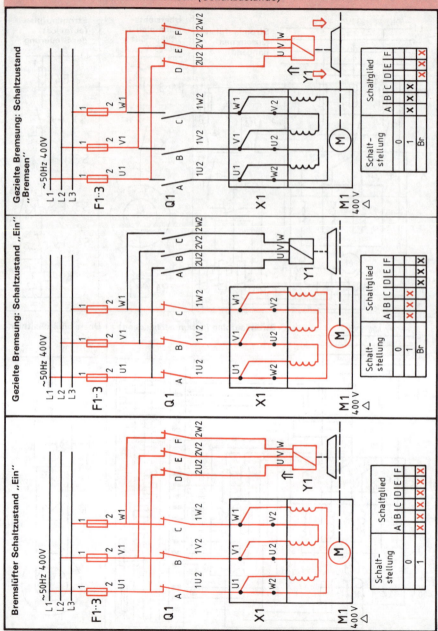

8 Dreiphasen-Wechselstrommotoren
8.10.2 Elektromechanische Bremsen

Elektromagnetisch betätigte Bremse (Prinzip)

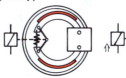

Zum Bremsen wird die Spule erregt.

Elektromagnetisch lösbare Bremse Bremslüfter (Prinzip)

Zum Betrieb wird die Spule erregt.

Schaltzeichen:

Elektromagnetisch betätigte Bremse   Elektromotorisch betätigte Bremse

Elektromagnetisch lösbare Bremse   Elektromotorisch lösbare Bremse mit Zwischenglied

Gezielte Bremsung | **Bremslüfter**

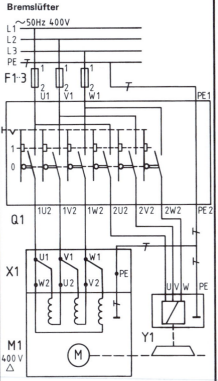

8 Dreiphasen-Wechselstrommotoren
8.11.1 Gleichstrombremsung (Schaltzustände)

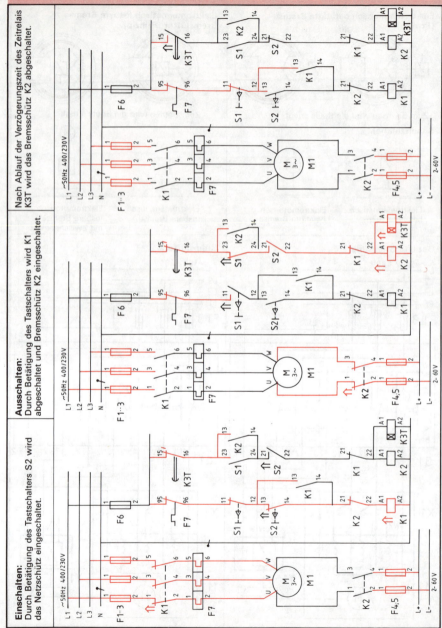

8 Dreiphasen-Wechselstrommotoren
8.11.2 Gleichstrombremsung

Beim Bremsen wird die Ständerwicklung an Gleichspannung angeschlossen. Solange der Läufer dreht, entsteht in seiner Wicklung ein bremsender Induktionsstrom. Durch die Gleichspannungshöhe läßt sich die Stärke der Bremsung beeinflussen.

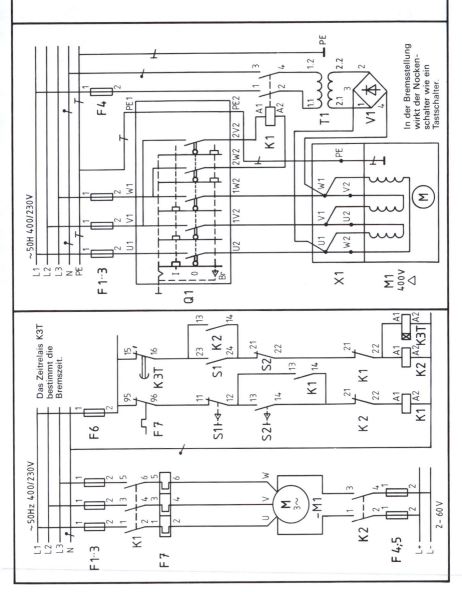

8 Dreiphasen-Wechselstrommotoren
8.12.1 Gegenstrombremsung (Schaltzustände)

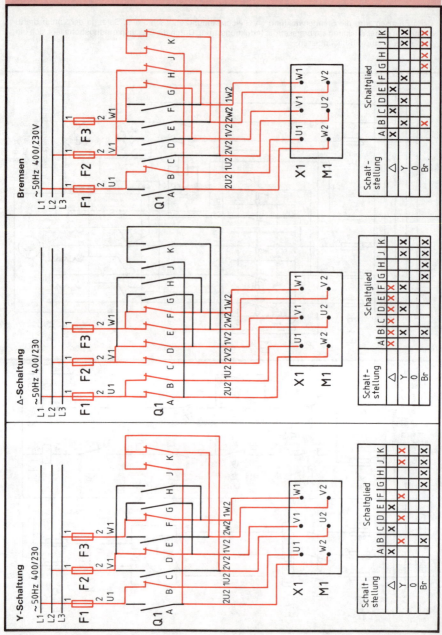

8 Dreiphasen-Wechselstrommotoren

8.12.2 Gegenstrombremsung

Wird ein Motor beim Abschalten auf die umgekehrte Drehrichtung geschaltet, so wird der Läufer sehr schnell abgebremst. Bei einer Schaltung von Hand kann der Läufer hierbei in der umgekehrten Drehrichtung erneut hochlaufen. Mit Hilfe einer Schützsteuerung läßt sich dies durch einen Bremswächter verhindern. Beim Stillstand des Läufers schaltet der Bremswächter ab.

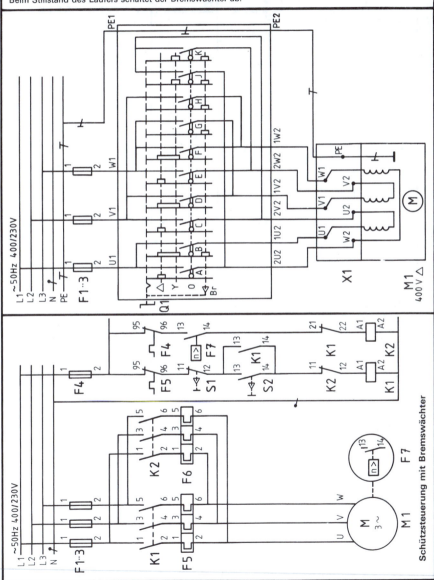

Schützsteuerung mit Bremswächter

8 Dreiphasen-Wechselstrommotoren

8.13.1 Synchronmotor als Generator

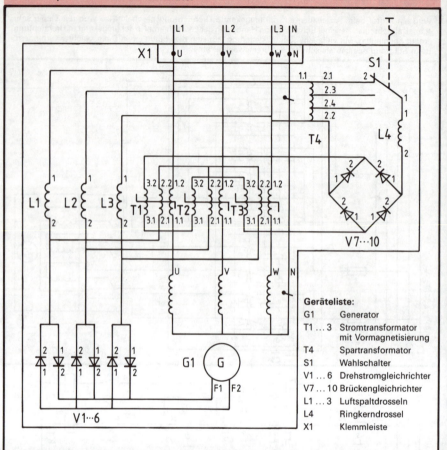

Geräteliste:

G1	Generator
T1…3	Stromtransformator mit Vormagnetisierung
T4	Spartransformator
S1	Wahlschalter
V1…6	Drehstromgleichrichter
V7…10	Brückengleichrichter
L1…3	Luftspaltdrosseln
L4	Ringkerndrossel
X1	Klemmleiste

Die Regeleinrichtung bildet mit dem Generator eine Einheit.

Durch die Remanenz des Polrades erregt sich der Generator über die Luftspaltdrosseln 1–3 selbst, wobei die Luftspaltdrosseln so dimensioniert sind, daß sich die Generatorleerlaufspannung einstellt.

Wird der Generator belastet, so liefert der Stromtransformator eine zusätzliche belastungsabhängige Erregung, wodurch die Generatorspannung stabilisiert wird.

Durch die Ringkerndrossel L4, deren Magnetisierungsstrom sich mit der Generatorspannung sehr stark ändert, werden die Stromtransformatoren T1…3 über die Gleichrichter 7–10 derart vormagnetisiert, daß eine zusätzliche spannungsabhängige Erregung wirksam wird.

Bei dieser Schaltung bleibt die Generatorspannung über den gesamten Belastungsbereich in einer Toleranz von ±1,5%.

Der Wahlschalter S1 ermöglicht eine feinstufige Sollwerteinstellung der Generatorspannung bis ±10%.

8 Dreiphasen-Wechselstrommotoren
8.13.2 Asynchronmotor als Generator

Jeder Drehstrom-Asynchronmotor wird zum Asynchrongenerator, wenn der Läufer über seine synchrone Nenndrehzahl hinaus (übersynchron) angetrieben wird. Solche Generatoren können ohne Spannungsregelung, ohne Phasenregelung und ohne Synchronisation zum Netz direkt parallel geschaltet werden.

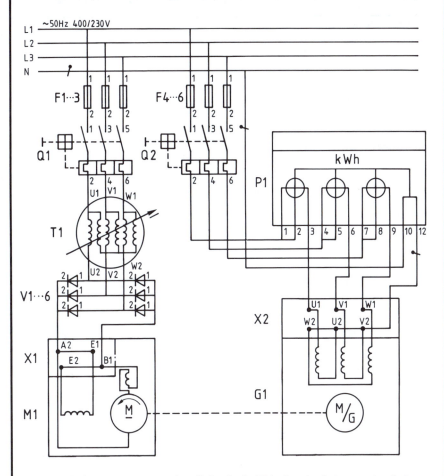

Solange der Drehstrommotor untersynchron läuft, zeigt der Zähler Energieaufnahme aus dem Drehstromnetz an. Bei synchroner Drehzahl kommt der Zähler zum Stehen. Wird die Drehstrommaschine übersynchron angetrieben, so läuft der Zähler in entgegengesetzter Richtung. Die Drehstrommaschine liefert jetzt Energie in das Drehstromnetz.

Im realen Anwendungsfall wird der Drehstrommotor/Generator z.B. von einer Turbine oder von einem Verbrennungsmotor angetrieben.

9 Einphasen-Wechselstrommotoren

9.1.1 Drehstrom-Kurzschlußläufermotor am Einphasennetz (Drehrichtungen)

Drehstrommotoren können an Einphasennetzen betrieben werden, wenn die zur Entstehung eines Drehfeldes erforderliche Phasenverschiebung der Ströme in den Strängen der Ständerwicklung erreicht wird. Üblicherweise geschieht dies durch Zuschalten eines Kondensators. In dem Strang, der mit dem Kondensator in Reihe liegt, ist der Strom voreilend. Die Drehrichtung bestimmt der Hilfsstrang mit dem Kondensator.

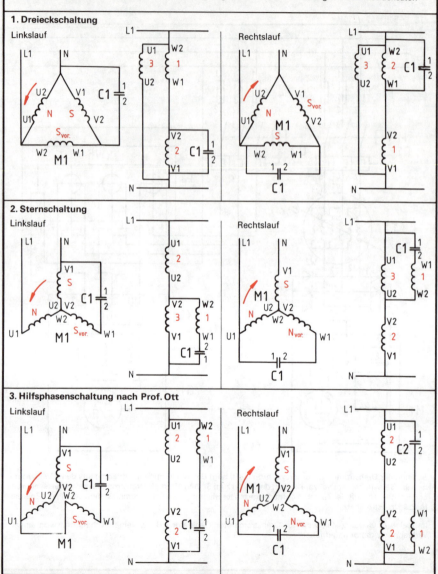

1. Dreieckschaltung
Linkslauf — Rechtslauf

2. Sternschaltung
Linkslauf — Rechtslauf

3. Hilfsphasenschaltung nach Prof. Ott
Linkslauf — Rechtslauf

9 Einphasen-Wechselstrommotoren

9.1.2 Drehstrom-Kurzschlußläufermotor am Einphasennetz (Schaltungen)

Wird je kW Motorleistung ein Betriebskondensator von 250 µF bei 110 V Netzspannung, von 70 µF bei 230 V Netzspannung, von 22 µF bei 400 V Netzspannung gewählt, so erreicht der Motor eine Nennleistung von 80% gegenüber dem Drehstromanschluß und je nach Polzahl ein Anzugsmoment von 25% bis 60%.

Linkslauf

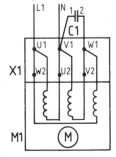
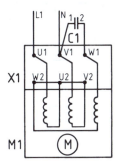
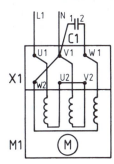

Rechtslauf

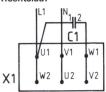
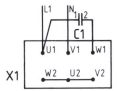
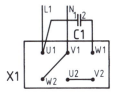

Durch einen zusätzlichen Anlaufkondensator mit der zweifachen Kapazität des Betriebskondensators kann das Anlaufmoment wesentlich erhöht werden. Dieser Kondensator muß nach dem Anlauf abgeschaltet werden, da sich der Motor sonst unzulässig hoch erwärmt.

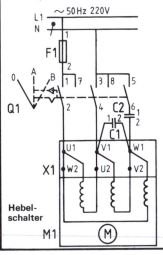
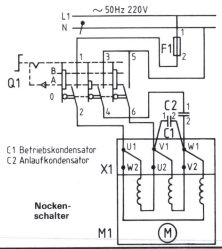

C1 Betriebskondensator
C2 Anlaufkondensator

Hebelschalter

Nockenschalter

9 Einphasen-Wechselstrommotoren

9.2.1 Motoren mit Hilfswicklung

Im Stator sind zwei räumlich gegeneinander versetzte Wicklungen angeordnet. Zur Ausbildung des Drehfeldes muß der Strom in der Hilfswicklung gegenüber dem Strom in der Hauptwicklung in der Phase verschoben sein.

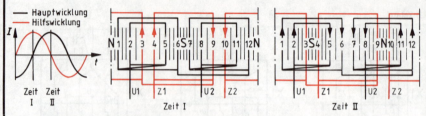

Die erforderliche Phasenverschiebung kann durch folgende Maßnahmen erreicht werden:

1. Reihenschaltung eines Kondensators mit der Hilfswicklung
2. Reihenschaltung eines Ohmschen Widerstandes mit der Hilfswicklung
3. Induktiv angekoppelte Hilfswicklung

Der Hilfsstrang kann nach dem Anlauf durch folgende Einrichtungen abgeschaltet werden:

1. Durch Fliehkraftschalter 2. Durch Stromrelais

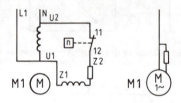

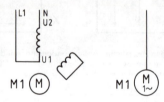

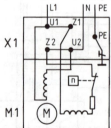

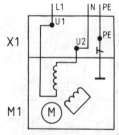

A. Motor mit Widerstandshilfswicklung. Der Ohmsche Widerstand ist Bestandteil der Hilfswicklung, da diese teilweise bifilar gewickelt ist.
Anzugsmoment für:
$p = 1$ 70% bis 100% des Nennmomentes
$p = 2$ 100% bis 160% des Nennmomentes

B. Motor mit induktiv gekoppelter Hilfswicklung, z. B. Spaltmotor.
Übliche Baugrößen von 2 W bis 250 W, relativ schlechtes Anzugsmoment, schlechter Wirkungsgrad

9 Einphasen-Wechselstrommotoren

9.2.2 Motoren mit Kondensatorhilfswicklung

Wird je kW Nennleistung ein Dauerbetriebskondensator von ca. 1,4 kvar gewählt, so wird ein Anzugsmoment von ca. 70% des Nennmomentes erreicht. Durch einen zusätzlichen Anlaufkondensator mit der zwei- bis dreifachen Scheinleistung kann ein Anzugsmoment von über 200% des Nennmomentes erreicht werden.

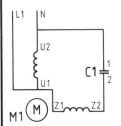

Betriebskondensator

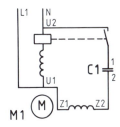

Anlaufkondensator und Stromrelais

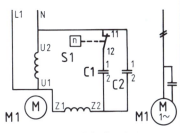

Betriebs- und Anlaufkondensator und Fliehkraftschalter

Stromlaufplan (zusammenhängend)

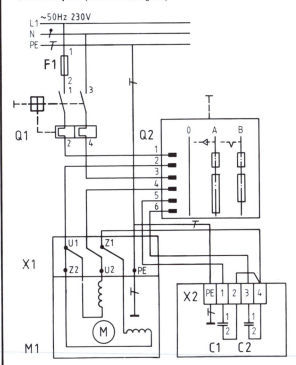

Übersichtsschaltplan

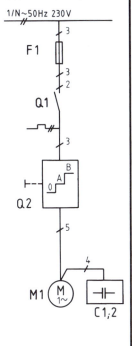

9 Einphasen-Wechselstrommotoren
9.3.1 Wendeschaltungen (Schaltzustände)

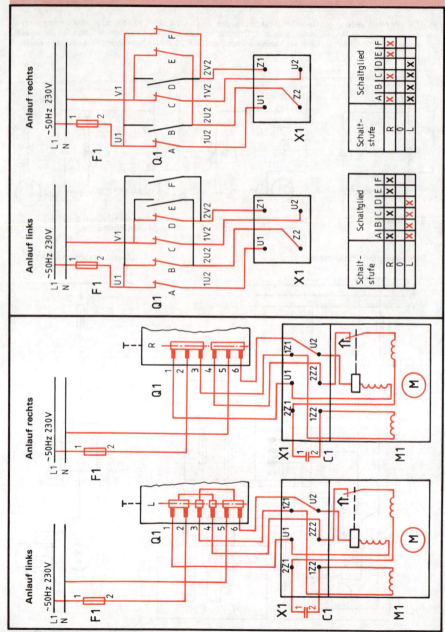

9 Einphasen-Wechselstrommotoren

9.3.2 Wendeschaltungen

Bei der Umschaltung der Drehrichtung wird in der Regel der Hilfsstrang umgepolt. Eine Vertauschung der Zuleitung hat keinen Einfluß auf die Drehrichtung. Deshalb läßt sich bei Motoren mit induktiv gekoppelter Hilfswicklung die Drehrichtung nicht umkehren.

Wendeschaltung eines Motors mit Widerstandshilfswicklung (Nockenschalter)

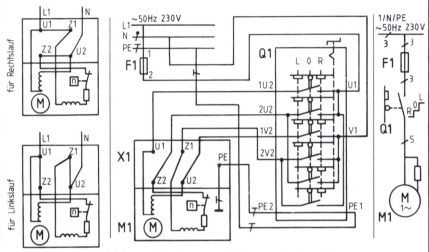

Wendeschaltung eines Motors mit Kondensatorhilfswicklung (Walzenschalter)

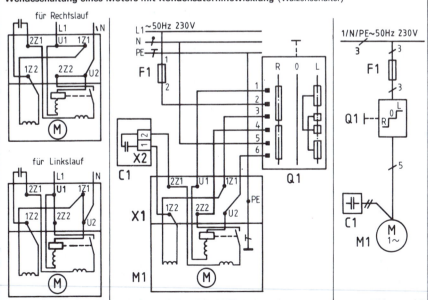

10 Schützschaltungen

10.1.1 Netzanschlüsse, Erhöhung der Schaltsicherheit

Netzanschluß der Steuerstromkreise

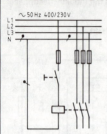

Die Steuerspannung ist vom Leistungsteil unabhängig.

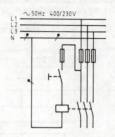

Beim Herausnehmen der Hauptsicherungen wird auch der Steuerkreis spannungsfrei.

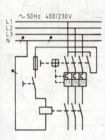

Der Motorschutz- oder Leistungsschalter ist Hauptschalter für den Steuer- und Leistungsteil.

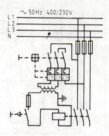

Bei Steuerungen mit mehreren Schützen werden Steuertransformatoren verwendet.

Erhöhung der Schaltsicherheit durch Reihen- und Parallelschalten

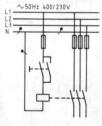

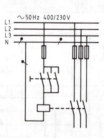

Je mehr Steuerkontakte (hier Schließer) parallel geschaltet werden, um so höher ist die Einschaltsicherheit.

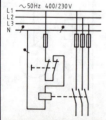

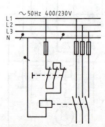

Je mehr Steuerkontakte (hier Öffner) in Reihe geschaltet werden, um so höher ist die Ausschaltsicherheit.

10 Schützschaltungen

10.1.2 Vermeidung von unbeabsichtigtem Schalten bei Erdschlüssen

1. durch Wahl der Steuerspannung

Steuerkreise nicht zwischen Außenleitern anschließen!

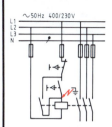

Bei diesem Erdschluß liegt die Schützspule an 230 V. Das Schütz schaltet ein.

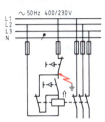

Bei diesem Erdschluß ist der Ausschalter wirkungslos.

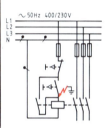

Hier führt der Erdschluß beim Einschalten zum Auslösen der Steuersicherung.

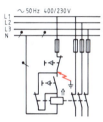

Dieser Erdschluß führt sofort zur Auslösung der Steuersicherung.

2. durch Anordnung der Steuerschalter

Steuerschalter nicht zwischen Neutralleiter und Schützspule schalten!

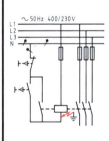

Dieser Erdschluß verursacht das Einschalten des Schützes.

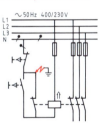

Bei diesem Erdschluß ist der Ausschalter wirkungslos.

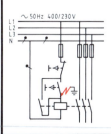

Kurzschluß beim Einschalten, die Steuersicherung löst aus.

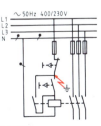

Dieser Erdschluß führt sofort zur Auslösung der Steuersicherung.

10 Schützschaltungen

10.2.1 Stromgesteuerter Motorschutz

Das Prinzip des stromgesteuerten Motorschutzes

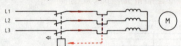

Bei überlasteten Motoren liegt die Stromaufnahme über dem Nennstrom.
Temperaturabhängige Auslöser – in Reihe zur Motorwicklung geschaltet – wirken auf das Schaltschloß des Motorschalters.

Handbetätigte Motorschutzschalter

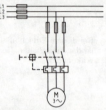

ohne magnetische Schnellauslösung

Die vorgeschalteten Schmelzsicherungen übernehmen den Kurzschlußschutz für den Motor, die Leitungen und den Schalter.

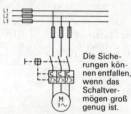

Die Sicherungen können entfallen, wenn das Schaltvermögen groß genug ist.

mit magnetischer Schnellauslösung

Die Größe der Vorsicherungen hängt von der Schaltleistung des Schalters ab (Leistungsschild).

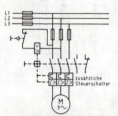

mit magnetischer Schnellauslösung und Unterspannungsauslösung

Die Abschaltung erfolgt bei Netzausfall oder über Steuerschalter.

Motorschutzgeräte mit Schützen

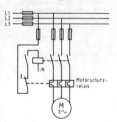

Die Sicherungen übernehmen den Kurzschlußschutz für das Schütz und das Motorschutzrelais.

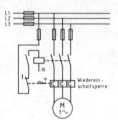

Nach Auslösen des Motorschutzrelais kann erst wieder eingeschaltet werden, wenn die Sperre durch Handbetätigung entriegelt wird.

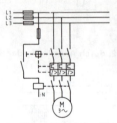

Der Motorschutzschalter übernimmt den Motorschutz und den Kurzschlußschutz.

Motorschutz bei Schwer- und Langzeitanlauf

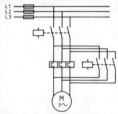

Beim Anlaufen wird das Motorschutzrelais durch ein zweites Schütz überbrückt.

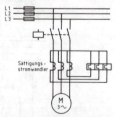

Bei höheren Strömen sinkt das Übersetzungsverhältnis der Stromwandler. Das Motorschutzrelais wird „träger".

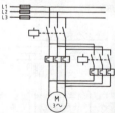

Das zusätzliche Relais im Überbrückungspfad wird auf die Anlaufverhältnisse eingestellt.

10 Schützschaltungen
10.2.2 Temperaturgesteuerter Motorschutz

Das Prinzip des temperaturgesteuerten Motorschutzes

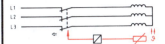

Temperaturfühler erfassen die Betriebstemperatur der Ständerwicklung. Übersteigt diese Temperatur den kritischen Wert, dann wird der Motor abgeschaltet.

Temperaturgesteuerter Motorschutz

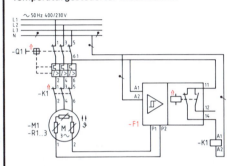

Der Hauptschalter Q1 übernimmt den Leitungs- und Kurzschlußschutz.
Drei Kaltleiter-Widerstände erfassen die Temperatur der Ständerwicklung. Sie werden mit zunehmender Temperatur hochohmiger.
Erreicht die Temperatur den eingestellten Grenzwert, dann schaltet das Thermistorschutzgerät F1 das Schütz K1 ab.

Hauptschalter und Not-Aus-Einrichtung

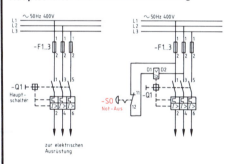

Jede „Industriemaschine" muß mit einem handbetätigten Hauptschalter ausgerüstet sein.
Mit ihm wird die gesamte elektrische Ausrüstung vom Netz getrennt.
Der Hauptschalter muß in der Nullstellung abschließbar sein.
Der Hauptschalter kann auch als Not-Aus-Schalter verwendet werden, wenn zusätzlich zur Handbetätigung elektrisch betätigt werden kann.

Steuerspannungs-Not-Aus

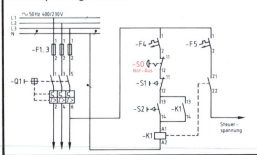

Bei dieser Schaltung werden bei der Not-Aus-Betätigung nur die Stromkreise abgeschaltet, von denen eine Gefährdung ausgeht.
Meldeeinrichtungen und besondere Sicherheitseinrichtungen bleiben dann funktionstüchtig.

10 Schützschaltungen
10.3.1 Möglichkeiten für das Schalten eines Schützes

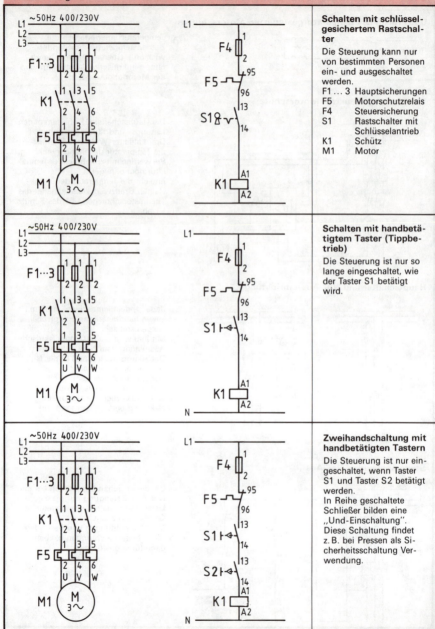

Schalten mit schlüsselgesichertem Rastschalter

Die Steuerung kann nur von bestimmten Personen ein- und ausgeschaltet werden.
F1 … 3 Hauptsicherungen
F5 Motorschutzrelais
F4 Steuersicherung
S1 Rastschalter mit Schlüsselantrieb
K1 Schütz
M1 Motor

Schalten mit handbetätigtem Taster (Tippbetrieb)

Die Steuerung ist nur so lange eingeschaltet, wie der Taster S1 betätigt wird.

Zweihandschaltung mit handbetätigten Tastern

Die Steuerung ist nur eingeschaltet, wenn Taster S1 und Taster S2 betätigt werden.
In Reihe geschaltete Schließer bilden eine „Und-Einschaltung".
Diese Schaltung findet z. B. bei Pressen als Sicherheitsschaltung Verwendung.

10 Schützschaltungen
10.3.2 Schalten eines Schützes mit Selbsthaltung

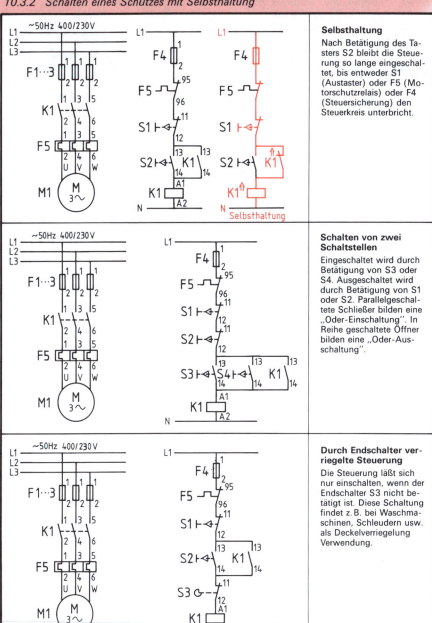

Selbsthaltung

Nach Betätigung des Tasters S2 bleibt die Steuerung so lange eingeschaltet, bis entweder S1 (Austaster) oder F5 (Motorschutzrelais) oder F4 (Steuersicherung) den Steuerkreis unterbricht.

Schalten von zwei Schaltstellen

Eingeschaltet wird durch Betätigung von S3 oder S4. Ausgeschaltet wird durch Betätigung von S1 oder S2. Parallelgeschaltete Schließer bilden eine „Oder-Einschaltung". In Reihe geschaltete Öffner bilden eine „Oder-Ausschaltung".

Durch Endschalter verriegelte Steuerung

Die Steuerung läßt sich nur einschalten, wenn der Endschalter S3 nicht betätigt ist. Diese Schaltung findet z. B. bei Waschmaschinen, Schleudern usw. als Deckelverriegelung Verwendung.

10 Schützschaltungen
10.4.1 Schalten eines Schützes mit Hilfsschütz (Schaltzustände)

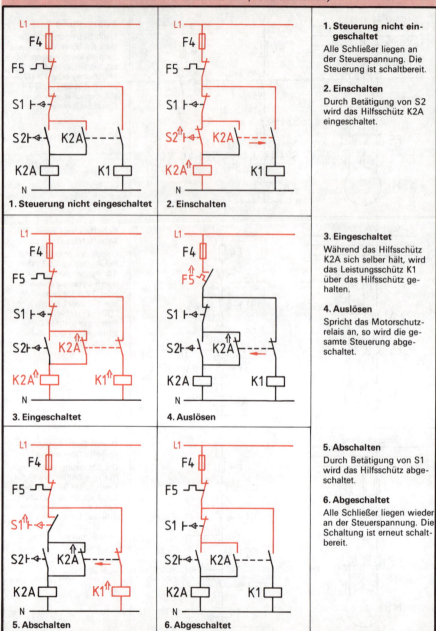

1. Steuerung nicht eingeschaltet

Alle Schließer liegen an der Steuerspannung. Die Steuerung ist schaltbereit.

2. Einschalten

Durch Betätigung von S2 wird das Hilfsschütz K2A eingeschaltet.

3. Eingeschaltet

Während das Hilfsschütz K2A sich selber hält, wird das Leistungsschütz K1 über das Hilfsschütz gehalten.

4. Auslösen

Spricht das Motorschutzrelais an, so wird die gesamte Steuerung abgeschaltet.

5. Abschalten

Durch Betätigung von S1 wird das Hilfsschütz abgeschaltet.

6. Abgeschaltet

Alle Schließer liegen wieder an der Steuerspannung. Die Schaltung ist erneut schaltbereit.

10 Schützschaltungen
10.4.2 Schalten eines Schützes mit Hilfsschütz

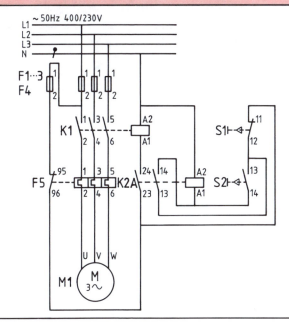

Stromlaufplan (zusammenhängend)

Leistungsschütze großer Schaltleistung erfordern große Steuerströme. Liegen diese Steuerströme über der Leistungsgrenze der Befehlsgeräte, so wird ein Hilfsschütz zwischengeschaltet.

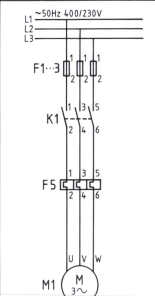 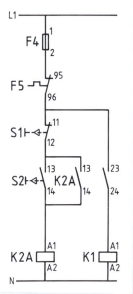

Stromlaufpläne (aufgelöst)

10 Schützschaltungen
10.5.1 Zeitverzögertes Schalten (Schaltzustände)

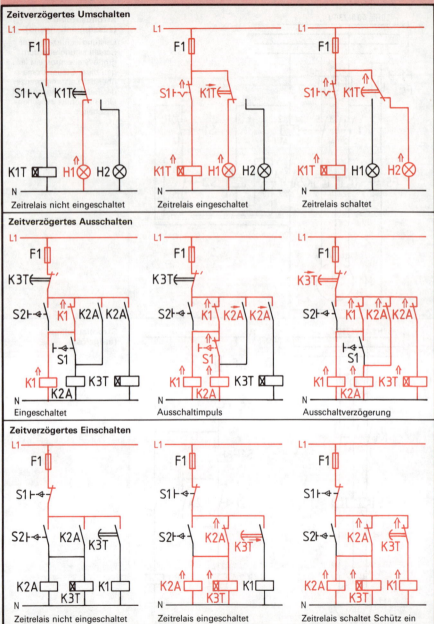

10 Schützschaltungen
10.5.2 Zeitverzögertes Umschalten, Ausschalten und Einschalten

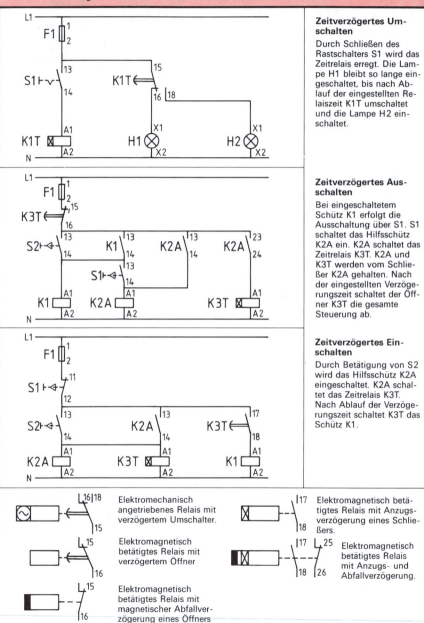

Zeitverzögertes Umschalten

Durch Schließen des Rastschalters S1 wird das Zeitrelais erregt. Die Lampe H1 bleibt so lange eingeschaltet, bis nach Ablauf der eingestellten Relaiszeit K1T umschaltet und die Lampe H2 einschaltet.

Zeitverzögertes Ausschalten

Bei eingeschaltetem Schütz K1 erfolgt die Ausschaltung über S1. S1 schaltet das Hilfsschütz K2A ein. K2A schaltet das Zeitrelais K3T. K2A und K3T werden vom Schließer K2A gehalten. Nach der eingestellten Verzögerungszeit schaltet der Öffner K3T die gesamte Steuerung ab.

Zeitverzögertes Einschalten

Durch Betätigung von S2 wird das Hilfsschütz K2A eingeschaltet. K2A schaltet das Zeitrelais K3T. Nach Ablauf der Verzögerungszeit schaltet K3T das Schütz K1.

Elektromechanisch angetriebenes Relais mit verzögertem Umschalter.

Elektromagnetisch betätigtes Relais mit verzögertem Öffner

Elektromagnetisch betätigtes Relais mit magnetischer Abfallverzögerung eines Öffners

Elektromagnetisch betätigtes Relais mit Anzugsverzögerung eines Schließers.

Elektromagnetisch betätigtes Relais mit Anzugs- und Abfallverzögerung.

10 Schützschaltungen
10.6.1 Zeitverzögertes Zuschalten (Schaltzustände)

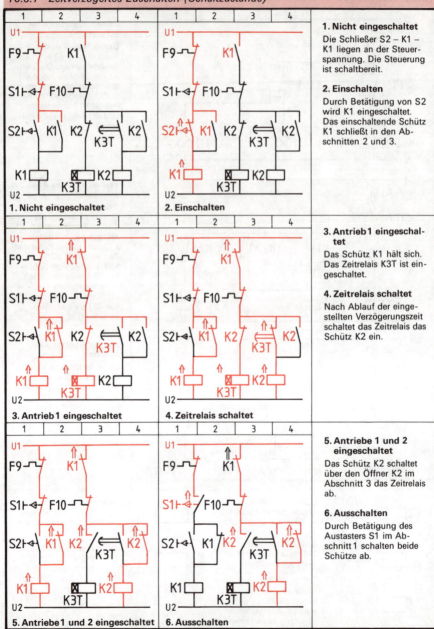

1. Nicht eingeschaltet

Die Schließer S2 – K1 – K1 liegen an der Steuerspannung. Die Steuerung ist schaltbereit.

2. Einschalten

Durch Betätigung von S2 wird K1 eingeschaltet. Das einschaltende Schütz K1 schließt in den Abschnitten 2 und 3.

3. Antrieb 1 eingeschaltet

Das Schütz K1 hält sich. Das Zeitrelais K3T ist eingeschaltet.

4. Zeitrelais schaltet

Nach Ablauf der eingestellten Verzögerungszeit schaltet das Zeitrelais das Schütz K2 ein.

5. Antriebe 1 und 2 eingeschaltet

Das Schütz K2 schaltet über den Öffner K2 im Abschnitt 3 das Zeitrelais ab.

6. Ausschalten

Durch Betätigung des Austasters S1 im Abschnitt 1 schalten beide Schütze ab.

10 Schützschaltungen
10.6.2 Zeitverzögertes Zuschalten eines zweiten Antriebes

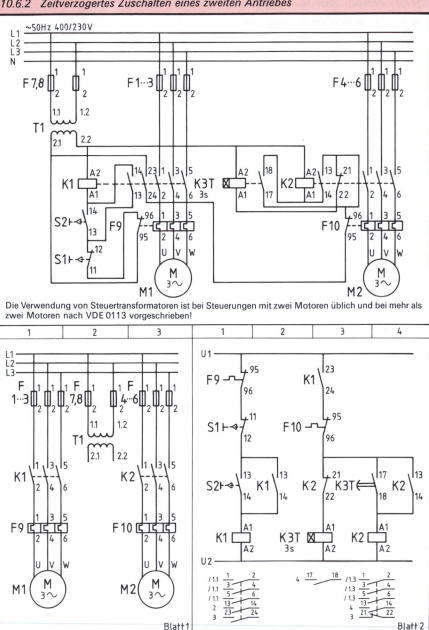

Die Verwendung von Steuertransformatoren ist bei Steuerungen mit zwei Motoren üblich und bei mehr als zwei Motoren nach VDE 0113 vorgeschrieben!

10 Schützschaltungen
10.7.1 Wendeschütze (Schaltzustände)

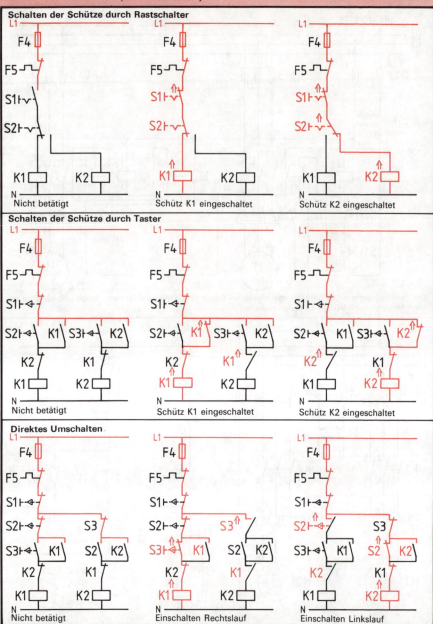

10 Schützschaltungen
10.7.2 Wendeschütze

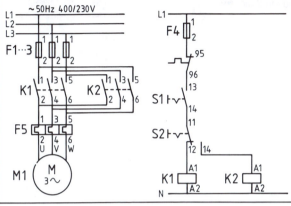

Wendeschaltungen müssen so ausgeführt sein, daß gleichzeitiges Schalten beider Schütze (Kurzschluß!) unmöglich ist.

Schalten der Schütze durch Rastschalter

Der Umschalter S2 schaltet entweder das Rechtslaufschütz K1 oder das Linkslaufschütz K2 ein. Durch Betätigung des Rastschalters S1 wird die Steuerung ein- und ausgeschaltet.

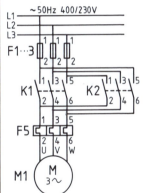
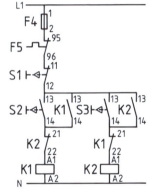

Schalten der Schütze durch Taster

Durch Betätigung von S2 wird das Rechtslaufschütz K1 eingeschaltet. Das Schütz K1 verriegelt über einen Öffner das Schütz K2. Eine Umschaltung auf Linkslauf kann erst erfolgen, wenn über S1 das Schütz K1 abgeschaltet wird. Das einschaltende Schütz K2 verriegelt dann das Schütz K1.

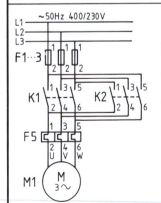
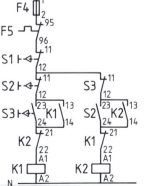

Direktes Umschalten

Durch eine Verriegelung über die Taster kann eine sofortige Umschaltung (ohne Ausbetätigung über S1) von Links- auf Rechtslauf oder umgekehrt erfolgen. Die Öffner K1 und K2 verhindern, daß beide Schütze gleichzeitig geschaltet sein können.

10 Schützschaltungen

10.8.1 Begrenzungsschaltungen (Schaltzustände)

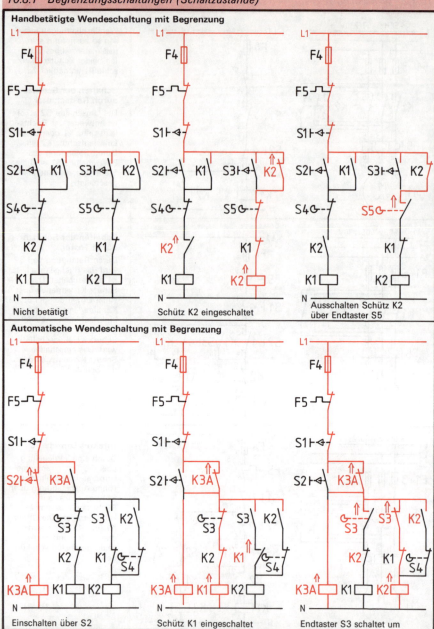

10 Schützschaltungen
10.8.2 Begrenzungsschaltungen

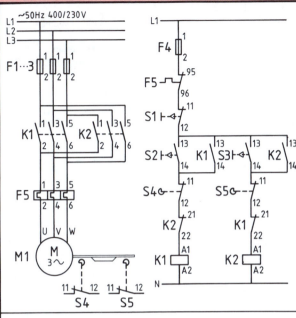

Handbetätigte Wendeschaltung mit Begrenzung

Die beiden Anstoßschalter, die Endtaster S4 und S5, begrenzen den Bewegungsvorgang des Antriebes in beiden Richtungen.

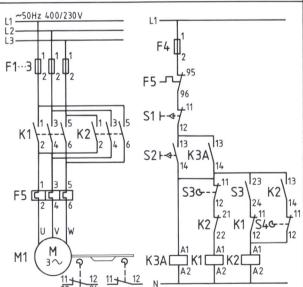

Automatische Wendeschaltung mit Begrenzung

Das Hilfsschütz K3A schaltet die automatische Wendeschaltung ein. Der Endtaster S3 schaltet das Schütz K1 ab und gleichzeitig das Schütz K2 ein. Das Schütz K2 verriegelt das Schütz K1. Der Anstoßschalter S4 schaltet das Schütz K2 ab, und das K2 schaltet das Schütz K1 wieder ein.

10 Schützschaltungen
10.9.1 Automatische Stern-Dreieck-Schaltung (Schaltzustände)

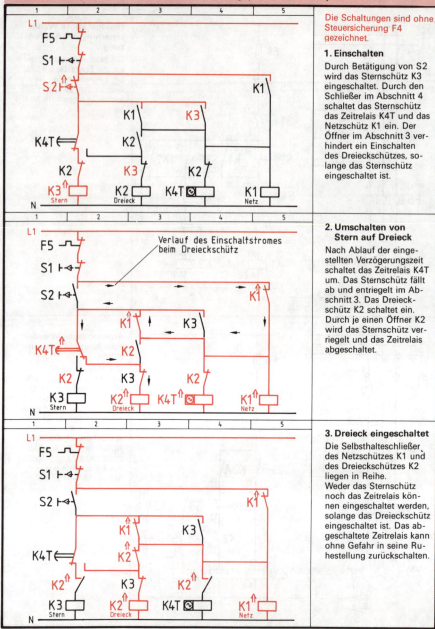

Die Schaltungen sind ohne Steuersicherung F4 gezeichnet.

1. Einschalten

Durch Betätigung von S2 wird das Sternschütz K3 eingeschaltet. Durch den Schließer im Abschnitt 4 schaltet das Sternschütz das Zeitrelais K4T und das Netzschütz K1 ein. Der Öffner im Abschnitt 3 verhindert ein Einschalten des Dreieckschützes, solange das Sternschütz eingeschaltet ist.

2. Umschalten von Stern auf Dreieck

Nach Ablauf der eingestellten Verzögerungszeit schaltet das Zeitrelais K4T um. Das Sternschütz fällt ab und entriegelt im Abschnitt 3. Das Dreieckschütz K2 schaltet ein. Durch je einen Öffner K2 wird das Sternschütz verriegelt und das Zeitrelais abgeschaltet.

3. Dreieck eingeschaltet

Die Selbsthalteschließer des Netzschützes K1 und des Dreieckschützes K2 liegen in Reihe. Weder das Sternschütz noch das Zeitrelais können eingeschaltet werden, solange das Dreieckschütz eingeschaltet ist. Das abgeschaltete Zeitrelais kann ohne Gefahr in seine Ruhestellung zurückschalten.

10 Schützschaltungen
10.9.2 Automatische Stern-Dreieck-Schaltung

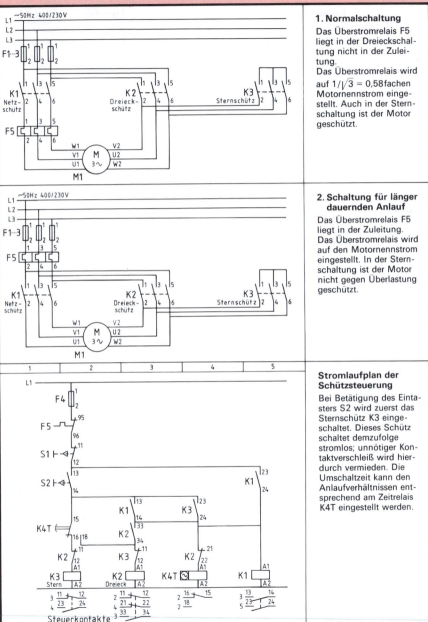

1. Normalschaltung

Das Überstromrelais F5 liegt in der Dreieckschaltung nicht in der Zuleitung.
Das Überstromrelais wird auf $1/\sqrt{3} = 0{,}58$ fachen Motornennstrom eingestellt. Auch in der Sternschaltung ist der Motor geschützt.

2. Schaltung für länger dauernden Anlauf

Das Überstromrelais F5 liegt in der Zuleitung. Das Überstromrelais wird auf den Motornennstrom eingestellt. In der Sternschaltung ist der Motor nicht gegen Überlastung geschützt.

Stromlaufplan der Schützsteuerung

Bei Betätigung des Eintasters S2 wird zuerst das Sternschütz K3 eingeschaltet. Dieses Schütz schaltet demzufolge stromlos; unnötiger Kontaktverschleiß wird hierdurch vermieden. Die Umschaltzeit kann den Anlaufverhältnissen entsprechend am Zeitrelais K4T eingestellt werden.

10 Schützschaltungen

10.10.1 Stern-Dreieck-Wendeschaltung (Schaltzustände)

Rechtslauf	Linkslauf
Rechtslauf „Ein"	Linkslauf „Ein"
Rechtslauf „Stern"	Linkslauf „Stern"
Rechtslauf „Dreieck–Ein"	Linkslauf „Dreieck"

10 Schützschaltungen
10.10.2 Stern-Dreieck-Wendeschaltung

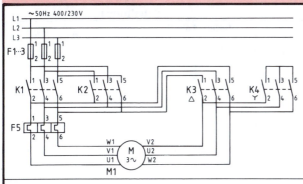

1. Normalschaltung

Das Überstromrelais F5 liegt in der Dreieckschaltung nicht in der Zuleitung.

Das Überstromrelais wird auf $1/\sqrt{3} = 0{,}58$ fachen Motornennstrom eingestellt. Auch in der Sternschaltung ist der Motor geschützt.

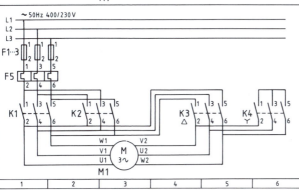

2. Schaltung für länger dauernden Anlauf

Das Überstromrelais F5 liegt in der Zuleitung. Das Überstromrelais wird auf den Motornennstrom eingestellt. In der Sternschaltung ist der Motor nicht gegen Überlastung geschützt.

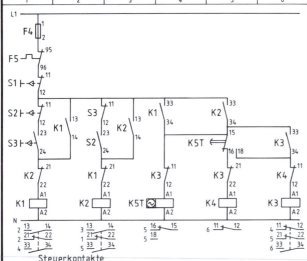

Stromlaufplan der Schützsteuerung

Durch Betätigung von S3 wird Rechtslauf (K1) und durch Betätigung von S2 wird Linkslauf (K2) eingeschaltet. Sowohl K1 als auch K2 schalten den automatischen Stern-Dreieck-Schalter.

10 Schützschaltungen

10.11.1 Polumschaltschütz (Schaltzustände)

Schaltung I	Schaltung II
"Ausgeschaltet"	"Ausgeschaltet"
"Niedrige Drehzahl eingeschaltet"	"Niedrige Drehzahl eingeschaltet"
"Hohe Drehzahl eingeschaltet"	"Einschalten der hohen Drehzahl"

10 Schützschaltungen
10.11.2 Polumschaltschütz für zwei getrennte Wicklungen

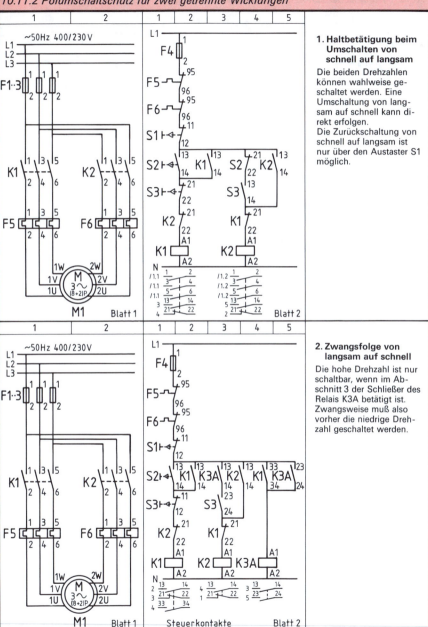

1. Haltbetätigung beim Umschalten von schnell auf langsam

Die beiden Drehzahlen können wahlweise geschaltet werden. Eine Umschaltung von langsam auf schnell kann direkt erfolgen.
Die Zurückschaltung von schnell auf langsam ist nur über den Austaster S1 möglich.

2. Zwangsfolge von langsam auf schnell

Die hohe Drehzahl ist nur schaltbar, wenn im Abschnitt 3 der Schließer des Relais K3A betätigt ist. Zwangsweise muß also vorher die niedrige Drehzahl geschaltet werden.

10 Schützschaltungen

10.12.1 Polumschaltschütz für Dahlanderschaltung (Schaltzustände)

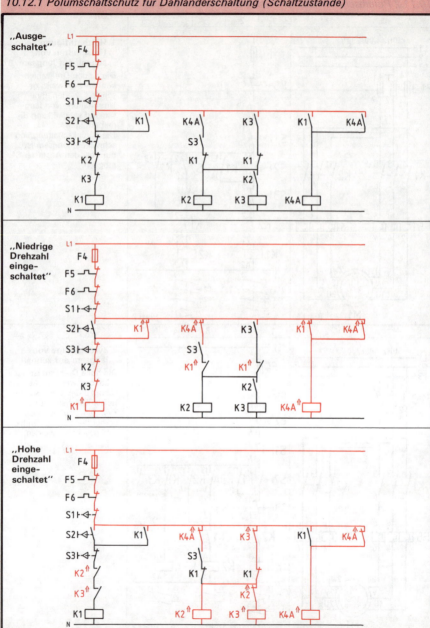

10 Schützschaltungen
10.12.2 Polumschaltschütz für Dahlanderschaltung

Das Drehzahlverhältnis bei der Dahlanderschaltung ist stets 1:2.

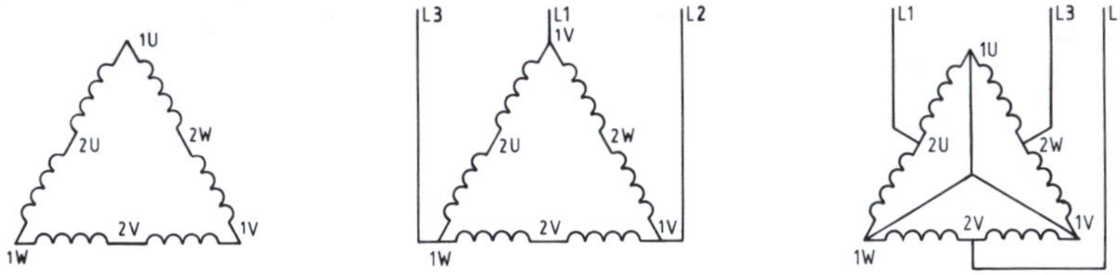

Niedrige Drehzahl

Hohe Drehzahl

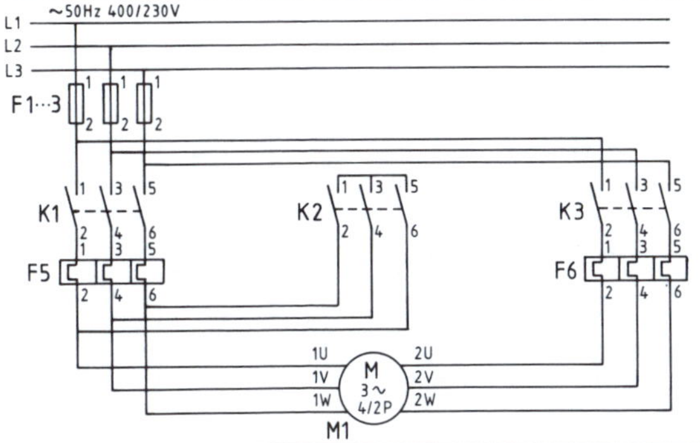

Bei der niedrigen Drehzahl liegen je Strang zwei Spulen oder Spulengruppen in Reihe. Bei der hohen Drehzahl liegen die Spulen oder Spulengruppen je Strang parallel.

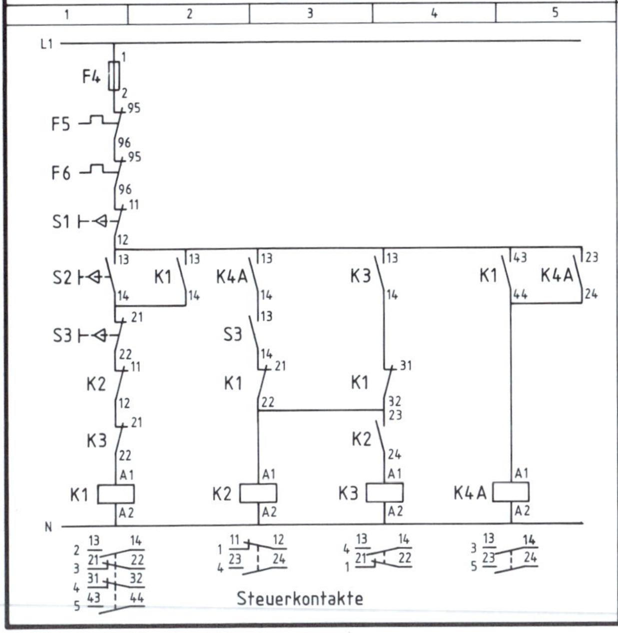

Die Einschaltung der schnellen Drehzahl erfolgt zwangsläufig über die niedrige Drehzahl.

S1 Halt
S2 Langsam
S3 Schnell

Steuerkontakte

10 Schützschaltungen

10.13.1 Polumschalt-Wendeschaltung (Schaltzustände)

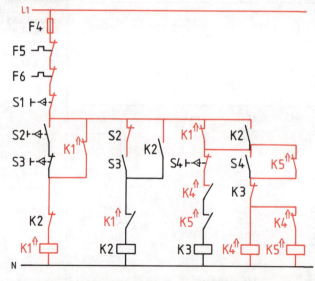

10 Schützschaltungen
10.13.2 Polumschalt-Wendeschaltung

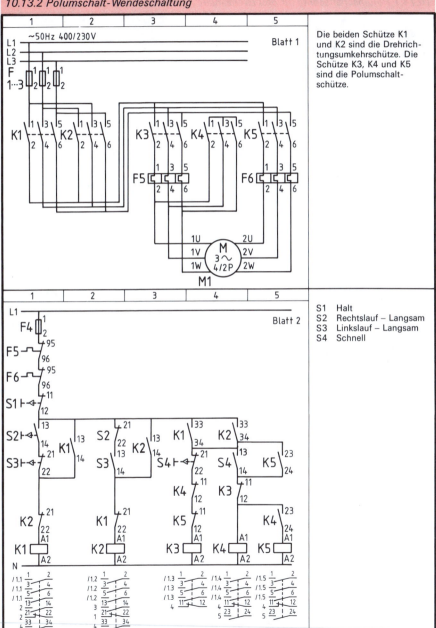

Die beiden Schütze K1 und K2 sind die Drehrichtungsumkehrschütze. Die Schütze K3, K4 und K5 sind die Polumschaltschütze.

S1 Halt
S2 Rechtslauf – Langsam
S3 Linkslauf – Langsam
S4 Schnell

10 Schützschaltungen

10.14.1 Polumschaltschütz für drei Drehzahlen (Schaltzustände)

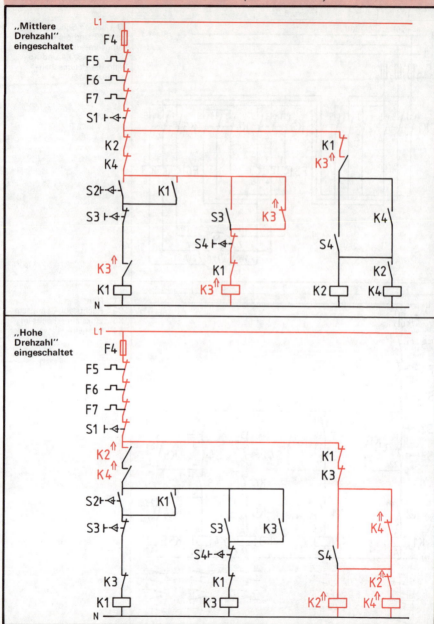

10 Schützschaltungen
10.14.2 Polumschaltschütz für drei Drehzahlen

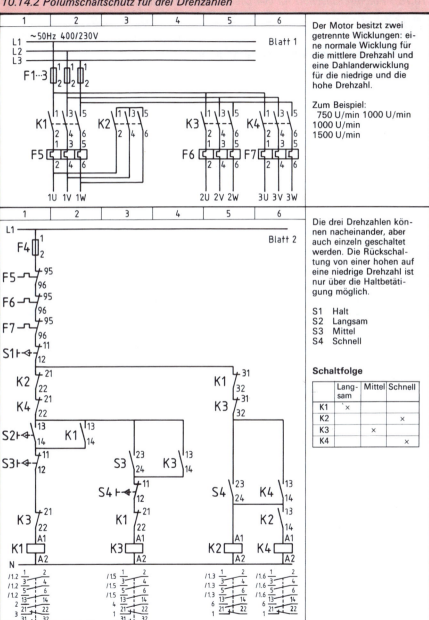

10 Schützschaltungen
10.15.1 Polumschaltschütz für vier Drehzahlen (Schaltzustände)

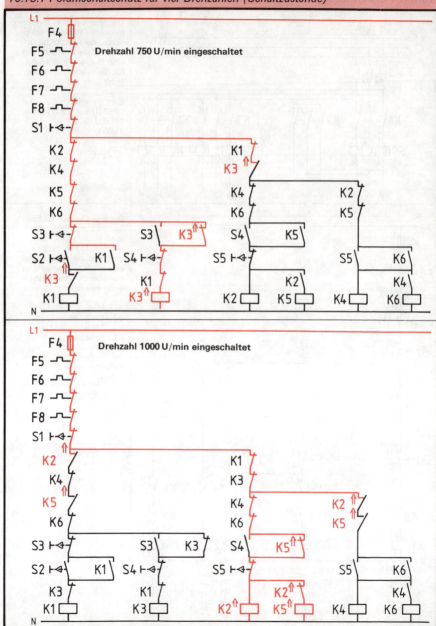

10 Schützschaltungen
10.15.2 Polumschaltschütz für vier Drehzahlen

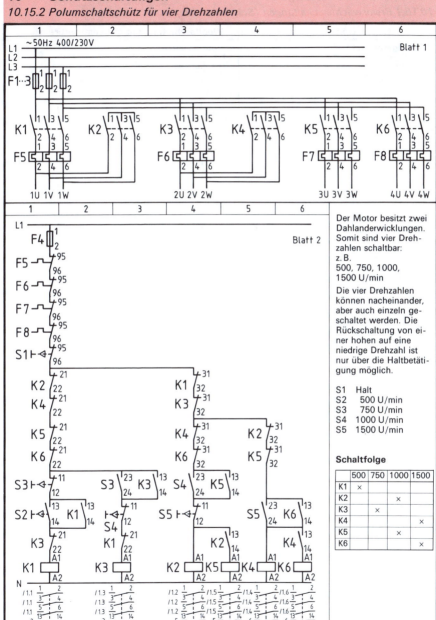

Der Motor besitzt zwei Dahlanderwicklungen. Somit sind vier Drehzahlen schaltbar:
z. B.
500, 750, 1000, 1500 U/min

Die vier Drehzahlen können nacheinander, aber auch einzeln geschaltet werden. Die Rückschaltung von einer hohen auf eine niedrige Drehzahl ist nur über die Haltbetätigung möglich.

S1 Halt
S2 500 U/min
S3 750 U/min
S4 1000 U/min
S5 1500 U/min

Schaltfolge

	500	750	1000	1500
K1	×			
K2			×	
K3		×		
K4				×
K5		×		
K6				×

10 Schützschaltungen
10.16.1 Bremswächterschaltungen (Schaltzustände)

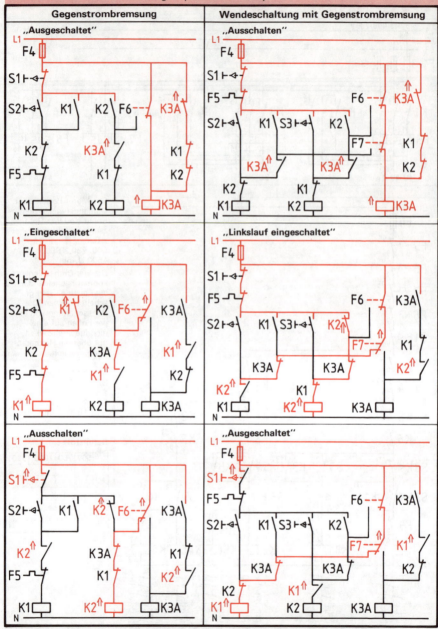

10 Schützschaltungen
10.16.2 Bremswächterschaltungen

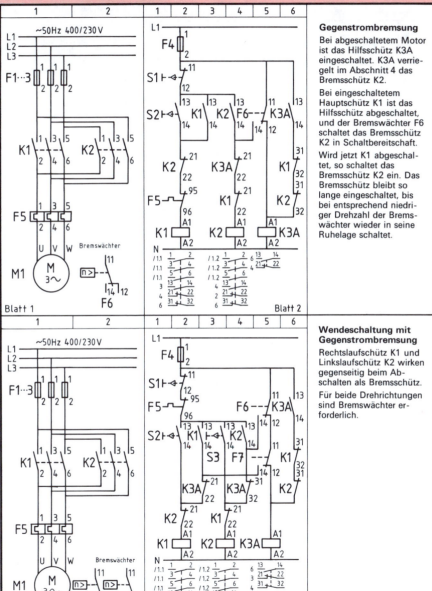

Gegenstrombremsung

Bei abgeschaltetem Motor ist das Hilfsschütz K3A eingeschaltet. K3A verriegelt im Abschnitt 4 das Bremsschütz K2.

Bei eingeschaltetem Hauptschütz K1 ist das Hilfsschütz abgeschaltet, und der Bremswächter F6 schaltet das Bremsschütz K2 in Schaltbereitschaft.

Wird jetzt K1 abgeschaltet, so schaltet das Bremsschütz K2 ein. Das Bremsschütz bleibt so lange eingeschaltet, bis bei entsprechend niedriger Drehzahl der Bremswächter wieder in seine Ruhelage schaltet.

Wendeschaltung mit Gegenstrombremsung

Rechtslaufschütz K1 und Linkslaufschütz K2 wirken gegenseitig beim Abschalten als Bremsschütz.

Für beide Drehrichtungen sind Bremswächter erforderlich.

10 Schützschaltungen
10.17.1 Drehstromschleifringläufer-Selbstanlasser (Schaltzustände)

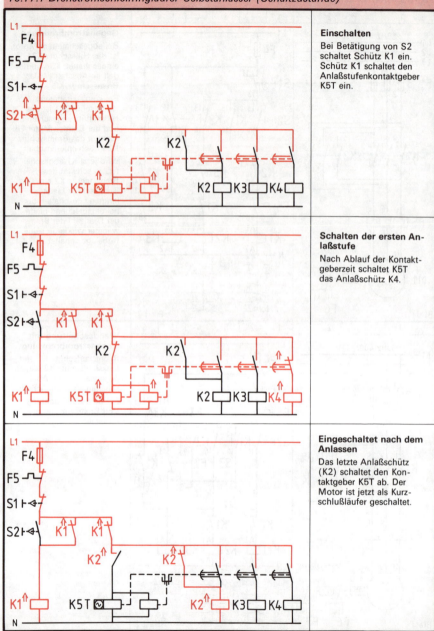

Einschalten

Bei Betätigung von S2 schaltet Schütz K1 ein. Schütz K1 schaltet den Anlaßstufenkontaktgeber K5T ein.

Schalten der ersten Anlaßstufe

Nach Ablauf der Kontaktgeberzeit schaltet K5T das Anlaßschütz K4.

Eingeschaltet nach dem Anlassen

Das letzte Anlaßschütz (K2) schaltet den Kontaktgeber K5T ab. Der Motor ist jetzt als Kurzschlußläufer geschaltet.

10 Schützschaltungen
10.17.2 Drehstromschleifringläufer-Selbstanlasser

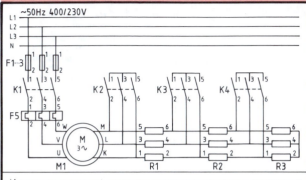

Nachdem das Netzschütz K1 die Ständerwicklung eingeschaltet hat, schalten die Anlaßschütze nacheinander zeitverzögert die Anlaßwiderstände ab.

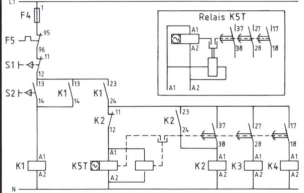

Wirkungsweise des Anlaßstufenkontaktgebers

Ein Einphasenmotor ist über eine magnetisch betätigte Kupplung mit dem Kontaktwerk verbunden. Beim Anschluß an die Steuerspannung schalten die Schließer nacheinander in gleichen Zeitfolgen.

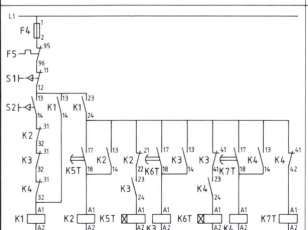

Anlassersteuerung über zeitverzögerte Stufenrelais

Anstelle eines Kontaktgebers können auch Zeitrelais in einer Zwangsfolgeschaltung verwendet werden.

10 Schützschaltungen
10.18.1 Selbsttätige Netzumschaltung (Schaltzustände)

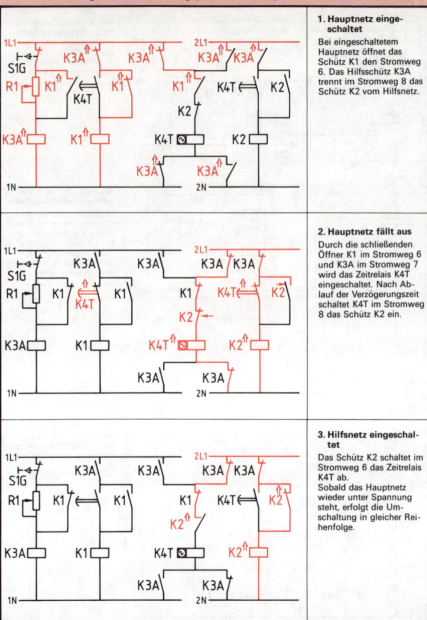

10 Schützschaltungen
10.18.2 Selbsttätige Netzumschaltung

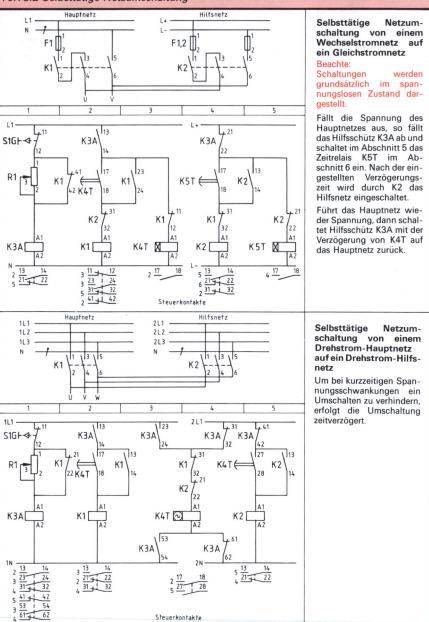

Selbsttätige Netzumschaltung von einem Wechselstromnetz auf ein Gleichstromnetz

Beachte:
Schaltungen werden grundsätzlich im spannungslosen Zustand dargestellt.

Fällt die Spannung des Hauptnetzes aus, so fällt das Hilfsschütz K3A ab und schaltet im Abschnitt 5 das Zeitrelais K5T im Abschnitt 6 ein. Nach der eingestellten Verzögerungszeit wird durch K2 das Hilfsnetz eingeschaltet.

Führt das Hauptnetz wieder Spannung, dann schaltet Hilfsschütz K3A mit der Verzögerung von K4T auf das Hauptnetz zurück.

Selbsttätige Netzumschaltung von einem Drehstrom-Hauptnetz auf ein Drehstrom-Hilfsnetz

Um bei kurzzeitigen Spannungsschwankungen ein Umschalten zu verhindern, erfolgt die Umschaltung zeitverzögert.

10 Schützschaltungen

10.19.1 Schrittschaltsteuerung (Schaltzustände)

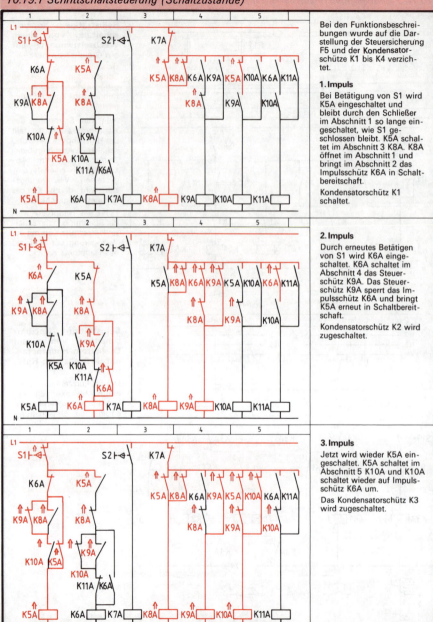

Bei den Funktionsbeschreibungen wurde auf die Darstellung der Steuersicherung F5 und der Kondensatorschütze K1 bis K4 verzichtet.

1. Impuls

Bei Betätigung von S1 wird K5A eingeschaltet und bleibt durch den Schließer im Abschnitt 1 so lange eingeschaltet, wie S1 geschlossen bleibt. K5A schaltet im Abschnitt 3 K8A. K8A öffnet im Abschnitt 1 und bringt im Abschnitt 2 das Impulsschütz K6A in Schaltbereitschaft.

Kondensatorschütz K1 schaltet.

2. Impuls

Durch erneutes Betätigen von S1 wird K6A eingeschaltet. K6A schaltet im Abschnitt 4 das Steuerschütz K9A. Das Steuerschütz K9A sperrt das Impulsschütz K6A und bringt K5A erneut in Schaltbereitschaft.

Kondensatorschütz K2 wird zugeschaltet.

3. Impuls

Jetzt wird wieder K5A eingeschaltet. K5A schaltet im Abschnitt 5 K10A und K10A schaltet wieder auf Impulsschütz K6A um.

Das Kondensatorschütz K3 wird zugeschaltet.

10 Schützschaltungen
10.19.2 Schrittschaltsteuerung (Blindleistungskompensation)

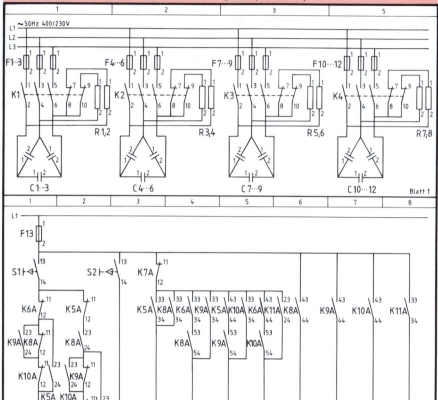

Die Steuerung läßt sich auf beliebig viele Schritte erweitern. Die Zuschaltung jedes weiteren Kondensatorschützes erfordert allerdings eine entsprechende Verriegelung der beiden Impulsschütze.

Durch Betätigung des Tasters S2 wird die gesamte Steuerung ausgeschaltet. Durch eine entsprechende Impulssteuerung läßt sich allerdings auch ein schrittweises Abschalten erreichen.

11 Leistungselektronik
11.1.1 Steuerbare Dreiphasengleichrichter (fremdgeführt)

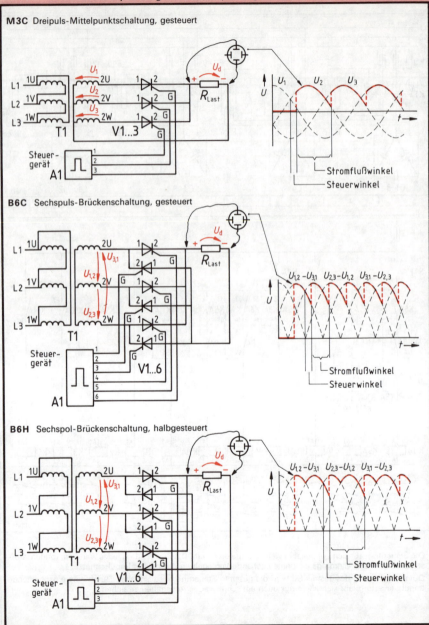

M3C Dreipuls-Mittelpunktschaltung, gesteuert

B6C Sechspuls-Brückenschaltung, gesteuert

B6H Sechspol-Brückenschaltung, halbgesteuert

11 Leistungselektronik
11.1.2 Steuerbare Dreiphasengleichrichter bei induktiver Last

M3C-Schaltung zur Drehzahlsteuerung eines Gleichstrommotors

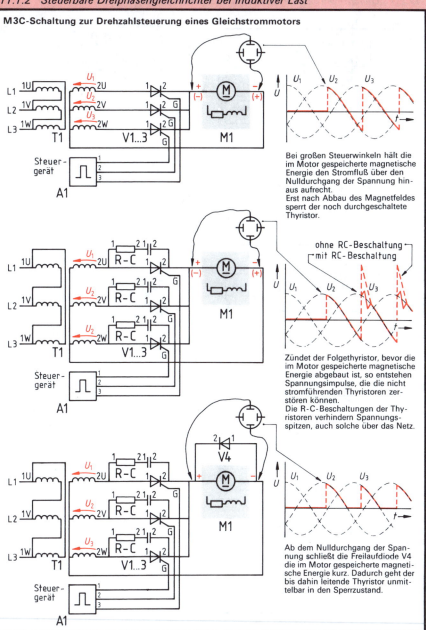

Bei großen Steuerwinkeln hält die im Motor gespeicherte magnetische Energie den Stromfluß über den Nulldurchgang der Spannung hinaus aufrecht.
Erst nach Abbau des Magnetfeldes sperrt der noch durchgeschaltete Thyristor.

Zündet der Folgethyristor, bevor die im Motor gespeicherte magnetische Energie abgebaut ist, so entstehen Spannungsimpulse, die die nicht stromführenden Thyristoren zerstören können.
Die R-C-Beschaltungen der Thyristoren verhindern Spannungsspitzen, auch solche über das Netz.

Ab dem Nulldurchgang der Spannung schließt die Freilaufdiode V4 die im Motor gespeicherte magnetische Energie kurz. Dadurch geht der bis dahin leitende Thyristor unmittelbar in den Sperrzustand.

11 Leistungselektronik
11.2.1 Gleichstromschalter (selbstgeführte Stromrichter)

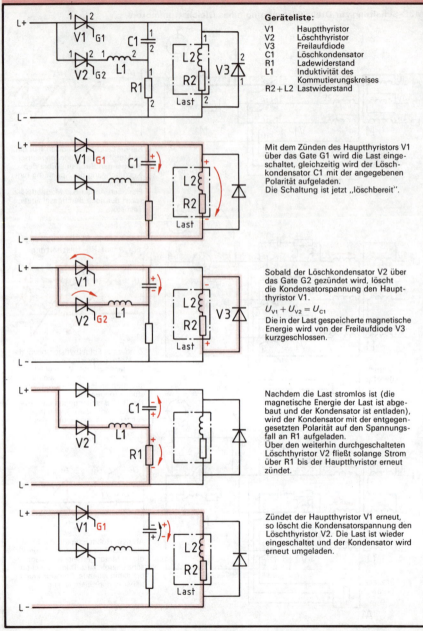

Geräteliste:

V1	Hauptthyristor
V2	Löschthyristor
V3	Freilaufdiode
C1	Löschkondensator
R1	Ladewiderstand
L1	Induktivität des Kommutierungskreises
R2 + L2	Lastwiderstand

Mit dem Zünden des Hauptthyristors V1 über das Gate G1 wird die Last eingeschaltet, gleichzeitig wird der Löschkondensator C1 mit der angegebenen Polarität aufgeladen.
Die Schaltung ist jetzt „löschbereit".

Sobald der Löschkondensator V2 über das Gate G2 gezündet wird, löscht die Kondensatorspannung den Hauptthyristor V1.

$U_{V1} + U_{V2} = U_{C1}$

Die in der Last gespeicherte magnetische Energie wird von der Freilaufdiode V3 kurzgeschlossen.

Nachdem die Last stromlos ist (die magnetische Energie der Last ist abgebaut und der Kondensator ist entladen), wird der Kondensator mit der entgegengesetzten Polarität auf den Spannungsfall an R1 aufgeladen.
Über den weiterhin durchgeschalteten Löschthyristor V2 fließt solange Strom über R1 bis der Hauptthyristor erneut zündet.

Zündet der Hauptthyristor V1 erneut, so löscht die Kondensatorspannung den Löschthyristor V2. Die Last ist wieder eingeschaltet und der Kondensator wird erneut umgeladen.

11 Leistungselektronik
11.2.2 Gleichstromsteller (selbstgeführte Stromrichter)

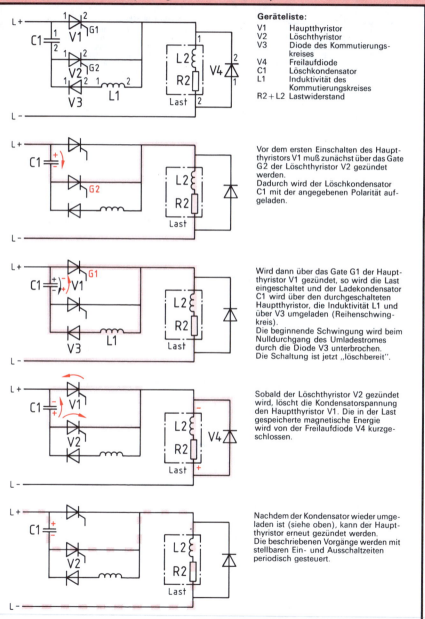

Geräteliste:
V1 Hauptthyristor
V2 Löschthyristor
V3 Diode des Kommutierungskreises
V4 Freilaufdiode
C1 Löschkondensator
L1 Induktivität des Kommutierungskreises
R2+L2 Lastwiderstand

Vor dem ersten Einschalten des Hauptthyristors V1 muß zunächst über das Gate G2 der Löschthyristor V2 gezündet werden.
Dadurch wird der Löschkondensator C1 mit der angegebenen Polarität aufgeladen.

Wird dann über das Gate G1 der Hauptthyristor V1 gezündet, so wird die Last eingeschaltet und der Ladekondensator C1 wird über den durchgeschalteten Hauptthyristor, die Induktivität L1 und über V3 umgeladen (Reihenschwingkreis).
Die beginnende Schwingung wird beim Nulldurchgang des Umladestromes durch die Diode V3 unterbrochen.
Die Schaltung ist jetzt „löschbereit".

Sobald der Löschthyristor V2 gezündet wird, löscht die Kondensatorspannung den Hauptthyristor V1. Die in der Last gespeicherte magnetische Energie wird von der Freilaufdiode V4 kurzgeschlossen.

Nachdem der Kondensator wieder umgeladen ist (siehe oben), kann der Hauptthyristor erneut gezündet werden.
Die beschriebenen Vorgänge werden mit stellbaren Ein- und Ausschaltzeiten periodisch gesteuert.

11 Leistungselektronik

11.3.1 Wechselrichter

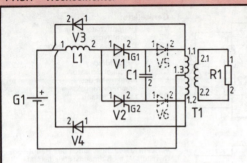

Geräteliste:

G1 Spannungsquelle
V1 + V2 Thyristoren
V3 + V4 Rücklaufdioden
V5 + V6 Löschhilfedioden
C1 Löschkondensator
L1 Drossel
T1 Transformator
R1 Lastwiderstand

Die angedeuteten Dioden V5 und V6 unterstützen das Löschverhalten, notwendig sind sie nicht.

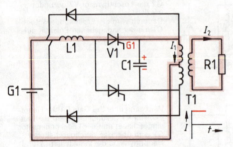

Wird der Thyristor V1 über das Gate G1 gezündet, so fließt der Strom über die obere Primär-Wicklungshälfte des Transformators. Im Sekundärkreis des Transformators fließt der Strom der ersten Halbschwingung. Der Löschkondensator sei mit der angegebenen Polarität aufgeladen.

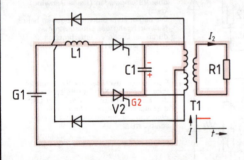

Nach der Zündung des Thyristors V2 über das Gate G2 sind während des Kommutierungsvorganges für eine sehr kurze Zeit beide Thyristoren stromführend. Die Kurzschlußbelastung der Spannungsquelle wird durch die Drossel L1 begrenzt.
Sobald V1 gelöscht ist, führt während des Umschaltvorganges der Kondensator den gesamten Strom. Die Umladung über den Nulldurchgang des Kondensatorstromes hinaus wird durch die in der Drossel und im Transformator gespeicherte magnetische Energie bewirkt.

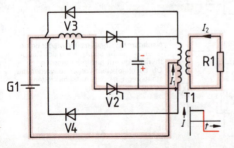

Über den durchgeschalteten Thyristor V2 fließt dann der Strom über die untere Primär-Wicklungshälfte des Transformators. Im Sekundärkreis des Transformators fließt die zweite Halbschwingung in entgegengesetzter Richtung, bis erneut V1 gezündet wird. Der dem jeweils stromführenden Thyristor nachfolgende wirkt gleichzeitig als Löschthyristor für den zuvor stromführenden.
Bei induktiver Last wird bei jeder Umschaltung die in der Last gespeicherte magnetische Energie über die Dioden V3 und V4 zur Spannungsquelle zurückgeliefert.

11 Leistungselektronik

11.3.2 Wechselrichter in Brückenschaltung

Einphasiger Wechselrichter in Brückenschaltung

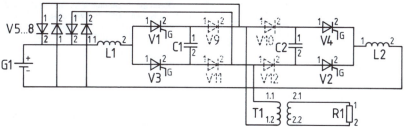

Für jede Halbschwingung müssen jeweils zwei diagonal gegenüberliegende Thyristoren (V1+V2 oder V3+V4) gleichzeitig gezündet werden.
Über die Rücklaufdioden V5 bis V8 wird die in einer induktiven Last gespeicherte magnetische Energie periodisch an die Spannungsquelle zurückgeliefert. Die angedeuteten Dioden V9 bis V12 begünstigen das Löschverhalten, notwendig sind sie nicht.

Dreiphasiger Wechselrichter in Brückenschaltung mit Einzellöschung

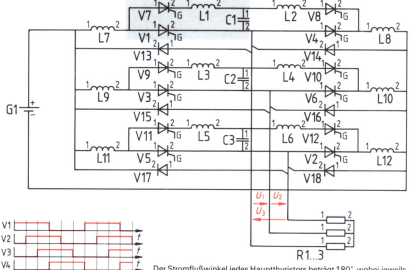

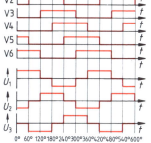

Der Stromflußwinkel jedes Hauptthyristors beträgt 180°, wobei jeweils drei gleichzeitig leitend sind. Um einen Kurzschluß der Spannungsquelle zu vermeiden, muß vor jedem Zuschalten eines Folgethyristors einer der stromführenden mit einem Sicherheitsabstand gelöscht werden.
Zu jedem Hauptthyristor gehört eine eigene Löscheinrichtung. Diese ist für den Hauptthyristor V1 grau unterlegt dargestellt, wobei der Löschkondensator C1 auch zur Löscheinrichtung des Hauptthyristors V4 zählt.
Der von der Sinusform stark abweichende Stromverlauf wird durch die Drosselspulen L7 bis L12 gemildert und kann mit einer gegenüber der Ausgangsfrequenz höheren Steuerfrequenz jeden Hauptthyristor innerhalb einer Halbperiode mehrfach ein- und ausschalten (Pulssteuerung) um so die Kurvenform deutlich zu verbessern.

11 Leistungselektronik
11.4.1 Wechselstromsteller

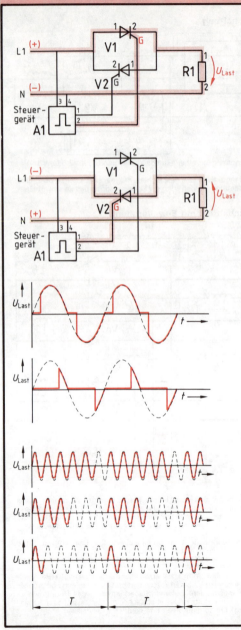

Durch die Gegenparallelschaltung der beiden Thyristoren (Wechselwegpaar, W1-Schaltung) ist auch die Ausgangsspannung eine Wechselspannung gleicher Frequenz, wenn die Thyristoren abwechselnd und phasenrichtig, periodisch gezündet werden.

Wird das Steuergerät aus demselben Netz gespeist, so sind die Steuerimpulse automatisch synchron zur Netzspannung. Das Steuergerät muß während jeder Periode zwei um 180° phasenverschobene Steuerimpulse liefern.

Mit dem Ablauf jeder Halbwelle löscht der jeweils gezündete Thyristor selbsttätig.

Die Leistungssteuerung der Last kann auf zwei Arten erfolgen:

- **als Phasenanschnittsteuerung**
  Je größer der Steuerwinkel α ist, um den die Thyristoren nach Beginn jeder Halbwelle verzögert gezündet werden, um so kleiner ist die Ausgangsleistung.
  Die steilen Anstiegsflanken der Spannung bei jeder erneuten Zündung erzeugen im Netz Oberschwingungen, die zu Problemen führen können.

- **als Schwingungspaketsteuerung**
  Die Leistungsstellung wird dadurch erreicht, daß während eines festgelegten Zeitabschnittes mehrere ganze Netzperioden durchgeschaltet und die folgenden unterdrückt werden. Das Verhältnis der geschalteten und nicht geschalteten Perioden bestimmt die Leistung am Lastwiderstand. Diese Art der Steuerung erzeugt keine Oberschwingungen im Netz.
  Für Verbraucher mit kurzen Reaktionszeiten, wie z.B. Lampen (Flackererscheinung), ist diese Steuerung nicht brauchbar. Problemlos ist sie einsetzbar bei Elektroöfen mit hoher Wärmekapazität.

11 Leistungselektronik
11.4.2 Drehstromsteller

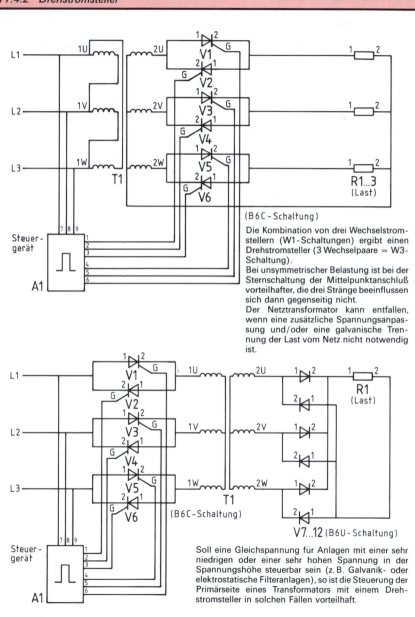

(B6C-Schaltung)

Die Kombination von drei Wechselstromstellern (W1-Schaltungen) ergibt einen Drehstromsteller (3 Wechselpaare = W3-Schaltung).

Bei unsymmetrischer Belastung ist bei der Sternschaltung der Mittelpunktanschluß vorteilhafter, die drei Stränge beeinflussen sich dann gegenseitig nicht.

Der Netztransformator kann entfallen, wenn eine zusätzliche Spannungsanpassung und/oder eine galvanische Trennung der Last vom Netz nicht notwendig ist.

Soll eine Gleichspannung für Anlagen mit einer sehr niedrigen oder einer sehr hohen Spannung in der Spannungshöhe steuerbar sein (z. B. Galvanik- oder elektrostatische Filteranlagen), so ist die Steuerung der Primärseite eines Transformators mit einem Drehstromsteller in solchen Fällen vorteilhaft.

11 Leistungselektronik
11.5.1 Umrichter

Dreiphasen-Umrichter mit Gleichspannungs-Zwischenkreis

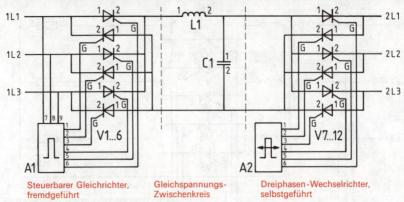

Steuerbarer Gleichrichter, fremdgeführt — Gleichspannungs-Zwischenkreis — Dreiphasen-Wechselrichter, selbstgeführt

Der fremdgeführte Dreiphasengleichrichter formt die Dreiphasen-Eingangsspannung in eine Gleichspannung um. Mit dem Steuergerät A1 ist die Höhe der Gleichspannung und damit die Höhe der Dreiphasen-Ausgangsspannung stellbar.

Der Gleichspannungs-Zwischenkreis glättet die Gleichspannung und der selbstgeführte Dreiphasen-Wechselrichter formt die Gleichspannung in eine neue Dreiphasen-Ausgangsspannung um, deren Frequenz über das Steuergerät A2 stellbar ist.

Gleichstrom-Umrichter mit Dreiphasen-Zwischenkreis

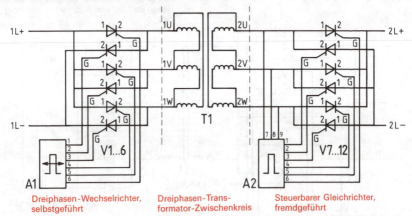

Dreiphasen-Wechselrichter, selbstgeführt — Dreiphasen-Transformator-Zwischenkreis — Steuerbarer Gleichrichter, fremdgeführt

Der selbstgeführte Dreiphasen-Wechselrichter formt die Eingangs-Gleichspannung in eine Dreiphasenspannung um. Im Transformator-Zwischenkreis findet die Spannungsanpassung auf die maximale Ausgangs-Gleichspannung statt. Der selbstgeführte Dreiphasengleichrichter formt dann die Dreiphasenspannung in eine in ihrer Spannungshöhe stellbaren Ausgangsgleichspannung um.

Diese gegenüber einem Gleichstromsteller aufwendigere Schaltung wird angewendet, wenn die Ausgangs-Gleichspannung höher als die Eingangs-Gleichspannung sein muß und/oder eine galvanische Trennung zwischen beiden Spannungen gewünscht ist.

11 Leistungselektronik

11.5.2 Stromrichter (gegenüberstellende Übersicht)

Blockschaltbild	Übersichtsplan	Beschreibung
Steuerbarer Gleichrichter	L1, L2, L3 — Spannungsanpassung — z. B. B6C-Schaltung — L+, L− — Last	Das Dreiphasennetz oder Einphasennetz mit konstanter Spannung und konstanter Frequenz wird in ein Gleichstromnetz mit stellbarer Spannung umgewandelt.
Wechselrichter	L+, L− — Gleichstromsteller — Spannungsanpassung — L1, L2, L3 — Last	Das Gleichspannungsnetz mit konstanter Spannung wird in ein Dreiphasennetz oder Einphasennetz mit stellbarer Frequenz umgewandelt.
Wechselstrom-Umrichter	1L1, 1L2, 1L3 (f_1) — z. B. M3C-Schaltung — Gleichspannungs-Zwischenkreis — Wechselrichter — 2L1, 2L2, 2L3 (f_2)	Das Dreiphasennetz oder Einphasennetz mit konstanter Spannung und konstanter Frequenz wird in ein neues Dreiphasennetz oder Einphasennetz mit neuer Frequenz und neuer Spannung umgewandelt, die beide stellbar sind.
Gleichstrom-Umrichter	1L+, 1L− — Wechselrichter — Transformator-Zwischenkreis — z. B. B6H-Schaltung — 2L+, 2L−	Das Gleichspannungsnetz mit konstanter Spannung wird in ein neues Gleichspannungsnetz mit stellbarer Spannung umgewandelt. Durch den Transformatorzwischenkreis kann die maximale Spannungshöhe der Ausgangsgleichspannung höher als die der Eingangsgleichspannung sein.
Wechselstromsteller* ($f =$ konst.)	L1, L2, L3 — Wechselstromsteller — L1, L2, L3 — Last	Das Dreiphasennetz oder Einphasennetz mit konstanter Spannung und konstanter Frequenz ist bei gleichbleibender Frequenz in seiner Spannungshöhe stellbar.
Gleichstromsteller	L+, L− — Gleichstromsteller — L+, L− — Last	Das Gleichspannungsnetz mit konstanter Spannung ist in seiner Spannungshöhe stellbar.

* Schaltzeichen nicht genormt

11 Leistungselektronik

11.6.1 Betriebsbereiche elektromotorischer Antriebe

Betriebsquadranten bezogen auf die Drehrichtung und das Drehmoment

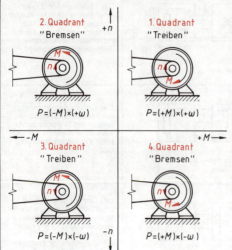

Die vier Betriebsbereiche (Quadranten), in denen ein Motor betrieben werden kann, lassen sich mit den Wirkungsrichtungen der Motordrehung und des Drehmomentes beschreiben.

Die positive Drehrichtung entspricht hierbei dem Rechtslauf, die negative Drehrichtung dem Linkslauf.

1. Quadrant
Das Drehmoment wirkt in Drehrichtung. Der Antrieb befindet sich in der Betriebsart „Treiben" für Rechtslauf.

2. Quadrant
Das Drehmoment wirkt gegen die Drehrichtung des Antriebsmotors. Der Motor befindet sich rechtsdrehend im Betriebszustand „Bremsen".

3. Quadrant
Hier liegt die Betriebsart „Treiben" für Linkslauf vor.

4. Quadrant
Der Motor befindet sich linksdrehend im Betriebszustand „Bremsen".

Betriebsquadranten bezogen auf die Motorspannung und den Motorstrom

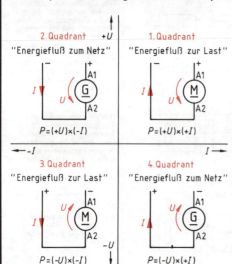

Die vier Betriebsbereiche (Quadranten) können auch mit der jeweiligen Strom- und Spannungsrichtung beschrieben werden.

Positive Spannung heißt hier Pluspol an A1 und positive Stromrichtung Stromfluß von A1 nach A2.

1. Quadrant
Spannung und Strom haben gleiche Richtung. Die Antriebsmaschine befindet sich als rechtsdrehender Motor in der Betriebsart „Treiben". Das Netz liefert Energie zum Antriebsmotor.

2. Quadrant
Spannung und Strom haben entgegengesetzte Richtung. Die Antriebsmaschine arbeitet als rechtsdrehender Generator in der Betriebsart „Bremsen". Der Antrieb liefert Energie zum Netz.

3. Quadrant
Die Antriebsmaschine befindet sich als linksdrehender Motor in der Betriebsart „Treiben". Das Netz liefert Energie zum Antriebsmotor.

4. Quadrant
Die Antriebsmaschine arbeitet als linksdrehender Generator in der Betriebsart „Bremsen". Der Antrieb liefert Energie zum Netz.

11 Leistungselektronik

11.6.2 Zwei vollgesteuerte Dreiphasenbrücken in Antiparallelschaltung

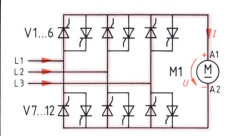

Zwei vollgesteuerte Dreiphasen-Stromrichterbrücken, die gegeneinander geschaltet sind, ermöglichen die Steuerung einer Gleichstrommaschine in allen vier Quadranten.

Motorbetrieb im ersten Quadranten

Werden die Thyristoren V1, V3, V5, V7, V9 und V11 als fremdgeführte Dreiphasengleichrichter angesteuert (B6C-Schaltung), so arbeitet die Gleichstrommaschine als rechtsdrehender Motor.

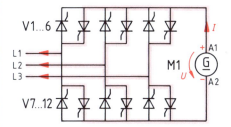

Generatorbetrieb im zweiten Quadranten

Werden die Thyristoren V2, V4, V6, V8, V10 und V12 als selbstgeführte, dreiphasige Wechselrichter angesteuert, so speist die Gleichstrommaschine als rechtsdrehender Generator Energie ins Dreiphasennetz.

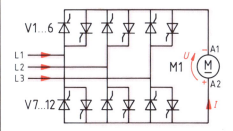

Motorbetrieb im dritten Quadranten

Werden die Thyristoren V2, V4, V6, V8, V10 und V12 als fremdgeführte Dreiphasengleichrichter angesteuert, so arbeitet die Gleichstrommaschine als linksdrehender Motor.

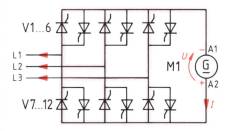

Generatorbetrieb im vierten Quadranten

Werden die Thyristoren V1, V3, V5, V7, V9 und V11 als selbstgeführte, dreiphasige Wechselrichter angesteuert, so speist die Gleichstrommaschine als linksdrehender Generator Energie ins Netz.

12 Meßgeräte und Meßschaltungen
12.1.1 Symbole für Meßgeräte mit Meßwerken

Kurzzeichen	Bedeutung
	Meßwerke
	Drehspulmeßwerk, allgemein
	Drehspulmeßwerk mit Meßgleichrichter
	Drehspulmeßwerk mit Thermoumformer
	Drehspulmeßwerk mit isoliertem Thermoumformer
	Drehspul-Quotientenmeßwerk
	Drehmagnetmeßwerk
	Drehmagnet-Quotientenmeßwerk
	Dreheisenmeßwerk
	Dreheisen-Quotientenmeßwerk
	elektrodynamisches Meßwerk (eisenlos)
	elektrodynamisches Meßwerk (eisengeschlossen)
	elektrodynamisches Quotientenmeßwerk (eisenlos)
	elektrodynamiosches Quotientenmeßwerk (eisengeschlossen)
	Induktionsmeßwerk
	Induktions-Quotientenmeßwerk
	Hitzdrahtmeßwerk
	Bimetallmeßwerk
	elektrostatisches Meßwerk
	Vibrationsmeßwerk

Kurzzeichen	Bedeutung
	Art des Meßstromes
—	Gleichstrom
~	Wechselstrom
≈	Gleich- und Wechselstrom
≈	Drehstrom mit einem Meßwerk
≈	Drehstrom mit zwei Meßwerken
≈	Drehstrom mit drei Meßwerken
	Gebrauchslage
⊥	senkrecht
⊓	waagerecht
∠60°	schräg mit Angabe des Neigungswinkels
	Prüfspannung und Sicherheit
☆	nicht ermittelt
☆	500 V
☆	Angabe in KV
	Hochspannung am Instrument oder am Zubehör
	Zusatzangaben
◌	elektrostatische Schirmung
○	elektromagnetische Schirmung
⚠	Gebrauchsanleitung beachten

12 Meßgeräte und Meßschaltungen
12.1.2 Strom- und Spannungsmessung

Messung der Stromstärke

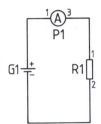

Meßschaltung
Der Innenwiderstand des Strommessers soll das Meßergebnis nur unwesentlich beeinflussen. Deshalb muß sein Innenwiderstand sehr klein sein.
Je kleiner der Innenwiderstand eines Strommessers ist, je hochwertiger ist das Meßgerät.

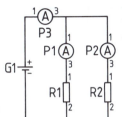

Strommessung in einer Parallelschaltung
Der Strommesser P1 mißt den Strom durch R1, P2 den Strom durch R2 und P3 den Gesamtstrom.

Meßbereichserweiterung von Strommessern

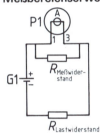

Paralleler Meßwiderstand
Durch den zum Meßwerk parallel geschalteten niederohmigen Widerstand wird der Meßbereich des Strommessers vergrößert.

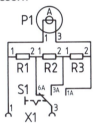

Strommesser mit mehreren Meßbereichen
Je nach Schalterstellung liegt ein anderer Widerstandswert parallel zum Meßwerk.
In dieser niederohmigen Schaltung liegt der Übergangswiderstand des Umschalters außerhalb der Meßschaltung und beeinflußt somit nicht das Meßergebnis.

Messung der Spannung

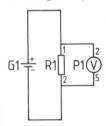

Meßschaltung
Der Innenwiderstand des Spannungsmessers soll das Meßergebnis nur unwesentlich beeinflussen. Deshalb muß sein Innenwiderstand sehr groß sein.
Je größer der Innenwiderstand eines Spannungsmessers ist, je hochwertiger ist das Meßgerät.

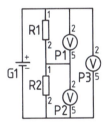

Spannungsmessung in einer Reihenschaltung
Der Spannungsmesser P1 mißt die Spannung an R1, P2 die Spannung an R2 und P3 die Gesamtspannung.

Meßbereichserweiterung von Spannungsmessern

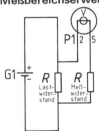

In Reihe liegender Meßwiderstand
Durch den zum Meßwerk in Reihe geschalteten hochohmigen Widerstand wird der Meßbereich vergrößert.

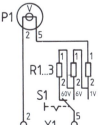

Spannungsmesser mit mehreren Meßbereichen
Je nach Schalterstellung liegt ein anderer Widerstandswert in Reihe zum Meßwerk.
In dieser hochohmigen Schaltung bleibt der Übergangswiderstand des Umschalters ohne Einfluß.

12 Meßgeräte und Meßschaltungen
12.2.1 Widerstandsmessung mit Strom- und Spannungsmessern

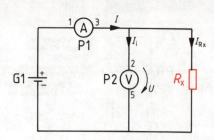

Stromfehlerschaltung

Der Strommesser mißt die Stromstärke des Widerstandes und die Stromstärke des Spannungsmessers.

$$R_x = \frac{U}{I - U/R_i} \quad \text{(Spannungsmesser)}$$

Bei kleinen Widerstandswerten ist keine „Korrekturrechnung" notwendig.

$$R_x = \frac{U}{I}$$

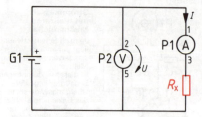

Spannungsfehlerschaltung

Der Spannungsmesser mißt die Spannung am Widerstand plus die Spannung am Strommesser.

$$R_x = \frac{U - I \cdot R_i}{I} \quad \text{(Strommesser)}$$

Bei großen Widerstandswerten ist keine „Korrekturrechnung" notwendig

$$R_x = \frac{U}{I}$$

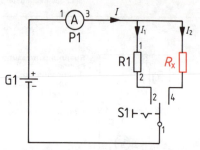

Vergleichende Strommessung

Der unbekannte Widerstand wird aus dem Ergebnisvergleich beider Strommessungen bestimmt.

$$R_x = \frac{I_1}{I_2} \cdot R_1$$

Je geringer die Widerstandstoleranz des bekannten Widerstandes ist, je genauer ist das Meßergebnis.

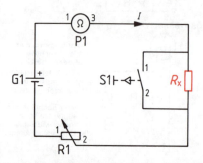

Nur durch Strommessung

Bei betätigtem Schalter S1 wird durch Stellen von R1 der Strommesser auf Endausschlag gebracht. Dieser Endausschlag entspricht jetzt dem Widerstandswert 0 Ω.
Nach Öffnen des Schalter S1 ist der Stromrückgang nur noch von der Widerstandsgröße R_x abhängig.

$$R_x \sim \frac{1}{I}$$

Die Skala des Strommessers ist direkt in Ohm geeicht.

12 Meßgeräte und Meßschaltungen
12.2.2 Widerstandsmessung mit Meßbrücken, Widerstandsthermometer

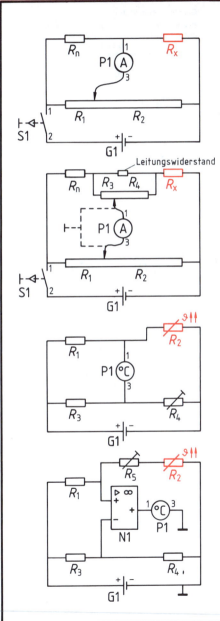

Wheatstonesche Meßbrücke

Bei gedrücktem Schalter und gleichzeitigem Stellen des Schleifers wird die Brückenspannung auf 0 V und damit die Anzeige des Strommessers auf 0 A gebracht.
Hierzu eignen sich Strommesser mit der Zeigerstellung Null in der Skalenmitte besonders.
Für die abgeglichene Brücke gilt:

$$R_x = \frac{R_n \cdot R_2}{R_1}$$

Diese Brückenschaltung eignet sich für Widerstandsmessungen von ca. 0,1 Ω–1 MΩ.

Thomson-Meßbrücke

Durch Verstellen des Schleifers ist diese „Doppelbrücke" so abzugleichen, daß die Brückenspannung 0 V beträgt und der Strommesser 0 A anzeigt.

$$R_x = \frac{R_n \cdot R_2}{R_1} = \frac{R_n \cdot R_4}{R_3}$$

Diese Brückenschaltung eignet sich zum Messen kleinster Widerstände ab ca. 0,01 mΩ.

Widerstandsthermometer

Für eine bestimmte Anfangstemperatur wird durch Stellen von R_4 die Brückenschaltung abgeglichen. Jede Temperaturänderung ändert den Widerstandswert von R_2. Die Brücke ist dann nicht mehr abgeglichen.
Die Höhe der Brückenspannung ist direkt von der Temperaturänderung abhängig. Das Meßgerät wird meist direkt in °C geeicht.

Widerstandsthermometer mit Operationsverstärker

Durch den Operationsverstärker wird die Empfindlichkeit der Messung wesentlich erhöht.
Der Eigenwiderstand der Anschlußleitungen wird mit R_5 auf einen festen Wert eingestellt.

12 Meßgeräte und Meßschaltungen

12.3.1 Vielfachmeßinstrument (Schaltungsausschnitte)

Gleichspannungsmessung:

Die Erweiterung des Meßbereiches geschieht durch Vorwiderstände, die mit dem eigentlichen Meßwerk in Reihe geschaltet werden.

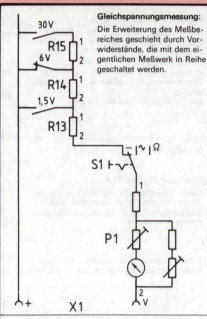

Gleichstrommessung:

Bei der Erweiterung des Meßbereiches werden die Nebenwiderstände unterteilt, sie gehen je nach Schalterstellung teils als Vor-, teils als Nebenwiderstand zum Meßwerk ein. Dadurch liegt der Übergangswiderstand des Umschalters außerhalb der Meßschaltung!

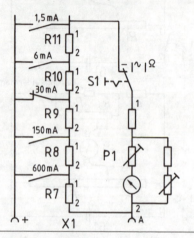

Wechselstrommessung:

Die Meßbereichserweiterung erfolgt durch die Umschaltung auf andere Primärspulen des eingebauten Meßwandlers.

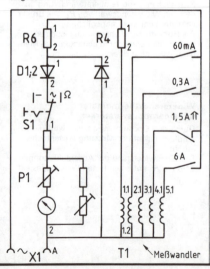

Widerstandsmessung:

Die direkt anzeigende Reihenohmmessung beruht auf der Strommessung bei bekannter und konstant bleibender Spannung. Vor der Messung wird bei kurzgeschlossenen Anschlußklemmen durch Verstellen des Widerstandes das Meßgerät auf Vollausschlag $R_x = 0\ \Omega$ gebracht.

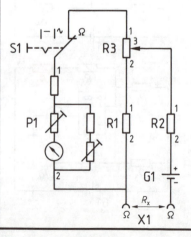

12 Meßgeräte und Meßschaltungen

12.3.2 Vielfachmeßinstrument (vereinfacht nach einer Schaltung von Hartmann & Braun)

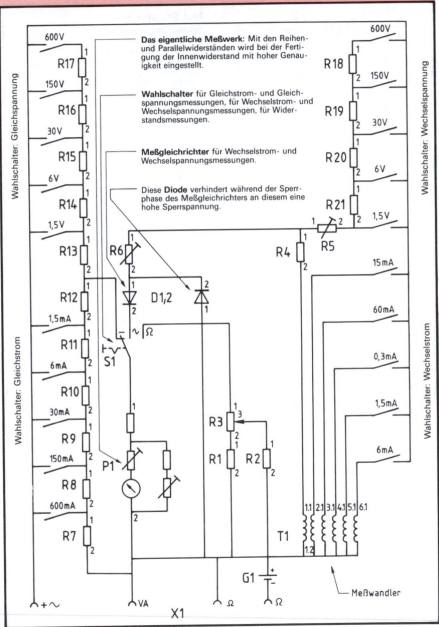

12 Meßgeräte und Meßschaltungen
12.4.1 Leistungsmessungen

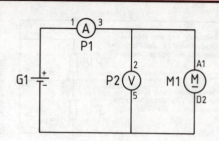

Mit Strom und Spannungsmessern

Gleichstrommessung

Das Produkt aus Spannung und Stromstärke ergibt unabhängig von der Art des angeschlossenen Gerätes die wirkliche Leistung.

$P = U \cdot I$

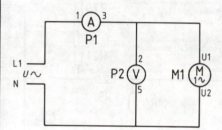

Wechselstrommessung

Das Produkt aus Spannung und Stromstärke ergibt beim Anschluß von Wechselstromwiderständen die Scheinleistung.

$S = U \cdot I$

Zur Bestimmung der Wirkleistung muß noch der $\cos \varphi$ ermittelt werden.

$P = U \cdot I \cdot \cos \varphi$

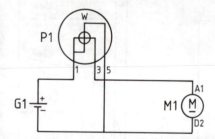

Mit Leistungsmessern

Gleichstrommessung

Das elektrodynamische Meßwerk zeigt direkt ohne Rechnung das Produkt aus Spannung und Stromstärke an.

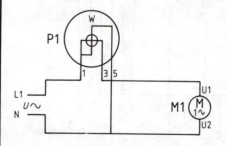

Wechselstrommessung

Unabhängig von der Art des angeschlossenen Gerätes zeigt das elektrodynamische Meßwerk die Wirkleistung an, da das Meßwerk Spannung, Stromstärke und ihre Phasenverschiebung direkt erfaßt.

12 Meßgeräte und Meßschaltungen
12.4.2 Leistungsfaktormessung

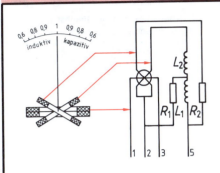

Elektrodynamisches Quotientenmeßwerk

Die Ströme in den beiden gegeneinander drehenden Spannungsspulen haben durch die R-L-Schaltung eine Phasenverschiebung von 90°.
Die Phasenlage des Stromes in der feststehenden Spule bestimmt dann in bezug zur Phasenlage der beiden Spannungsspulen den Zeigerausschlag.

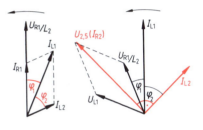

Zeigerbilder

Über das Hilfszeigerbild der R_1/L_2-Parallelschaltung werden die beiden Winkel φ_1 und φ_2 ermittelt.
Durch Übertragung dieser Winkel in das Zeigerbild für die L_1 (R_1/L_2)-Reihenschaltung läßt sich die 90°-Phasenverschiebung zwischen den Strömen in den beiden Spannungsspulen nachweisen.

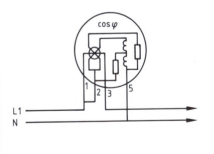

Messung im Einphasennetz

Die Phasenverschiebung zwischen den Strömen in den beiden Spannungsspulen wird durch die oben erklärte „Zusatzbeschaltung" erreicht.

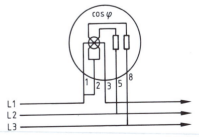

Messung im Dreiphasennetz

Die Phasenverschiebung zwischen den Strömen in den beiden Spannungsspulen wird durch den Spannungsanschluß an zwei verschiedene Außenleiter erreicht.

12 Meßgeräte und Meßschaltungen
12.5.1 Arbeitsmessung und Zähleranschlüsse

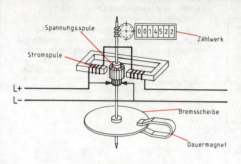

Arbeitsmessung bei Gleichstrom

Das Wirkungsprinzip eines Gleichstromzählers entspricht dem eines Gleichstrommotors. Die Feldwicklung mißt die Stromstärke und die Ankerwicklung die Spannung. Die Stärke beider Magnetfelder bestimmt dann das Drehmoment des „Zählermotors". Die gezählte Anzahl der Umdrehungen ist proportional zur Stromstärke, zur Spannung und zur Zeit.

$W = U \cdot I \cdot t$

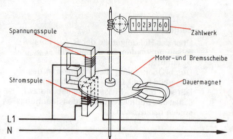

Arbeitsmessung bei Wechselstrom

Das Wirkungsprinzip eines Wechselstromzählers entspricht dem eines Induktionsmotors. Dadurch entfallen die Kohlebürsten. Die rotierende Scheibe dient nicht nur zur Dämpfung, sie ist auch angetriebener Läufer.
Außer der Stärke der Magnetfelder der Stromspule und der Spannungsspule bestimmt auch ihre Phasenverschiebung zueinander die gezählten Umdrehungen.

$W = U \cdot I \cdot t \cdot \cos\varphi$

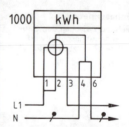

Einphasen-Wechselstromzähler

Bei älteren Zählern ist der Anschluß des N-Leiters im Zähler geschleift. Deshalb sind die beiden Anschlüsse 4 und 6 notwendig. In Neuanlagen wird der N-Leiter nur einmal an die Klemme 5 geführt.

Bedeutung der Zählernummern

Eine vierstellige Schaltungsnummer gibt Auskunft über die Innenschaltung des Zählers, über Zusatzeinrichtungen, über den äußeren Anschluß des Zählers und über die Schaltung der Zusatzeinrichtungen.

1. Ziffer:
Grundart des Zählers:
1 Einpoliger Wechselstromzähler
2 Zweipoliger Wechselstromzähler
3 Dreileiter-Drehstromzähler
4 Vierleiter-Drehstormzähler
5 Dreileiter-Drehstrom-Blindverbrauchszähler. 60°-Abgleich
7 Vierleiter-Drehstrom-Blindverbrauchszähler. 90°-Abgleich

2. Ziffer:
Zusatzeinrichtungen:
0 keine
1 Mit Zweitarifeinrichtung
2 Mit Maximumeinrichtung
3 Mit Zweitarif- und Maximumeinrichtung
6 Mit Impulsgabeeinrichtung
7 Mit Impulsgabe- und Zweitarifeinrichtung

3. Ziffer:
Äußerer Anschluß der Grundart:
0 Für unmittelbaren Anschluß
1 Über Stromwandler
2 Über Strom- und Spannungswandler

4. Ziffer:
Schaltung der Zusatzeinrichtung:
0 Ohne äußeren Anschluß
1 Mit einpoligem inneren Anschluß
2 Mit äußerem Anschluß
3 Mit innerem Anschluß in Öffnungsschaltung
4 Mit innerem Anschluß in Kurzschließschaltung
5 Mit äußerem Anschluß in Öffnungsschaltung
6 Mit äußerem Anschluß in Kurzschließschaltung

12 Meßgeräte und Meßschaltungen
12.5.2 Zählerschaltungen

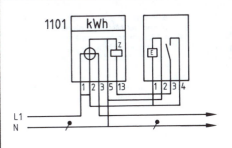

Wechselstrom-Zweitarifzähler
Dieser Zähler hat zwei Zählwerke, eines für den Hochtarif und eines für den Niedertarif. Die von der Tageszeit abhängige Umschaltung von einem Tarif auf den anderen wird von einer Tarifschaltuhr oder von einem Rundsteuerempfänger gesteuert.

E Empfangsteil des Rundsteuerempfängers

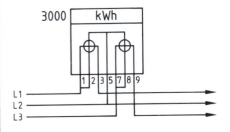

Dreileiter-Drehstromzähler
Durch die beiden Meßwerke erfaßt der Zähler auch jede unsymmetrische Belastung. Bei einer rein symmetrischen Belastung genügt auch bei Drehstrom ein Meßwerk.

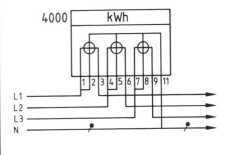

Vierleiter-Drehstromzähler
Drei Meßwerke sind notwendig, um jede auch noch so unsymmetrische Belastung, ob einphasig oder dreiphasig, zu erfassen. Die Spannungsanschlüsse 2,5 und 8 sind meist bereits im Zähler fest verdrahtet.

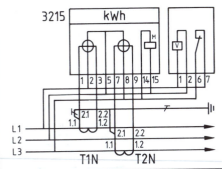

Dreileiter-Drehstromzähler über Stromwandleranschluß mit Maximumeinrichtung
Auch Maximumzähler haben zwei Zählwerke. Während einer bestimmten „Kontrollzeit" wird zur Berechnung der Grundgebühr die mittlere „Höchstleistung" ermittelt. Das Maximumzählwerk wird für ca. 15 bis 30 Minuten von einer auf diese Zeit eingestellten Zeituhr oder von einem Rundsteuerempfänger betätigt.

V Spannungsversorgung der Tarifschaltuhr

12 Meßgeräte und Meßschaltungen
12.6.1 Aufbau eines digitalen Vielfachmeßgerätes

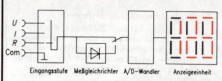

Blockschaltbild eines Digitalen Vielfachmeßgerätes

Digitale Meßgeräte ermöglichen das fehlerfreie Ablesen der Meßergebnisse. Die für analoge Meßgeräte typische Parallaxe- und Lagefehler treten nicht auf.
Tendenzen und Veränderungen des Meßwertes, z. B. bei Abgleicharbeiten, lassen sich jedoch nur schwer erkennen. Für derartige Verwendungszwecke ist der Einsatz von analogen Meßgeräten anschaulicher.

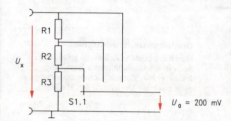

Eingangsstufe: Spannungsmeßbereiche

Eingangsstufe

Spannungsmeßbereiche

Die Meßspannung U_x wird auf die Grundempfindlichkeit des A/D-Wandlers (200 mV) heruntergeteilt.

$$U_a = U_x \cdot \frac{R_3}{R_g}$$

Der Eingangswiderstand (10 MΩ) bleibt unabhängig vom Meßbereich konstant.

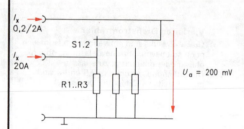

Eingangsstufe: Strommeßbereiche

Strommeßbereiche

Die Stromstärke I_x wird indirekt über den Spannungsfall an dem jeweiligen Meßwiderstand $R_1 \ldots R_3$ bestimmt.
Hohe Ströme werden über eine getrennte Meßbuchse zugeführt.

$$U_a = I_k \cdot R_1 \ldots R_3$$

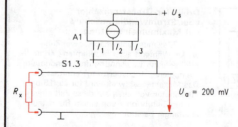

Eingangsstufe: Widerstandsmeßbereiche

Widerstandsmeßbereiche

Die umschaltbare Konstantstromquelle A1 erzeugt über dem unbekannten Widerstand R_x einen Spannungsfall, der proportional zum Widerstandswert ist.

$$U_a = R_x \cdot I_k$$

Meßgleichrichter

Zur Meßung von Wechselgrößen wird vor den A/D-Wandler ein Meßgleichrichter geschaltet. Dieser wird mit Operationsverstärkern aufgebaut, um auch kleine Wechselgrößen messen zu können.

12 Meßgeräte und Meßschaltungen
12.6.2 Zweiflanken-A/D-Wandler

Prinzip der Zweiflanken-A|D-Wandlung:

1. Flanke: Aufladung des Kondensators C1 in der konstanten Zeit t_1 mit dem unbekannten Strom I_1.

$$I_1 = \frac{U_x}{R_1}$$

2. Flanke: Entladung des Kondensators C1 in der variablen Zeit t_2 mit dem bekannten Strom I_2.

$$I_2 = \frac{U_{ref}}{R_1}$$

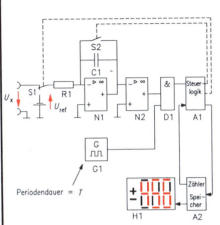

Zweiflanken-A/D-Wandler mit Anzeigeeinheit

Zu Beginn der Messung öffnet die Steuerlogik den Schalter S2 und legt die Meßspannung U_x über den Wechselschalter S1 an den Eingang des Integrators N1. Der Komparator N2 gibt das UND-Gatter frei; die Taktimpulse von G1 werden gezählt. Nach einer festgelegten Zeitdauer (z.B. 1000 Impulsen $\Rightarrow$ $t_1 = 1000\,T$), gibt der Zähler ein Signal an die Steuerlogik. In dieser Zeit lädt sich der Kondensator C1 über den Widerstand R1 auf.

$$Q_1 = I_1 \cdot t_1 = \frac{U_x}{R_1} \cdot t_1 = \frac{U_x}{R_1} \cdot 1000 \cdot T$$

Ablauf der Zweiflanken-A/D-Wandlung

Nach der Zeit t_1 schaltet die Steuerlogik den Schalter S1 auf die Referenzspannungsquelle um; der Kondensator C1 wird jetzt über den Widerstand R1 entladen:

$$Q_2 = I_2 \cdot t_2 = \frac{U_{ref}}{R_1} \cdot t_2 = \frac{U_{ref}}{R_1} \cdot n \cdot T$$

Sobald C1 entladen ist, sperrt der Komparator das UND-Gatter. Die Zahl der Impulse n während des Entladevorgangs wird gezählt, zwischengespeichert und als Meßergebnis angezeigt. Da $Q1 = Q2$ gilt, berechnet sich die Anzahl n der Impulse wie folgt:

$$n = U_x \cdot \frac{1000}{U_{ref}}$$

Toleranzen von R1 und C1 sowie des Taktgenerators verfälschen das Meßergebnis nicht.

12 Meßgeräte und Meßschaltungen
12.7.1 Meßbereichswahlschalter eines digitalen Vielfachmeßgerätes

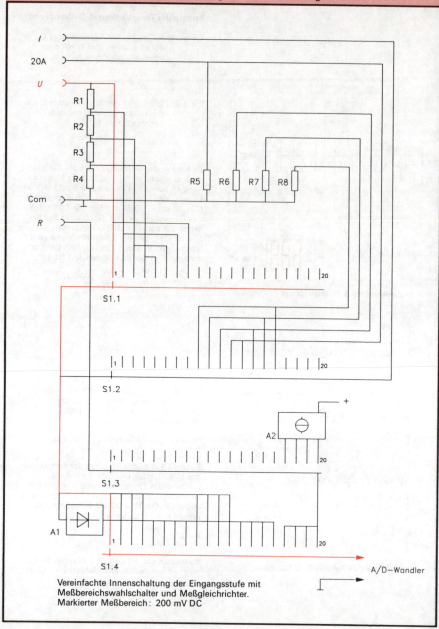

Vereinfachte Innenschaltung der Eingangsstufe mit Meßbereichswahlschalter und Meßgleichrichter.
Markierter Meßbereich: 200 mV DC

12 Meßgeräte und Meßschaltungen
12.7.2 Kennlinienaufnahme mit digitalen Vielfachmeßgeräten

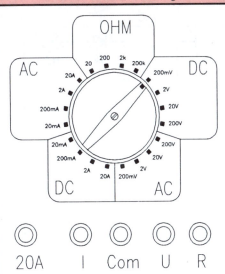

Meßbereichswahlschalter

Die Zeichnung zeigt den Meßbereichswahlschalter und die Eingangsbuchsen der auf der gegenüberliegenden Seite dargestellten Innenschaltung eines digitalen Vielfachmeßgerätes.

AC = **A**lternating **C**urrent =
  Wechselstrom
  engl. Kurzbezeichnung für Wechselgrößen

DC = **D**irect **C**urrent =
  Gleichstrom
  engl. Kurzbezeichnung für Gleichgrößen

Com = **Com**mon =
  gemeinsam
  engl. Kurzbezeichnung für gemeinsamen Massenanschluß

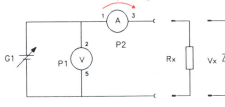

Spannungsfehlerschaltung

Meßschaltungen

Spannungsfehlerschaltung

Die Spannung an dem unbekannten Bauelement (z. B. Widerstand, Diode) wird um den Spannungsfall an P2 zu groß gemessen.

Anwendung:
Bei *kleinen* Meßströmen, z. B.:
- Bestimmung hochohmiger Widerstände,
- Kennlinienaufnahme von Dioden im Sperrbereich.

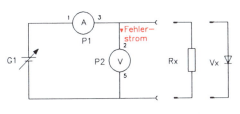

Stromfehlerschaltung

Stromfehlerschaltung

Der Strom durch das unbekannte Bauelement (z. B. Widerstand, Diode) wird um den Strom durch P2 zu groß gemessen.

Anwendung:
Bei *großen* Meßströmen, z. B.:
- Bestimmung niederohmiger Widerstände,
- Kennlinienaufnahme von Dioden im Durchlaßbereich.

13 Elektronik
13.1.1 Schaltdioden

Entkopplung bei Wechselspannung

Wird S1 geschlossen, so fließt durch H1 ein Strom, wenn L1 gegenüber L2 positiv ist.
Wird S2 geschlossen, so fließt durch H2 ein Strom, wenn L2 positiv gegenüber L1 wird.

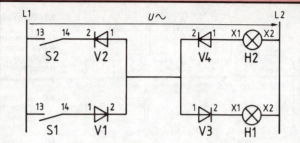

Entkopplung bei Gleichspannung

Wird S1 geschlossen, so leuchtet nur H1.
Wird S2 geschlossen, so leuchten H1 und H2.
Wird S3 geschlossen, so leuchten alle Leuchtmelder.

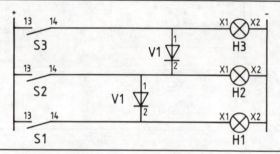

Spannungsbegrenzung

Die Spannung in Durchlaßrichtung liegt bei Siliziumdioden je nach Typ und Stromstärke zwischen 0,7–1 V.

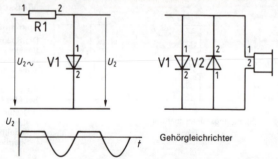

Freilaufdiode

Die Selbstinduktionsspannung beim Abschalten wird durch die Diode kurzgeschlossen.

Verzögerungsdiode

Durch den Induktionsstrom in der zweiten gegensinnig wirkenden Wicklung wird die Magnetisierung im Eisenkern verzögert.

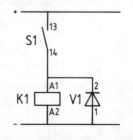 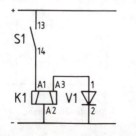

13 Elektronik
13.1.2 Zenerdioden

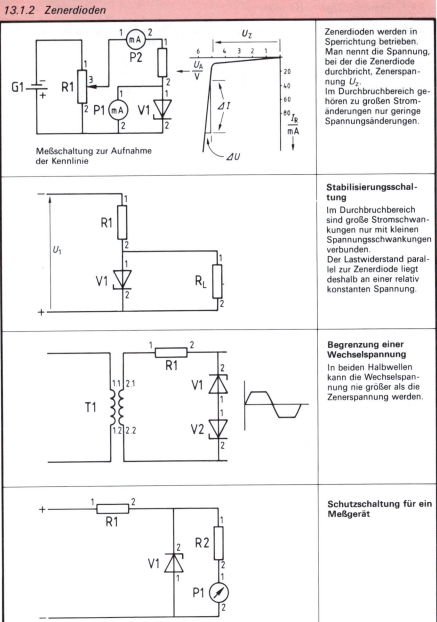

Meßschaltung zur Aufnahme der Kennlinie

Zenerdioden werden in Sperrichtung betrieben. Man nennt die Spannung, bei der die Zenerdiode durchbricht, Zenerspannung U_Z.
Im Durchbruchbereich gehören zu großen Stromänderungen nur geringe Spannungsänderungen.

Stabilisierungsschaltung

Im Durchbruchbereich sind große Stromschwankungen nur mit kleinen Spannungsschwankungen verbunden.
Der Lastwiderstand parallel zur Zenerdiode liegt deshalb an einer relativ konstanten Spannung.

Begrenzung einer Wechselspannung

In beiden Halbwellen kann die Wechselspannung nie größer als die Zenerspannung werden.

Schutzschaltung für ein Meßgerät

13 Elektronik
13.2.1 Thyristor, Thyristorkennlinie

Der Thyristor ist ein steuerbarer Siliziumgleichrichter. Sein Aufbau entspricht dem einer Vierschichtdiode. Im Gegensatz zur Vierschichtdiode hat die mittlere P-Schicht einen Anschluß.

A = Anode
  positiver Anschluß

K = Katode
  negativer Anschluß

G = Gate oder Tor
  positiver Steueranschluß

Ersatzschaltbilder

Die Thyristorkennlinie

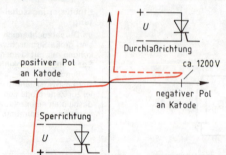

Ohne Beeinflussung über den Steueranschluß sperrt der Thyristor in beiden Richtungen. Nach Erreichen der Durchbruchspannung fällt die Spannung am Thyristor auf ca. 1 bis 2 V ab. Der Durchbruch kann jedoch schon bei wenigen Volt Betriebsspannung erfolgen, wenn über die Steuerelektrode ein kurzer Stromimpuls (z. B. 200 mA) fließt.

Phasenanschnittsteuerung eines Thyristors

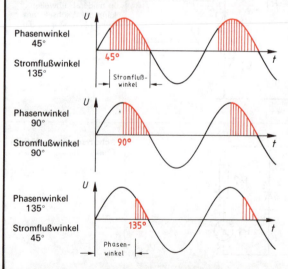

Phasenwinkel 45°
Stromflußwinkel 135°

Phasenwinkel 90°
Stromflußwinkel 90°

Phasenwinkel 135°
Stromflußwinkel 45°

Im durchgeschalteten Zustand kann der Stromfluß von der Steuerelektrode nicht mehr beeinflußt werden. Die Abschaltung erfolgt selbsttätig mit dem Ende der einmal eingeschalteten Halbperiode.

Während der positiven Halbperiode kann bei jedem beliebigen Phasenwinkel mit einem Stromimpuls über die Steuerelektrode periodisch geschaltet werden.

13 Elektronik
13.2.2 Thyristor-Steuerschaltungen (Dimmer)

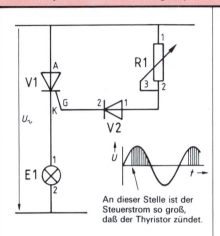

Steuerungsphasenwinkel 0–90°

Bei der positiven Halbwelle fließt über R1 ein Steuerstrom. Von der Größe dieses Widerstandes hängt es ab, bei welchem Punkt der Spannungskurve der Steuerstrom groß genug ist, den Thyristor zu zünden.

An dieser Stelle ist der Steuerstrom so groß, daß der Thyristor zündet.

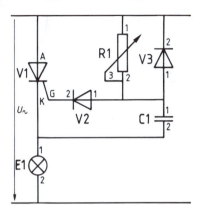

Steuerungsphasenwinkel 0–180°

Bei der negativen Halbwelle lädt sich der Kondensator C1 so auf, daß Anschluß 1 negativ wird. Beim Ansteigen der positiven Halbwelle kann über V2 so lange kein Steuerstrom fließen, solange Kondensatoranschluß 1 gegenüber 2 negativ ist.

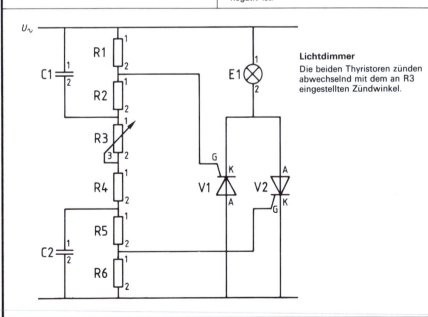

Lichtdimmer

Die beiden Thyristoren zünden abwechselnd mit dem an R3 eingestellten Zündwinkel.

13 Elektronik
13.3.1 Diac und Triac

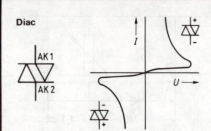

Diac

Diese Dreischichtdiode sperrt unabhängig von der Polarität. Ab einer bestimmten Spannung schaltet sie durch wie eine Glimmröhre.

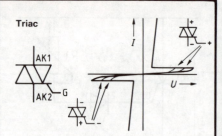

Triac

Die Wirkungsweise entspricht zweier antiparallelgeschalteter Thyristoren, wobei hier jedoch nur ein Steueranschluß notwendig ist.

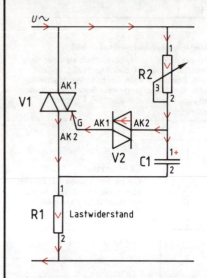

Durchsteuern bei der positiven Halbwelle

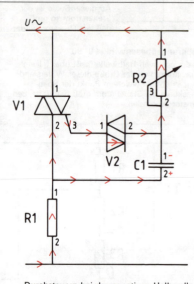

Durchsteuern bei der negativen Halbwelle

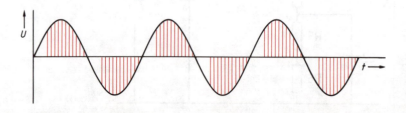

13 Elektronik
13.3.2 Dimmerschaltung mit Diac und Triac

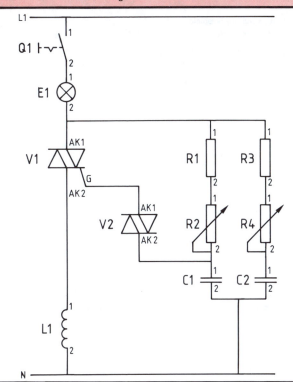

Helligkeitssteuerung von Glühlampen

Mit R4 wird eine Grundlast für die Lampe eingestellt.

Mit R2 wird die Helligkeit oberhalb der Grundlast gesteuert.

Mit L1 und C1 werden hochfrequente Störungen unterdrückt.

Unabhängig von der Polarität der anliegenden Wechselspannung wird der Kondensator C1 aufgeladen. Die Ladezeit bis zur Kippspannung des Diac wird am Widerstand R1 eingestellt. Die kräftige Entladung des Kondensators durch den Diac zündet den Triac V1 jede halbe Periode mit dem eingestellten Phasenwinkel.

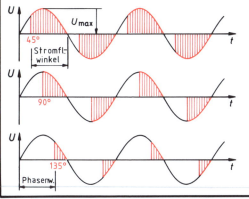

Phasenwinkel	45°
Stromflußwinkel	135°
Leistung	91% von P_{max}
höchster Augenblickswert	100% von U_{max} der Spannung

Phasenwinkel	90°
Stromflußwinkel	90°
Leistung	50% von P_{max}
höchster Augenblickswert	100% von U_{max} der Spannung

Phasenwinkel	135°
Stromflußwinkel	45°
Leistung	9% von P_{max}
höchster Augenblickswert	71% von U_{max} der Spannung

13 Elektronik
13.4.1 Temperaturabhängige Widerstände

Kaltleiter
PTC-Widerstände
(Positiv Temperature Coeffizient)

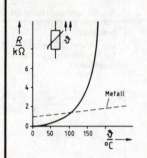

Bei reinen Metallen nimmt der Widerstand um etwa 0,4 % pro Grad Celsius zu.
Bei Kaltleitern nimmt der Widerstand um etwa 100 % pro Grad Celsius zu.

Anwendungsbeispiele

Temperaturfühler

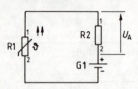

R2 ist hochohmig. Bei niedriger Temperatur ist U_A deshalb hoch. Steigt die Temperatur, so wird R1 hochohmig, U_A sinkt.

Überstromsicherung

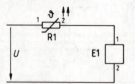

Tritt im Gerät E1 ein Kurzschluß auf, so erwärmt sich R1 durch den großen Strom, sein Widerstand wird hoch.

Flüssigkeits-Niveaufühler

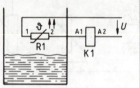

Taucht R1 nicht ein, so ist sein Widerstand groß, das Relais wird nicht erregt.

Temperaturregler

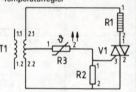

Bei niedriger Temperatur ist die Spannung an R2 groß, der Triac wird durchgesteuert.

Heißleiter
NTC-Widerstände
(Negative Temperature Coeffizient)

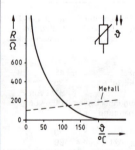

Bei Heißleitern nimmt der Widerstand 3–5,5 % pro Grad Erwärmung ab.

Anwendungsbeispiele

Anlassen

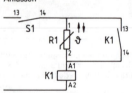

Nach dem Einschalten sinkt durch Erwärmung der Widerstand von R1. K1 schaltet verzögert.

Kompensieren

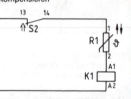

Bei Steigen der Außentemperatur steigt der Spulenwiderstand von K1 und sinkt der Heißleiterwiderstand von R1.

Regeln

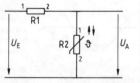

Steigt U_E, so wächst die Eigenerwärmung von R2, der Strom steigt und damit der Spannungsabfall an R1.

Messen

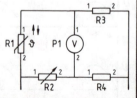

Durch R2 wird die Brücke auf 0 °C abgeglichen.

13 Elektronik
13.4.2 Spannungsabhängige und lichtabhängige Widerstände

Spannungsabhängige Widerstände

VDR-Widerstände
(Voltage Dependend Resistor)

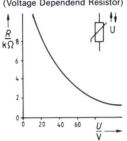

Je höher die Spannung, um so niedriger der Widerstand.

Anwendungsbeispiele

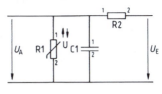

Der VDR-Widerstand wirkt für den Kondensator als **Überspannungsschutz**.

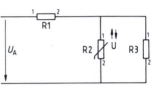

Spannungsstabilisierung

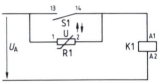

Schaltfunkenunterdrückung

Fotowiderstände
LDR-Widerstände
(Light Dependend Resistor)

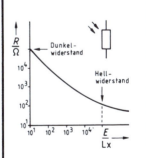

Bei einer plötzlichen Änderung von Dunkel auf Hell benötigt der Widerstand etwa 10–30 ms, um auf den Hellwiderstand zu kommen.

Anwendungsbeispiele

Hellschaltung
Das Relais kann bei Dunkelheit nicht eingeschaltet werden.

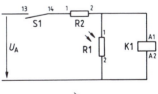

Dunkelschaltung
Das Relais kann bei Helligkeit nicht eingeschaltet werden.

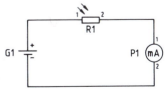

Je größer die Helligkeit, um so größer die gemessene Stromstärke. Der Strommesser kann auf Lux (Lx) geeicht werden.

13 Elektronik
13.5.1 Bipolare Transistoren

Polarität der Betriebsspannungen

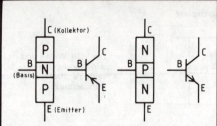

PNP-Transistor   NPN-Transistor

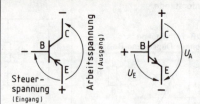

PNP-Transistor   NPN-Transistor

Basisschaltung

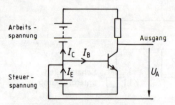

Am Basisanschluß teilt sich der Emitterstrom in den Basisstrom und den Kollektorstrom.

Kollektorschaltung

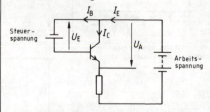

Am Kollektoranschluß teilt sich der Emitterstrom in den Basisstrom und in den Kollektorstrom.

Emitterschaltung

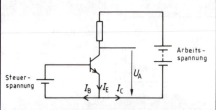

Am Emitteranschluß teilt sich der Emitterstrom in den Basisstrom und den Kollektorstrom.

Kennlinien (Emitterschaltung)

(Kennlinienfeld mit $I_B = 0{,}4\,\text{mA}$, $I_B = 0{,}3\,\text{mA}$, $I_B = 0{,}2\,\text{mA}$, $I_B = 0{,}1\,\text{mA}$; Achsen I_C/mA, U_{CE}/V, I_B/mA, U_{BE}/V)

Grundschaltung: Transistor als Schalter

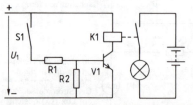

Wird S1 geschlossen, dann zieht das Relais K1 an.

Grundschaltung: Transistor als Verstärker

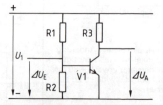

Eine Spannungsänderung (ΔUE) hat im Ausgang eine größere Spannungsänderung (ΔUA) zur Folge.

13 Elektronik
13.5.2 Transistorschalter in der Digitaltechnik

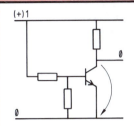

Eingang 1 → Ausgang ∅

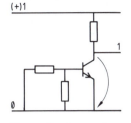

Eingang ∅ → Ausgang 1

NICHT-Funktion

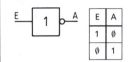

E	A
1	∅
∅	1

Der Transistorschalter erfüllt die NICHT-Funktion: Hat der Eingang den Wert 1, dann hat der Ausgang den Wert ∅ (nicht 1).

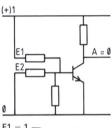

E1 = 1 ─┤─ A = ∅
E2 = ∅

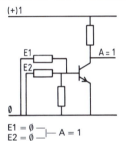

E1 = ∅ ─┤─ A = 1
E2 = ∅

NOR-Funktion

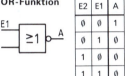

E2	E1	A
∅	∅	1
∅	1	∅
1	∅	∅
1	1	∅

Durch einen zusätzlichen Eingang wird aus der NICHT-Funktion eine NOR-Funktion.
NOR bedeutet NICHT-ODER.

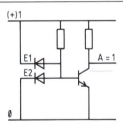

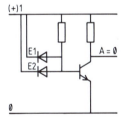

Nur wenn alle Eingänge auf 1 liegen, hat der Ausgang den Wert Null.

NAND-Funktion

E2	E1	A
∅	∅	1
∅	1	1
1	∅	1
1	1	∅

Durch diese Eingangsbeschaltung ergibt sich die NAND-Funktion.
NAND bedeutet NICHT-UND.

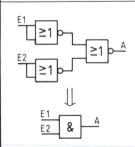

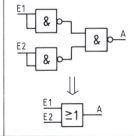

Mit NOR- und NAND-Elementen können alle anderen logischen Funktionen geschaltet werden.

Beispiel 1: Aus 3 NOR-Elementen entsteht ein UND-Element.

Beispiel 2: Aus 3 NAND-Elementen entsteht ein ODER-Element.

13 Elektronik
13.6.1 Schmitt-Trigger

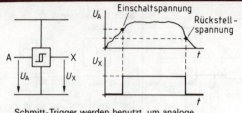
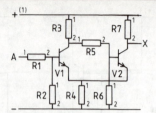

Schmitt-Trigger werden benutzt, um analoge Signale in digitale Signale umzusetzen. Die Differenz zwischen Einschalt- und Rückstellspannung heißt Schalthysterese.

R4 ist der gemeinsame Emitterwiderstand für beide Transistoren.

Wirkungsweise

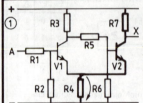

① Bei eingeschalteter Betriebsspannung und nicht beschaltetem Eingang ist V2 durchgesteuert. An R4 fällt eine Spannung ab.

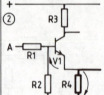

② Über R2 liegt die Basis von V1 auf Minus. Der Emitter ist dagegen positiv. Zwischen Emitter und Basis wirkt der Spannungsabfall an R4 als Sperrspannung.

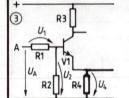

③ Die Eingangsspannung teilt sich auf in U1 und U2. V1 kann nur durchsteuern, wenn U2 um ~0,7 V größer ist als U4.

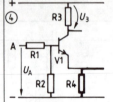

④ Steuert V1 durch, dann wird der Spannungsabfall an R3 (U3) größer.

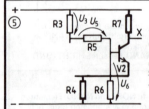

⑤ Wird U3 größer, dann werden U5 und U6 kleiner und damit die Steuerspannung an V2.

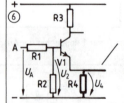

⑥ Wenn dieser Strom kleiner wird, dann wird auch U4 kleiner und damit die Steuerspannung an V1 größer.

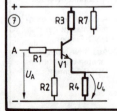

⑦ Das Abfallen des Stromes in V2 hat V1 durchgesteuert. Ist R3 > R7, so ist jetzt U4 kleiner als in 1.
→ Schalthysterese

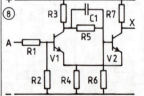

⑧ Ein Kondensator parallel zu R5 beschleunigt den Kippvorgang.

13 Elektronik
13.6.2 Temperaturschalter – Dämmerungsschalter (Anwendungen des Schmitt-Triggers)

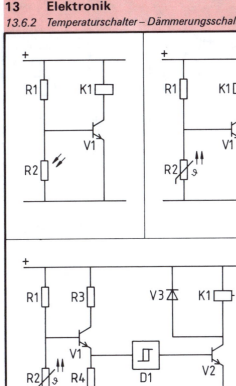

Temperaturschalter – Dämmerungsschalter

Solche direkten Schaltungen sind nur geeignet, wenn sich Licht- oder Temperaturwerte schnell und in relativ großen Bereichen ändern.
Ändern sich diese Werte langsam, so geraten die Relais im Bereich ihres Anzugsmomentes in instabile Lagen.
Um die Relais sicher zu schalten, müssen die Analogwerte der Spannungen an den Sensoren in Digitalwerte umgewandelt werden.

Temperaturschalter

Steigt die Temperatur, so erhöht sich der Spannungsfall an R2, V1 wird durchgesteuert und der Spannungsfall an R4 schaltet den Schmitt-Trigger. V2 wird durchgesteuert und das Relais zieht an.

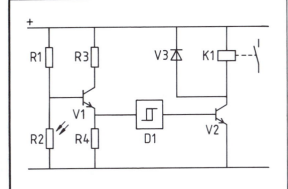

Dämmerungsschalter

Der Spannungsfall an R2 steigt mit abfallender Lichtstärke. Hierdurch wird der gleiche Schaltvorgang ausgelöst wie beim Temperaturschalter.

13 Elektronik

13.7.1 Bistabile Kippstufe (Gedächtnis, Speicher, Merker, Flipflop)

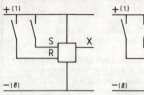

Das bistabile Kippglied hat 2 Eingänge.

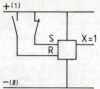

Erhält der Eingang S (set) den Befehl 1, dann hat der Ausgang X den Wert 1.

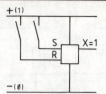

Der Ausgang behält den Wert 1 (Gedächtnisfunktion).

Über den Eingang R (reset) kann der Ausgang wieder auf Null gesetzt werden.

1. Aufbau einer bistabilen Kippstufe aus 2 NICHT-Elementen

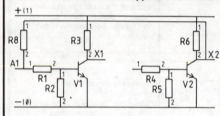

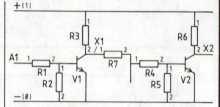

1. Schritt: Der Ausgang X1 wird mit dem Eingang A2 verbunden.

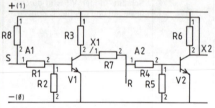

2. Schritt: Der Ausgang X2 wird mit dem Eingang A1 verbunden.

Wird der Eingang S mit 1 verbunden, dann steuert V1 durch. X1 wird Null und damit über den Eingang A2 V2 gesperrt. X2 hat jetzt den Wert 1. Über den Widerstand R8 wird der Wert 1 auf die Basis von V1 zurückgekoppelt. Der Schaltzustand wird hierdurch aufrecht erhalten, bis über den Befehl 1 an R der Transistor V2 durchsteuert.

2. Aufbau einer bistabilen Kippstufe aus 2 NOR-Elementen

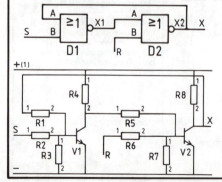

Wird S an 1 gelegt, dann geht X1 auf ∅. Der Wert ∅ wird auf den Eingang von D2 übertragen. Der Ausgang X2 nimmt den Wert 1 an. Durch die Rückkopplung dieses Wertes auf den Eingang A von D1 bleibt dieser Schaltzustand solange erhalten, bis der Befehl 1 an R (Eingang B von D2) den Ausgang X2 wieder auf ∅ schaltet.

13 Elektronik
13.7.2 RS-Flipflop

Richtimpulsschaltung

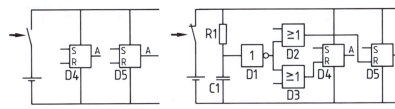

Beim Einschalten der Versorgungsspannung kann der Ausgang eines RS-Flipflops den Wert 1 oder den Wert ∅ annehmen.

Der ungeladene Kondensator bewirkt, daß der Eingang von D1 beim Einschalten auf ∅ liegt. Dadurch werden alle Rücksetzeingänge gesetzt.

Vorrangschaltung

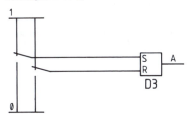
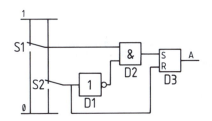

Der Ausgang ist unbestimmt, wenn Setz- und Rücksetzbefehl zugleich erfolgen.

Durch diese Schaltung hat der Rücksetzbefehl Vorrang. In der gleichen Weise kann der Setzbefehl auf Vorrang geschaltet werden.

Verriegelungsschaltung

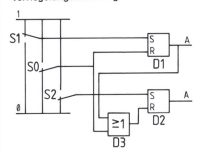
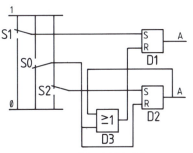

Beim Setzen von D1 wird D2 rückgesetzt.

Beim Setzen von D2 wird D1 rückgesetzt.

13 Elektronik

13.8.1 Monostabile Kippstufe (Zeitstufe)

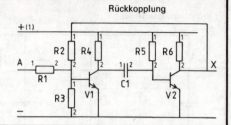

Wird der Eingang A auf 1 gelegt, so geht der Ausgang X für eine feste Zeit auf 1. Er geht dann selbsttätig wieder auf Null zurück.

Wirkungsweise:

①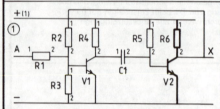

Bei eingeschalteter Versorgungsspannung und nicht beschaltetem Eingang A steuert V2 durch. V1 wird über R3 und R2 (Rückkopplung) gesperrt.

②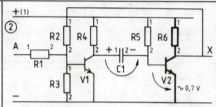

Da die Steuerspannung an V2 ~ 0,7 V beträgt und V1 sperrt, lädt sich der Kondensator fast auf die Versorgungsspannung auf.

Über diese Rückkopplung bleibt V1 eingeschaltet, auch wenn das Eingangssignal verschwindet.

③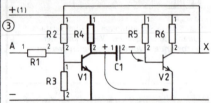

Ein Eingangssignal steuert V1 durch. Über den leitenden Transistor V1 erhält der Emitter von V2 positive Polarität gegenüber der Basis: V2 sperrt.

④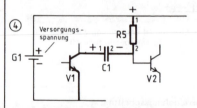

Über R5 entlädt sich der Kondensator und er lädt sich umgekehrt wieder auf.

⑤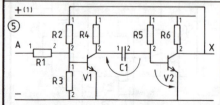

Erreicht beim Umladen von C1 die Steuerspannung von V2 den Durchsteuerwert, dann schaltet V2 wieder durch und der Ausgang X geht wieder auf Null.

⑥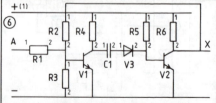

Die Diode V3 verhindert, daß beim Sperren von V2 die volle Kondensatorspannung an V2 als Sperrspannung abfällt.

13 Elektronik
13.8.2 Monoflop und Zeitelement

Zeitfunktion aus zwei NOR-Elementen

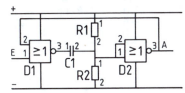

1. Der Spannungsteiler ist so dimensioniert, daß der Eingang von D2 mit 1 beschaltet ist. C1 liegt jetzt parallel zu R1.

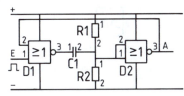

2. Der Eingangsimpuls legt C1 von 1 auf ∅. D2 schaltet um.

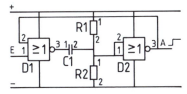

3. Der Kondensator wird über R1 umgeladen.

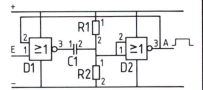

4. Am Ausgang steht so lange der Wert 1, bis der Kondensator umgeladen ist.

Einschaltverzögerung

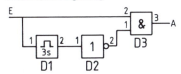

Wird E auf 1 gelegt, dann geht auch der Ausgang des Monoflops auf 1. Erst wenn sein Ausgang wieder auf ∅ geht, geht A auf 1.

Wird E auf 1 gelegt, dann folgt der Ausgang 3s später.

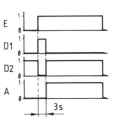

Ausschaltverzögerung

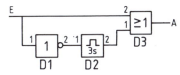

Wird E von 1 auf ∅ gelegt, dann geht der Ausgang des Monoflops auf 1. A behält so lange den Wert 1, bis das Monoflop wieder umschaltet.

Wird E von 1 auf ∅ gelegt, dann geht der Ausgang 3s später auf ∅.

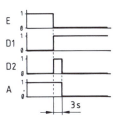

13 Elektronik
13.9.1 Astabile Kippstufe (Multivibrator)

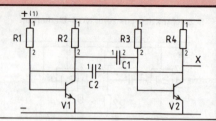

Astabile Kippstufen sind Rechteckgeneratoren. Wird die Betriebsspannung eingeschaltet, dann nimmt der Ausgang in regelmäßigen Abständen den Wert 1 und $\emptyset$ an.

Wirkungsweise:

①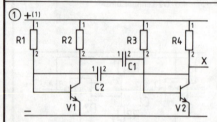

Wird die Betriebsspannung eingeschaltet, dann steuert entweder V1 oder V2 durch. Es sei hier angenommen, daß V1 durchsteuert.

②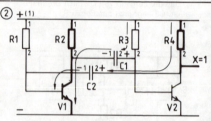

Bei durchgesteuertem V1 werden C1 und C2 in der dargestellten Weise aufgeladen. Der Ausgang hat den Wert 1.

③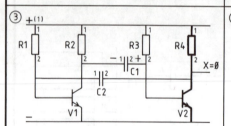

Die ansteigende Spannung an C1 steuert V2 durch. Die Ladespannung von C2 sperrt V1. Der Ausgang hat den Wert $\emptyset$.

④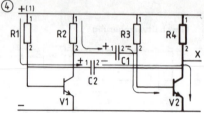

Beide Kondensatoren werden jetzt umgeladen, zunächst entladen und dann in der dargestellten Weise aufgeladen.

⑤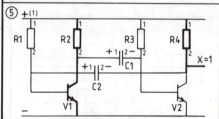

Die ansteigende Spannung an C2 steuert jetzt wieder V1 durch und die Spannung an C1 sperrt V2. Der Ausgang nimmt wieder den Wert 1 an. Jetzt werden wieder beide Kondensatoren umgeladen usw.

⑥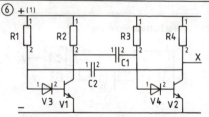

Durch die Dioden V3 und V4 wird verhindert, daß die Sperrspannung an den Transistoren zu hoch wird.

13 Elektronik
13.9.2 Zeitgenaues Schalten

Taktzustandsgesteuertes Flipflop

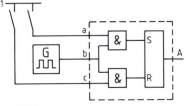

Der Taktgeber bestimmt den Zeitpunkt des Setzens und Zurücksetzens.

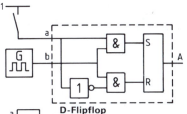

D-Flipflop
Wenn der Schalter geschlossen wird, wird das Flipflop gesetzt, genau dann wenn der Takteingang den Wert 1 annimmt. Wird er geöffnet, dann bestimmt der Takt auch das Rücksetzen.

Flankensteuerung

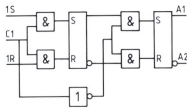

Grundschaltung:
Zwei taktzustandsgesteuerte Flipflops werden hintereinander geschaltet.

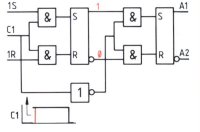

Wird der Setzeingang auf 1 gesetzt, dann setzt der Eingangsimpuls am Takteingang das erste Flipflop.

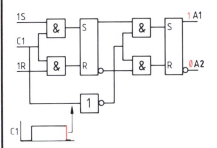

Geht der Steuerimpuls wieder auf 0, dann werden die Ausgänge gesetzt.

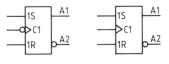

Schaltet, wenn das Steuersignal von 1 auf 0 wechselt.

Schaltet, wenn das Steuersignal von 0 auf 1 wechselt.

13 Elektronik
13.10.1 JK-Flipflop (Zweiflankensteuerung)

JK-Flipflop

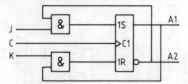

Grundschaltung: Bei einem flankengesteuerten RS-Flipflop werden die Ausgänge wechselseitig auf die Eingänge zurückgeführt.

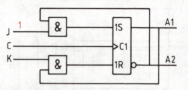

Der Setzbefehl wird jetzt nur wirksam, wenn der Ausgang A2 den Wert 1 hat. Rücksetzen ist nur möglich, wenn A1 den Wert 1 hat.

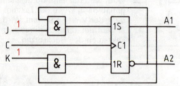

Da die Ausgänge nie gleichzeitig den Wert 1 annehmen können, kann ein gleichzeitiger Setz- und Rücksetzbefehl keinen unbestimmten Zustand herbeiführen.

Zweiflankensteuerung

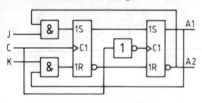

Grundschaltung: Ein JK-Flipflop wird durch ein flankengesteuertes RS-Flipflop erweitert.

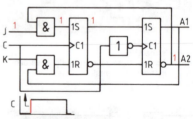

Beim Ansteigen des Steuersignals wird der Kippvorgang vorbereitet.

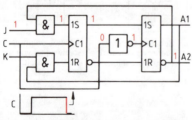

Die abfallende Flanke des Steuersignals löst den Kippvorgang aus.

JK-Kippelement mit Zweiflankensteuerung. Die Ausgänge schalten um, wenn das Steuersignal abfällt.

13 Elektronik
13.10.2 T-Kippelement, Dualzähler

Trigger-Flipflop (T-Kippelement)

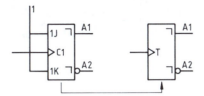

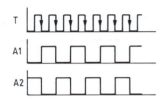

Setz- und Rücksetzeingang werden auf 1 gelegt.

Mit jedem abfallenden Steuerimpuls wechseln die Ausgänge die Werte.

Dualzähler

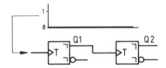

1. Zwei T-Kippelemente werden in Reihe geschaltet.

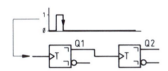

2. Beim Abfall des ersten Impulses nimmt Q1 den Wert 1 an.

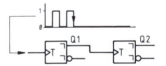

3. Beim Abfall des zweiten Impulses geht Q1 wieder auf ∅. Damit wird Q2 auf 1 geschaltet.

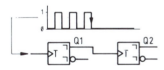

4. Beim Abfall des dritten Impulses geht Q1 wieder auf 1, Q2 bleibt auf 1.

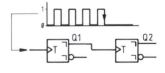

5. Der Abfall des vierten Impulses schaltet beide Eingänge wieder auf ∅.

	A2	A1
Start	∅	∅
Impuls 1	∅	1
Impuls 2	1	∅
Impuls 3	1	1
Impuls 4	∅	∅

13 Elektronik
13.11.1 Vierstelliger Dualzähler

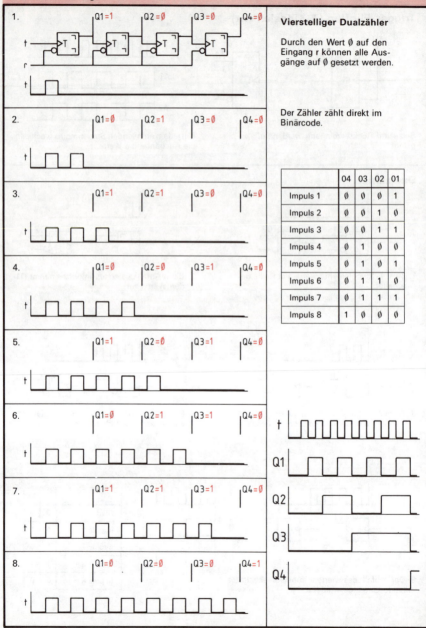

13 Elektronik
13.11.2 Zählerauswertung, Codierschaltung

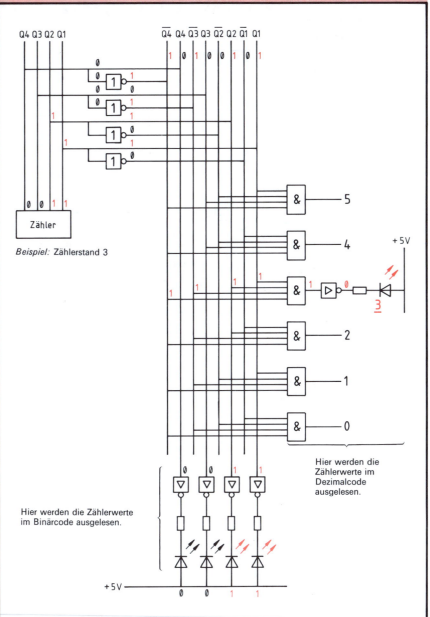

13 Elektronik
13.12.1 Multiplexer

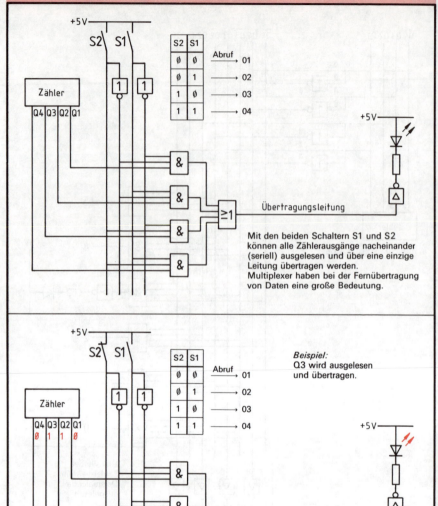

13 Elektronik
13.12.2 Demultiplexer

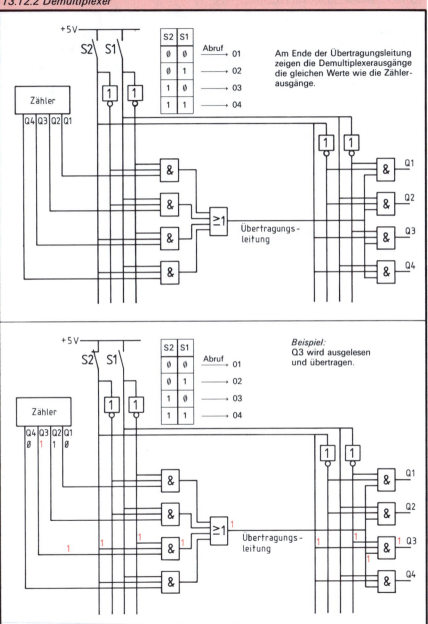

13 Elektronik
13.13.1 Feldeffekttransistoren, Sperrschicht-FET

Äußere Anschlüsse

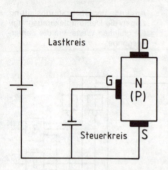

G (Gate, Tor): Steueranschluß
D (Drain, Senke): Kanalstrom Eingang
S (Source, Quelle): Kanalstrom Ausgang

Der Halbleiter zwischen D und S wird Kanal genannt.

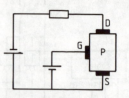

Bei einem P-Kanal werden Steuerspannung und Speisespannung umgekehrt angeschlossen.

Steuervorgang beim Sperrschicht-FET

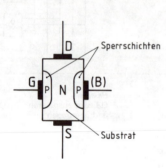

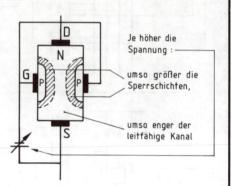

Je höher die Spannung:
umso größer die Sperrschichten,
umso enger der leitfähige Kanal

Grundschaltung

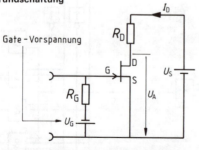

Der Eingangswiderstand ist sehr groß. Die Steuerung erfolgt praktisch stromlos. Der Kanal leitet auch ohne Steuerspannung. Er ist selbstleitend.

Kennlinien

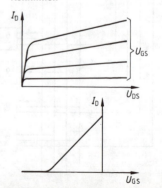

13 Elektronik
13.13.2 Feldeffekttransistoren, Isolier-Gate-FET

Verarmungstyp

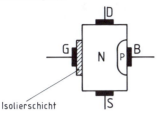

Isolier-Gate-FET
z. B. MOS-FET-Isolierung
Metall-Oxid

Steuerungsvorgang

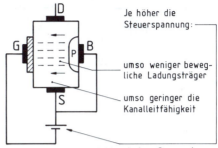

Je höher die Steuerspannung:
- umso weniger bewegliche Ladungsträger
- umso geringer die Kanalleitfähigkeit

Durch das elektrische Feld zwischen Gate und Substrat werden die Elektronen in das Substrat gedrängt.

Grundschaltung

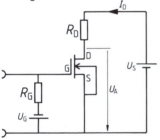

Der Eingangswiderstand ist größer als beim Sperrschicht-FET.
Der Kanal ist selbstleitend.

Kennlinien

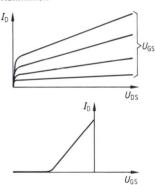

Anreicherungs-Isolier-Gate-FET

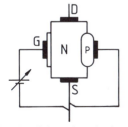

Das Substrat ist so hoch dotiert, daß der Kanal keine beweglichen Ladungsträger enthält – er ist selbstsperrend.

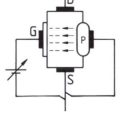

Erst bei einer genügend hohen positiven Gate-Source-Spannung entsteht ein N-leitender Kanal.

Kennlinie

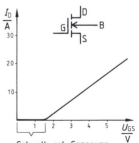

Schwellwert-Spannung
Threshold-Voltage U_{Th}

13 Elektronik
13.14.1 Analogverstärker

Basisvorspannung zur Einstellung des statischen Betriebszustandes (Arbeitspunkt)

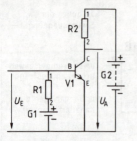

Die Basisvorspannung ist von der Speisespannung G2 unabhängig.

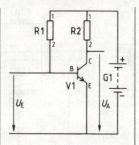

Die Basisvorspannung wird über R1 von der Speisespannung abgenommen.

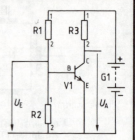

Die Basisvorspannung wird an einem Spannungsteiler abgegriffen.

Stabilisierung des statischen Betriebszustandes

Werden Transistoren warm, so sinkt ihr Widerstand, der Arbeitspunkt verschiebt sich.

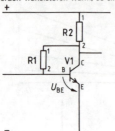

Steigt der Strom im Transistor, dann fällt an R2 mehr Spannung ab, U_{BE} sinkt und wirkt so entgegen.

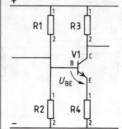

Der Spannungsabfall an R4 (Emitterwiderstand) wirkt dem Spannungsabfall an R2 entgegen, auch hier wird die Steuerspannung herabgesetzt.

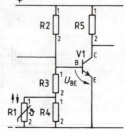

Der Heißleiter wird mit dem Transistor thermisch gekoppelt. Auch hier wirkt das Absinken der Steuerspannung der Stromerhöhung entgegen.

Ein- und Auskoppeln

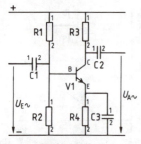

Kondensatorkopplung
Durch Kondensatoren wird die Gleichspannung von Eingang und Ausgang getrennt.

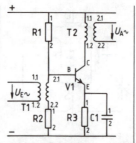

Übertragerkopplung
Über die Transformatoren werden nur Wechselstromsignale übertragen.

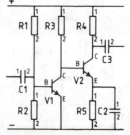

Gleichstromkopplung
Die Gleichspannung am Ausgang von V1 ist Basisvorspannung für V2.

13 Elektronik
13.14.2 Stabilisierungsschaltungen

Spannungsstabilisierung durch direktes Ansteuern eines Transistors

Der Lastwiderstand liegt mit dem Transistor in Reihe. Sinkt der Lastwiderstand, dann steigt die Stromstärke und damit die Spannung. Da diese Spannung aber der Zenerspannung entgegenwirkt, sinkt die Steuerspannung.

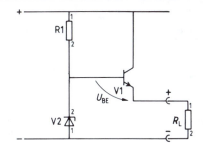

Verbesserung der Spannungsstabilisierung durch einen zusätzlichen Transistor

Steigt an R_L die Spannung an, so wird V1 stärker durchgesteuert und U_{st} wird kleiner. Dadurch wird dann der Widerstand von V3 größer.

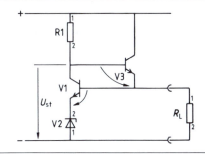

In dieser Schaltung werden zusätzliche Schwankungen der Eingangsspannung unwirksam.

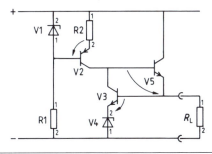

Spannungsstabilisierung mit Strombegrenzung

Das für die Strombegrenzung entscheidende Bauteil ist die Diode V3. Im Normalbetrieb leitet sie nicht. Übersteigt der Belastungsstrom den Nennwert, dann wird sie leitend und V2 steuert weniger durch.

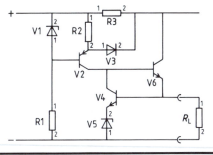

14 Operationsverstärker
14.1.1 Anschlüsse, Spannungsversorgung

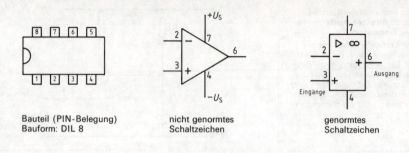

Bauteil (PIN-Belegung)
Bauform: DIL 8

nicht genormtes Schaltzeichen

genormtes Schaltzeichen

Symmetrische Spannungsversorgung mit gleichen Spannungen

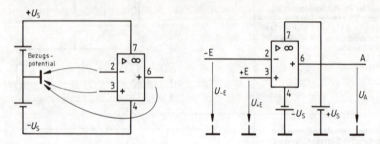

Der Mittelpunkt der Speisespannungen ist der Bezugspunkt für alle Spannungen. Dieser Bezugspunkt wird häufig Masse (engl. ground, Abk. GND) genannt.

Unsymmetrische Spannungsversorgung mit einer Spannung

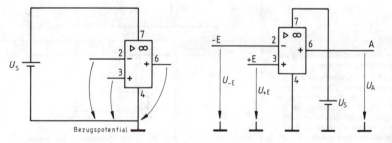

Hier ist der Minuspol der Speisespannung der Bezugspunkt für alle Spannungen.

14 Operationsverstärker
14.1.2 Differenzverstärker

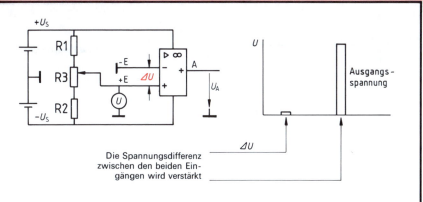

Die Spannungsdifferenz zwischen den beiden Eingängen wird verstärkt

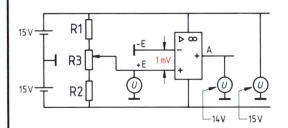

Schon bei einer Differenzspannung von 1 mV wird der Operationsverstärker durchgesteuert.
Die Ausgangsspannung liegt dann etwa 1 ... 3 V unterhalb der Speisespannung.

Operationsverstärker haben eine sehr große Gleichspannungs-Leerlauf-Verstärkung.

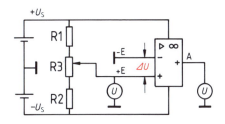

Kennlinie

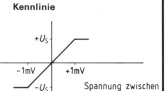

Die Kennlinie beschreibt die Ausgangsspannung in Abhängigkeit von der Spannung zwischen +E und −E.

14 Operationsverstärker
14.2.1 Invertierender, nichtinvertierender Eingang

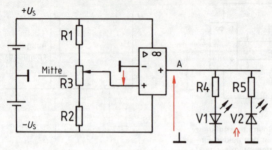

−E ist der **invertierende** Eingang.
Ist −E positiv gegen +E, dann ist der Ausgang negativ.

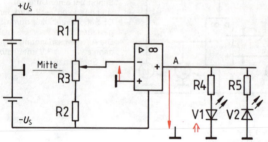

+E ist der **nichtinvertierende** Eingang.
Ist +E positiv gegen −E, dann ist der Ausgang auch positiv.

Die 4 möglichen Eingangs- und Ausgangspolaritäten

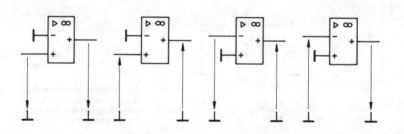

14 Operationsverstärker
14.2.2 Offsetspannung

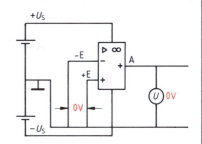

Ideales Verhalten
Besteht zwischen den Eingängen keine Spannung, dann muß auch die Ausgangsspannung Null sein.

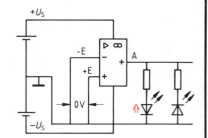

Reales Verhalten
Auch wenn die Eingangsspannung ∅ ist, leuchtet eine der beiden Dioden.

Der Grund für das reale Verhalten

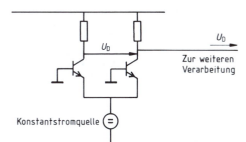

Nur wenn die beiden Widerstände und die beiden Transistoren in ihren Realwerten gleich sind, ist die Spannung U_o Null.

Wegen der Bauteiltoleranzen kann dieser Zustand nicht eintreten.

Eingangsstufe eines Operationsverstärkers.

Nullspannungsabgleich

Die Spannung, die zwischen den beiden Eingängen notwendig ist, um die Ausgangsspannung auf Null zu bringen, heißt **Eingangsnullspannung oder Offsetspannung**.

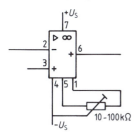

Die Offsetspannung kann mit einem Potentiometer eingestellt werden.

14 Operationsverstärker
14.3.1 Rückkopplung nichtinvertierender Verstärker

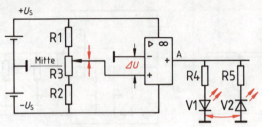

Wegen der großen Verstärkung (10000 - 100000) rufen sehr kleine Schwankungen der Eingangsspannung am Ausgang große Wirkungen hervor. Diese überaus große Empfindlichkeit kann durch Rückkopplung gemildert werden.

Schon bei sehr kleinen Schwankungen im Eingang oszillieren die Leuchtdioden.

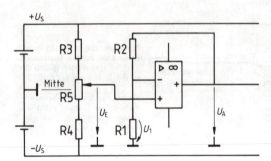

Durch die Rückkopplung wirkt die Ausgangsspannung auf den invertierenden Eingang zurück.

U_E und U_1 wirken gegeneinander. Wird U_E erhöht, so wird auch die auf den invertierenden Eingang wirkende Spannung U_1 größer.

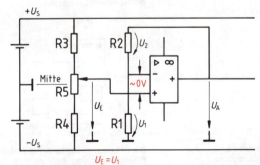

Berechnung der Verstärkung

Die Spannung zwischen den Eingängen ist so gering, daß sie vernachlässigt werden kann.

$U_A = U_1 + U_2$
$U_E = U_1$
$V = \dfrac{U_A}{U_E} = \dfrac{U_1 + U_2}{U_1}$
$ = 1 + \dfrac{U_2}{U_1}$
$V = 1 + \dfrac{R_2}{R_1}$

Die Verstärkung kann durch die Wahl der Widerstände R1 und R2 eingestellt werden.

14 Operationsverstärker
14.3.2 Rückkopplung invertierender Verstärker

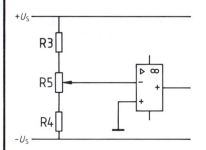

Hochempfindlicher invertierender Verstärker ohne Rückkopplung.

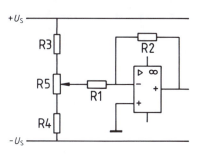

Weniger empfindlicher invertierender Verstärker durch Rückkopplung.

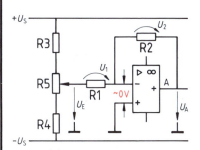

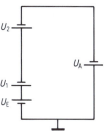

Die Spannung zwischen den Eingängen hat den Wert (fast) Null.
Also heben sich U_E und U_1 auf und:
$$U_A = U_2$$

Verstärkung: $-\dfrac{U_A}{U_E} = -\dfrac{U_2}{U_1} = -\dfrac{R_2}{R_1}$

Impedanzwandler

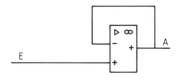

Der nichtinvertierende Verstärker hat einen sehr großen Eingangswiderstand.
Durch eine widerstandslose Rückkopplung entsteht ein Trennverstärker mit der Verstärkung 1 mit sehr großem Eingangswiderstand und sehr kleinem Ausgangswiderstand.

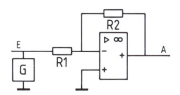

Der invertierende Verstärker belastet die Eingangsquelle mit R1. Er ist deshalb nicht so empfindlich gegen eingestreute Störungen wie der nichtinvertierende Verstärker.

14 Operationsverstärker
14.4.1 Konstantstromquelle

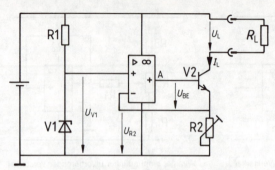

An dem nichtinvertierenden Eingang liegt die Festspannung der Zenerdiode.
Mit dem Potentiometer R2 kann der Transistor mehr oder weniger durchgesteuert werden. So wird die gewünschte Laststromstärke eingestellt.

Der Regelvorgang

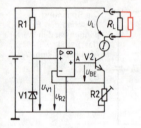

1. Die Belastung wird erhöht.

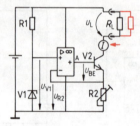

2. Die Stromstärke steigt.

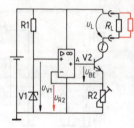

3. Der Spannungsfall an R2 steigt.

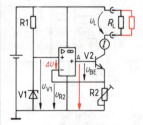

4. ΔU wird kleiner. Die Ausgangsspannung am Operationsverstärker sinkt.

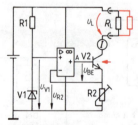

5. Der Transistor wird weniger durchgesteuert, U_L sinkt.

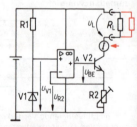

6. Die Stromstärke wird kleiner.

Die Ausgangsstromstärke kann nur um sehr kleine Werte schwanken.

14 Operationsverstärker
14.4.2 Konstantspannungsquelle

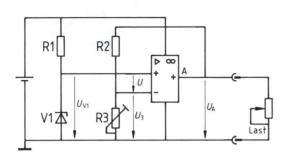

An dem nichtinvertierenden Eingang liegt die Festspannung der Zenerdiode.
Die Ausgangsspannung wird auf den invertierenden Eingang rückgekoppelt.
Mit R3 kann die Ausgangsspannung auf einen Wert unterhalb der Sättigungsspannung eingestellt werden.

Der Regelvorgang

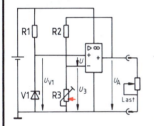

1. Mit R3 wird die Ausgangsspannung auf einen Wert unterhalb der Sättigung eingestellt.

2. Wird der Ausgang jetzt stärker belastet, dann sinkt die Ausgangsspannung.

3. Wenn die Ausgangsspannung sinkt, dann sinkt auch U_3.

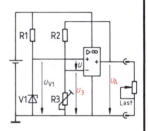

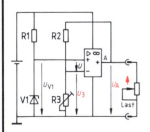

4. Ein Absinken von U_3 im mV-Bereich bewirkt am Ausgang ein Höherstellen im V-Bereich.

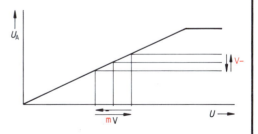

Die Ausgangsspannung kann nur um sehr kleine Werte schwanken.

14 Operationsverstärker
14.5.1 Komparatorschaltungen

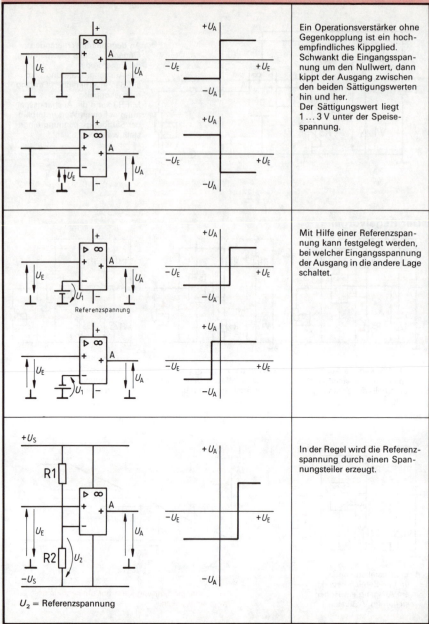

14 Operationsverstärker
14.5.2 Gegenkopplung, Mitkopplung

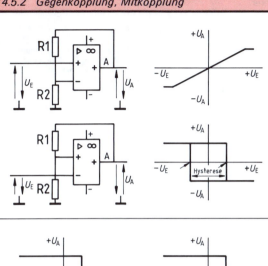

Gegenkopplung
Durch die Gegenkopplung wird das Umschalten des Ausganges verzögert.
Es entsteht ein Bereich, in dem die Ausgangsspannung der Eingangsspannung proportional folgt.

Mitkopplung
Die Mitkopplung unterstützt den Kippvorgang.
Zusätzlich entsteht eine Schalthysterese.

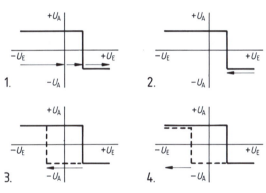

Entstehen der Hysterese
1. Ist der Ausgang positiv, dann verändert eine positive Eingangsspannung nichts. Erst wenn die Eingangsspannung den Wert der Spannung an R2 erreicht, kippt der Ausgang.
2. und 3. Jetzt ist der Ausgang negativ. Er kann erst wieder kippen, wenn die Eingangsspannung den negativen Wert der Spannung an R2 erreicht.
4. Ein weiteres Anwachsen der negativen Eingangsspannung hat keine Folgen.

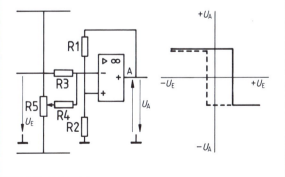

Durch eine Vorspannung im Eingang kann der untere Umschaltpunkt nach Null hin verschoben werden.

14 Operationsverstärker
14.6.1 Summierender Verstärker

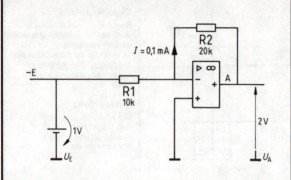

Weil bei diesem invertierenden Verstärker R2 doppelt so groß ist wie R1, hat die Verstärkung den Wert 2.
Hat die Eingangsspannung den Wert 1 V, so beträgt die Ausgangsspannung 2 V.

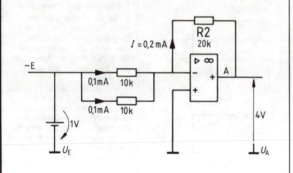

Wird zu R1 ein zweiter gleichgroßer Widerstand parallel geschaltet, erhöht sich die Stromstärke auf 0,2 mA. Die Ausgangsspannung steigt auf 4 V.

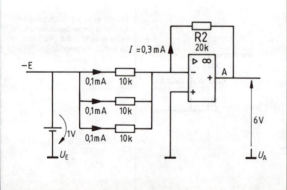

Wird schließlich noch ein dritter Widerstand dazu geschaltet, dann erhöht sich die Ausgangsspannung auf 6 V.

Allgemein:

Die Höhe der Ausgangsspannung ist der Summe der Eingangsströme direkt proportional.

14 Operationsverstärker
14.6.2 Integrierender Verstärker

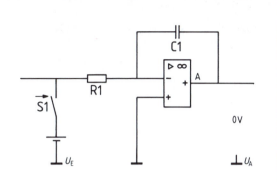

Wird S1 geschlossen und ist C1 ungeladen, dann ist im Einschaltaugenblick der Wert der Ausgangsspannung Null.

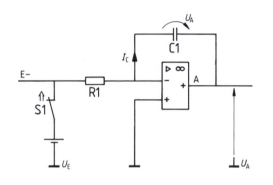

Der Kondensator wird mit dem konstanten Strom

$$I_C = \frac{U_E}{R_1}$$

aufgeladen.
Der Wert der Ausgangsspannung wächst unabhängig von der Höhe der Spannung U_E bis zur Sättigungsgrenze.

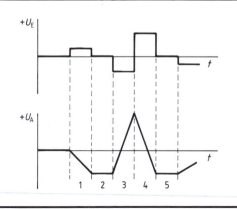

1. Die positive Eingangsspannung bewirkt ein gleichmäßiges Ansteigen der negativen Ausgangsspannung.
2. Die Eingangsspannung hat den Wert Null. Die Ausgangsspannung bleibt auf dem erreichten Wert stehen.
3. Die nunmehr aufgeschaltete negative Eingangsspannung bewirkt ein gleichmäßiges Ansteigen der Ausgangsspannung.

14 Operationsverstärker

14.7.1 Analoge Spannungsstabilisierung (Prinzip)

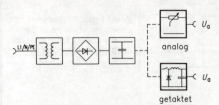

Bei stabilisierten Netzgeräten wird die Netzspannung heruntertransformiert, gleichgerichtet, geglättet und auf den Wert der gewünschten Ausgangsspannung stabilisiert. Die Ausgangsspannung ändert sich bei Belastungsänderungen oder Schwankungen der Netzspannung fast nicht.

Die Stabilisierung der Ausgangsspannung erfolgt durch **analoge** oder durch **getaktete** Stabilisierungsstufen.

Blockschaltbild elektronisch stabilisierter Netzteile

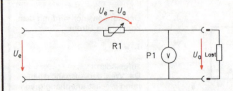

Analoge Stabilisierungsstufen

Prinzip der Stabilisierung

Durch Verstellen des Vorwiderstandes R1 kann die Höhe der Ausgangsspannung in bestimmten Grenzen konstant gehalten werden.

Am Widerstand R1 fällt die Differenz zwischen Eingangs- und Ausgangsspannung ab.

Es gilt: Sinkt U_e oder sinkt U_a, muß R1 verkleinert werden.

Wird der Wert des Lastwiderstandes vergrößert, muß R1 ebenfalls verkleinert werden.

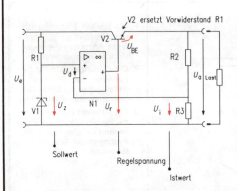

Elektronische Regelung

Der Leistungstransistor V2 wird durch den Operationsverstärker so angesteuert, daß U_d 0 V beträgt. Der Istwert U_i ist dann gleich dem Sollwert U_z. An der Kollektor-Emitterstrecke von V2 fällt die Spannungsdifferenz zwischen Eingangs- und Ausgangsspannung ab.

Regelvorgang

U_a sinkt $\Rightarrow U_i$ sinkt $\Rightarrow U_d$ steigt $\Rightarrow U_r$ steigt
$\Rightarrow U_{BE}$ steigt $\Rightarrow U_{CE}$ sinkt $\Rightarrow U_a$ steigt

14 Operationsverstärker

14.7.2 Analoge Spannungsstabilisierung (Stellen der Ausgangsspannung)

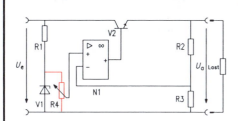

Stellen der Ausgangsspannung

– durch Veränderung des **Sollwertes**

$U_{a_{min}} = 0\,V$

$U_{a_{max}} = U_z \dfrac{R_2 + R_3}{R_3}$

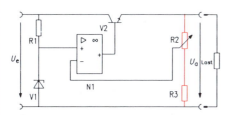

– durch Veränderung des **Istwertes**

$U_{a_{min}} = U_z$

$U_{a_{max}} = U_z \dfrac{R_2 + R_3}{R_3}$

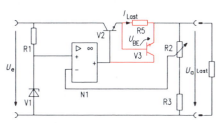

Kurzschlußstrombegrenzung

Der Spannungsfall an dem Widerstand R5 steuert den Transistor V3. Wird durch den Kurzschlußstrom U_{BE} größer als ca. 0,7 V, steuert V3 durch und vermindert die Ansteuerung von V2.

$IL_{max} = \dfrac{U_{BE}}{R_5}$

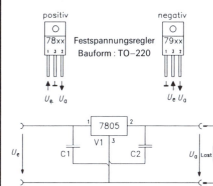

Einsatz von Festspannungsreglern

Integrierte Festspannungsregler enthalten die vollständige Elektronik eines stabilisierten Netzteils. Sie werden für positive (Kennzeichnung 78xx) und negative (Kennzeichnung 79xx) Ausgangsspannungen hergestellt. Die Zahlenwerte xx geben die Höhe der Ausgangsspannung an; handelsüblich sind die Werte: 5 V, 6 V, 9 V, 10 V, 12 V, 15 V, 24 V. Bei der Bauform TO 220 beträgt der Maximalstrom jeweils 1 A.
Zur Unterdrückung von Schwingungen im HF-Bereich wird der Eingang und der Ausgang mit einem Kondensator von je 1 µF beschaltet.

Stabilisiertes Netzteil mit pos. Festspannungsregler

14 Operationsverstärker
14.8.1 Getaktete Spannungsstabilisierung (Prinzip)

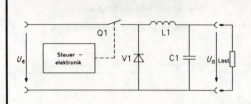

Getaktete Stabilisierungsstufen

Prinzip der Stabilisierung

Durch getaktetes Schließen des Schalters Q1 wird die Gleichspannung U_e in Rechteckimpulse umgeformt.
Durch das Verhältnis der Einschalt- zu der Ausschaltzeit kann die Ausgangsspannung in bestimmten Grenzen konstant gehalten werden.
Bei geschlossenem Schalter speichert die Induktivität einen Teil der elektrischen Energie und gibt diese bei geöffnetem Schalter an die Last ab; die Diode V1 schließt dann den Stromkreis.

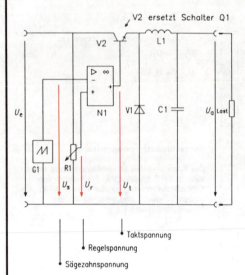

Elektronische Regelung

Ist die Spannung am nichtinvertierenden Eingang von N1 größer als die Spannung am invertierenden Eingang, ist die Ausgangsspannung des Komparators positiv, der Schalttransistor V2 schaltet durch.
Durch Verstellen von R1 kann die Spannung U_r und damit das Verhältnis von Ein- zur Ausschaltzeit geändert werden.

- Taktspannung
- Regelspannung
- Sägezahnspannung

Es gilt: Sinkt U_e oder sinkt U_a, muß die Einschaltzeit vergrößert werden.

Belastungsänderungen werden entsprechend ausgeregelt.

Verhalten bei Laständerung

14 Operationsverstärker

14.8.2 Getaktete Spannungsstabilisierung (Regelvorgang)

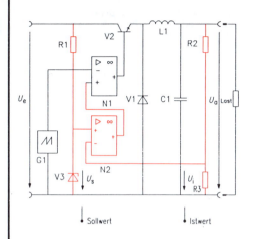

Wird R1 durch den Differenzverstärker N2 ersetzt, erfolgt die Nachregelung automatisch.

Regelvorgang

U_a sinkt $\Rightarrow U_r > U_s \Rightarrow U_t = \text{'1'} \Rightarrow$ V2 leitet $\Rightarrow U_a$ steigt, L1 speichert elektrische Energie, V1 sperrt
wird $U_s > U_r \Rightarrow U_t = \text{'0'} \Rightarrow$ V2 sperrt $\Rightarrow$ L1 gibt elektrische Energie ab, V1 leitet

Stellen von U_a

Die Ausgangsspannung kann, wie bei den Analognetzteilen, durch Veränderung des Sollwertes U_z oder durch Veränderung des Istwertes U_i eingestellt werden. Die Ausgangsspannungen ergeben sich entsprechend.

Einsatz von integrierten Schaltungen

Schaltregler werden als integrierte Schaltungen hergestellt, die die vollständige Elektronik eines Schaltnetzteils enthalten. Die zusätzlich erforderliche Beschaltung gibt der Halbleiterhersteller vor.

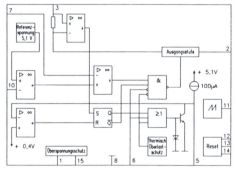

Vereinfachte Innenschaltung der integrierten Schaltung L 296 (nach Unterlagen der Firma SGS – Ates)

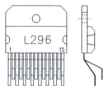

15 pol. Multiwattgehäuse

Schaltnetzteil mit der integrierten Schaltung L 296

15 Logische Schaltungen

15.1.1 Signalsprache

Der Ablauf vollautomatischer Fertigungen, die Speicherung und Verarbeitung von Daten, die Überwachung komplizierter Meß- und Regelkreise usw. werden heute mit Hilfe logischer Schaltungen verwirklicht. Hierbei handelt es sich um die Verknüpfung von Signalen, für die es nur zwei Signalwerte gibt.

Die Signalsprache

Die beiden möglichen Signalwerte sind immer Spannungswerte. Der Signalwert „L" bedeutet, es ist Spannung vorhanden; der Signalwert „0" bedeutet, es ist keine Spannung vorhanden. Die beiden Spannungen brauchen keinen festen Wert zu haben, sie müssen in einem definierten Spannungsbereich liegen, z. B.

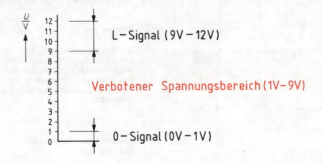

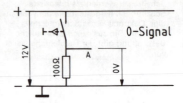

Bei geöffnetem Schalter hat die Ausgangsbuchse gegenüber der Masse eine Spannung von 0 V.

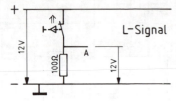

Bei betätigtem Schalter hat die Ausgangsbuchse gegenüber der Masse eine Spannung von 12 V.

Signalgabe an einer Widerstandsschaltung

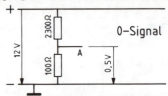

Bei dieser Widerstandskombination liegt an einer Ausgangsbuchse gegenüber der Masse eine Spannung von 0,5 V.

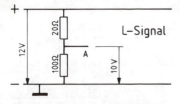

Bei dieser Widerstandskombination liegt an der Ausgangsbuchse gegenüber der Masse eine Spannung von 10 V.

15 Logische Schaltungen

15.1.2 UND-Verknüpfung (AND-Element)

Eine **UND-Verknüpfung** liegt vor, wenn ein bestimmtes Ereignis nur dann eintritt, wenn mehrere Bedingungen gleichzeitig erfüllt werden.

Beispiel:
Ein Benzinmotor läuft nur dann, wenn Benzin zugeführt wird, wenn Luft zugeführt wird und wenn Zündung vorhanden ist.

UND-Verknüpfung mit Schaltern und Relais

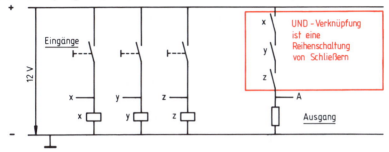

UND-Verknüpfung ist eine Reihenschaltung von Schließern

Die Relaisspulen schalten bei einer Spannung größer als 9 V. Nur wenn alle drei Relaisspulen an einer Spannung größer als 9 V liegen, also L-Signal haben, nur dann hat auch der Ausgang L-Signal und führt gegen Masse 12 V.

UND-Verknüpfung mit Dioden

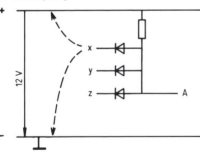

Die Eingänge x, y und z sind nie offen. Sie haben entweder Verbindung zur Masse (negativer Pol) und damit 0-Signal, oder sie haben Verbindung zum positiven Pol (gegenüber der Masse 12 V) und somit L-Signal.

Der Ausgang hat nur dann L-Signal (12 V gegen Masse), wenn alle Eingänge L-Signal (Verbindung zum positiven Pol) haben. Hat nur ein Eingang 0-Signal (Verbindung zum negativen Pol), so ist die Diode dieses Einganges durchgesteuert, der Spannungsabfall von 12 V liegt am Widerstand, und der Ausgang hat dann 0-Signal.

Schaltzeichen
eines UND-Elementes
(Konjunktionselement)

$x \wedge y \wedge z = A$

Mathematische Gleichung
($\wedge$ dieses Zeichen bedeutet UND-Verknüpfung)

x	y	z	A
0	0	0	0
0	0	1	0
0	1	0	0
0	1	1	0
1	0	0	0
1	0	1	0
1	1	0	0
1	1	1	1

Funktionstabelle

15 Logische Schaltungen
15.2.1 ODER-Verknüpfung (OR-Element)

Eine **ODER-Verknüpfung** liegt vor, wenn ein bestimmtes Ereignis eintritt, wenn von mehreren Bedingungen eine erfüllt wird.

Beispiel:
Herr Maier verläßt das Haus, wenn er zum Fußballspiel geht, wenn er zur Arbeitsstelle fährt, oder wenn er ins Theater geht.

ODER-Verknüpfung mit Schaltern und Relais

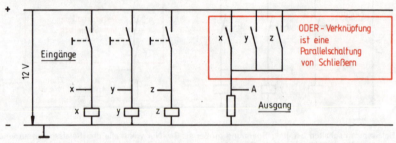

ODER-Verknüpfung ist eine Parallelschaltung von Schließern

Wenn nur eine Relaisspule L-Signal hat, also an einer Spannung größer als 9 V liegt, dann hat auch der Ausgang L-Signal und damit gegen Masse eine Spannung von 12 V.

ODER-Verknüpfung mit Dioden

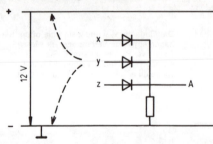

Jeder Eingang hat entweder L-Signal, Verbindung zum positiven Pol, oder 0-Signal, Verbindung zum negativen Pol. Eine dritte Möglichkeit, z.B. offene Eingänge, gibt es nicht.

Hat nur ein Eingang L-Signal, also Verbindung zum positiven Pol, so ist die Diode durchgesteuert. Der Ausgang hat dann L-Signal und somit gegen Masse eine Spannung von ca. 12 V.

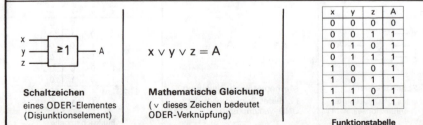

Schaltzeichen
eines ODER-Elementes
(Disjunktionselement)

Mathematische Gleichung
($\vee$ dieses Zeichen bedeutet ODER-Verknüpfung)

$x \vee y \vee z = A$

x	y	z	A
0	0	0	0
0	0	1	1
0	1	0	1
0	1	1	1
1	0	0	1
1	0	1	1
1	1	0	1
1	1	1	1

Funktionstabelle

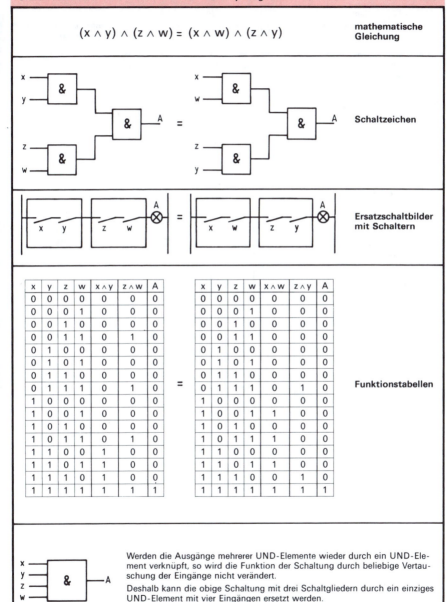

15 Logische Schaltungen
15.3.1 Assoziatives Gesetz der ODER-Verknüpfung

$$(x \vee y) \vee (z \vee w) = (y \vee z) \vee (x \vee w)$$

mathematische Gleichung

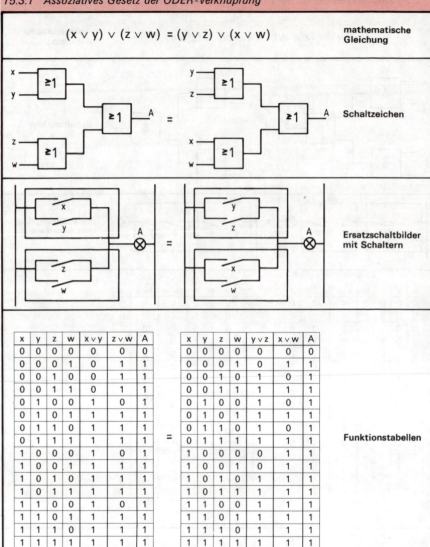

Schaltzeichen

Ersatzschaltbilder mit Schaltern

x	y	z	w	x∨y	z∨w	A
0	0	0	0	0	0	0
0	0	0	1	0	1	1
0	0	1	0	0	1	1
0	0	1	1	0	1	1
0	1	0	0	1	0	1
0	1	0	1	1	1	1
0	1	1	0	1	1	1
0	1	1	1	1	1	1
1	0	0	0	1	0	1
1	0	0	1	1	1	1
1	0	1	0	1	1	1
1	0	1	1	1	1	1
1	1	0	0	1	0	1
1	1	0	1	1	1	1
1	1	1	0	1	1	1
1	1	1	1	1	1	1

x	y	z	w	y∨z	x∨w	A
0	0	0	0	0	0	0
0	0	0	1	0	1	1
0	0	1	0	1	0	1
0	0	1	1	1	1	1
0	1	0	0	1	0	1
0	1	0	1	1	1	1
0	1	1	0	1	0	1
0	1	1	1	1	1	1
1	0	0	0	0	1	1
1	0	0	1	0	1	1
1	0	1	0	1	1	1
1	0	1	1	1	1	1
1	1	0	0	1	1	1
1	1	0	1	1	1	1
1	1	1	0	1	1	1
1	1	1	1	1	1	1

Funktionstabellen

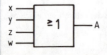

Werden die Ausgänge mehrerer ODER-Elemente mit einem weiteren ODER-Element verknüpft, so wird die Funktion der Schaltung durch beliebiges Vertauschen der Eingänge nicht verändert.

Deshalb kann die obige Schaltung mit drei Schaltelementen durch ein einziges ODER-Element mit vier Eingängen ersetzt werden.

15 Logische Schaltungen
15.3.2 Distributives Gesetz der UND-Verknüpfung

Die Umwandlung einer UND- in eine ODER-Verknüpfung

$$x \wedge (y \vee z) = (x \wedge y) \vee (x \wedge z)$$

mathematische Gleichung

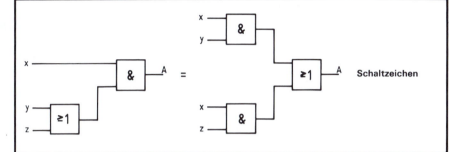

Schaltzeichen

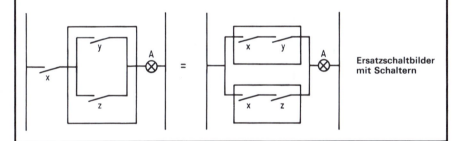

Ersatzschaltbilder mit Schaltern

x	y	z	y∨z	A
0	0	0	0	0
0	0	1	1	0
0	1	0	1	0
0	1	1	1	0
1	0	0	0	0
1	0	1	1	1
1	1	0	1	1
1	1	1	1	1

=

x	y	z	x∧y	x∧z	A
0	0	0	0	0	0
0	0	1	0	0	0
0	1	0	0	0	0
0	1	1	0	0	0
1	0	0	0	0	0
1	0	1	0	1	1
1	1	0	1	0	1
1	1	1	1	1	1

Funktionstabellen

Zweifellos ist die linke Schaltung (zwei Verknüpfungselemente) einfacher als die rechte Schaltung (drei Verknüpfungselemente). Das Beispiel zeigt jedoch (siehe Funktionstabellen), daß bei gleichen Eingängen verschiedene Schaltungen dieselbe Funktion erfüllen können.

15 Logische Schaltungen
15.4.1 Distributives Gesetz der ODER-Verknüpfung

Die Umwandlung einer ODER- in eine UND-Verknüpfung

$$x \vee (y \wedge z) = (x \vee y) \wedge (x \vee z)$$

mathematische Gleichung

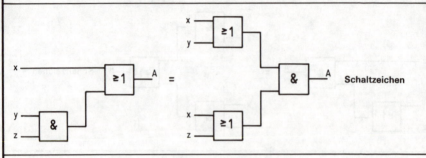

Schaltzeichen

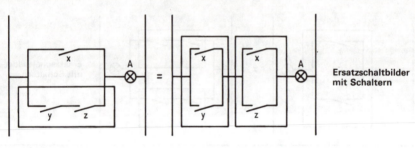

Ersatzschaltbilder mit Schaltern

x	y	z	y∨z	A
0	0	0	0	0
0	0	1	0	0
0	1	0	0	0
0	1	1	1	1
1	0	0	0	1
1	0	1	0	1
1	1	0	0	1
1	1	1	1	1

=

x	y	z	x∨y	x∨z	A
0	0	0	0	0	0
0	0	1	0	1	0
0	1	0	1	0	0
0	1	1	1	1	1
1	0	0	1	1	1
1	0	1	1	1	1
1	1	0	1	1	1
1	1	1	1	1	1

Funktionstabellen

Die linke Schaltung (zwei Verknüpfungselemente) ist einfacher als die rechte Schaltung (drei Verknüpfungselemente). Das Beispiel zeigt jedoch (siehe Funktionstabellen), daß beide Schaltungen bei denselben Eingängen dieselbe Funktion erfüllen.

15 Logische Schaltungen
15.4.2 NICHT-Verknüpfung oder Umkehrfunktion (NOT-Element)

Eine **NICHT-Verknüpfung** liegt vor, wenn ein bestimmtes Ereignis nur dann eintritt, wenn die notwendige Bedingung **nicht** erfüllt wird.

Beispiel:
Die Tanzveranstaltung im Freien findet statt, wenn es nicht regnet.

Die NICHT-Verknüpfung mit Schaltern und Relais
Bei der NICHT-Verknüpfung betätigt das Relais keinen Schließer, sondern einen Öffner.

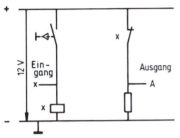 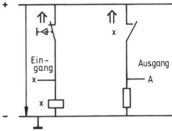

Hat der Eingang 0-Signal, Tastschalter nicht betätigt, das Relais ist nicht erregt (an der x-Buchse keine Spannung), dann hat der Ausgang L-Signal, also Spannung gegen Masse.

Hat der Eingang dagegen L-Signal, Tastschalter betätigt, das Relais ist erregt (an der x-Buchse Spannung gegen Masse), dann hat der Ausgang 0-Signal, also keine Spannung gegen Masse.

Die NICHT-Verknüpfung mit einem Transistor

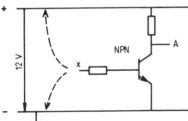

Die Eingangsbuchse ist nie „offen". Sie ist entweder mit der Masse verbunden (0-Signal), oder sie ist mit dem positiven Pol verbunden (L-Signal).

Hat der Eingang L-Signal, so ist der Transistor durchgesteuert, und der Ausgang hat Massepotential und damit 0-Signal. Hat der Eingang dagegen 0-Signal, so ist der Transistor gesperrt. Die volle Betriebsspannung liegt am Transistor, und der Ausgang hat L-Signal.

$x = \bar{A}$

x	A
0	1
1	0

Schaltzeichen
eines NICHT-Elementes
(Negationselement)

Mathematische Gleichung
(¯ dieses Zeichen bedeutet NICHT-Verknüpfung)

Funktionstabelle

15 Logische Schaltungen

15.5.1 UND-Verknüpfung mit negiertem Ausgang (NOT + AND = NAND-Element)

Eine **NAND-Verknüpfung** liegt vor, wenn ein bestimmtes Ereignis dann **nicht** eintritt, wenn mehrere Bedingungen gleichzeitig erfüllt werden.

Beispiel:
Bei Tauwetter und bei Regen findet das Skispringen nicht statt.

NAND-Verknüpfung mit Schaltern und Relais

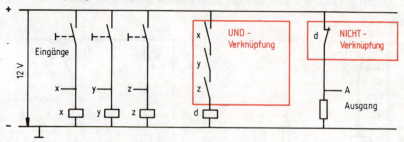

Das Relais d ist nur dann erregt, wenn alle drei Eingänge L-Signal haben. Der Ausgang hat dann 0-Signal (betätigter Öffner). Hat nur ein Eingang L-Signal oder kein Eingang L-Signal, oder haben zwei Eingänge L-Signal, so hat der Ausgang L-Signal.

NAND-Verknüpfung mit Dioden und Transistor

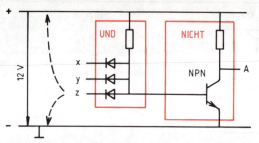

Die Eingänge x, y und z haben entweder Verbindung zur Masse (0-Signal) oder Verbindung zum positiven Pol und damit L-Signal, eine dritte Möglichkeit gibt es nicht.

Nur wenn **alle** drei Eingänge L-Signal haben, ist die Basis des Transistors positiv, und der Transistor ist durchgeschaltet. Dann hat der Ausgang 0-Signal.

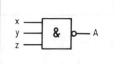

Schaltzeichen
eines NAND-Elementes

$$x \wedge y \wedge z = \overline{A}$$

oder

$$\overline{x \wedge y \wedge z} = A$$

Mathematische Gleichungen
(¯ dieses Zeichen bedeutet NICHT)

x	y	z	A
0	0	0	1
0	0	1	1
0	1	0	1
0	1	1	1
1	0	0	1
1	0	1	1
1	1	0	1
1	1	1	0

Funktionstabelle

15 Logische Schaltungen

15.5.2 ODER-Verknüpfung mit negiertem Ausgang (NOT + OR = NOR-Element)

Eine **NOR-Verknüpfung** liegt vor, wenn ein bestimmtes Ereignis **nicht** eintritt, wenn von mehreren Bedingungen eine erfüllt wird.

Beispiel:
Bei Nebel oder bei Bombenalarm startet das Flugzeug nicht.

NOR-Verknüpfung mit Schaltern und Relais

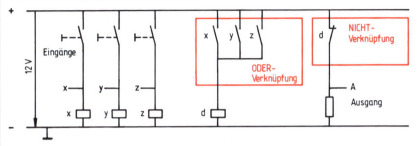

Das Relais d ist erregt, wenn einer der drei Eingänge L-Signal hat. Der Ausgang hat dann 0-Signal (betätigter Öffner). L-Signal hat der Ausgang nur dann, wenn alle drei Eingänge 0-Signal haben.

NOR-Verknüpfung mit Dioden und Transistor

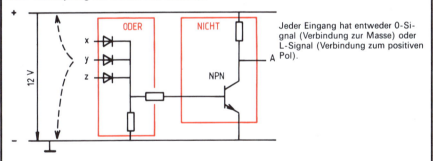

Jeder Eingang hat entweder 0-Signal (Verbindung zur Masse) oder L-Signal (Verbindung zum positiven Pol).

Wenn bereits ein Eingang L-Signal hat, ist die Basis des Transistors positiv. Der Transistor ist dann durchgeschaltet, und der Ausgang hat 0-Signal.

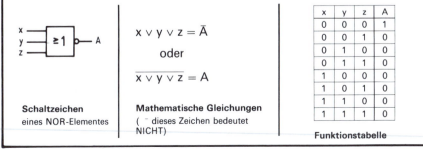

$$x \lor y \lor z = \bar{A}$$

oder

$$\overline{x \lor y \lor z} = A$$

Schaltzeichen
eines NOR-Elementes

Mathematische Gleichungen
(¯ dieses Zeichen bedeutet NICHT)

x	y	z	A
0	0	0	1
0	0	1	0
0	1	0	0
0	1	1	0
1	0	0	0
1	0	1	0
1	1	0	0
1	1	1	0

Funktionstabelle

15 Logische Schaltungen
15.6.1 UND-Verknüpfung mit negierten Eingängen (de Morgansches Gesetz)

UND-Verknüpfung mit einem negierten Eingang

Mit Schalter und Relais   Mit Dioden und Transistor

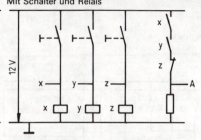
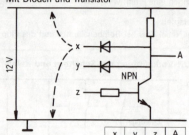

Der Ausgang hat nur dann L-Signal, wenn die Eingänge x und y L-Signal haben und der Eingang z 0-Signal hat.

Schaltzeichen

Mathematische Gleichung
($^-$ dieses Zeichen bedeutet NICHT)

$$x \wedge y \wedge \bar{z} = A$$

Funktionstabelle

x	y	z	A
0	0	0	0
0	0	1	0
0	1	0	0
0	1	1	0
1	0	0	0
1	0	1	0
1	1	0	1
1	1	1	0

UND-Verknüpfung mit drei negierten Eingängen

Mit Schalter und Relais   Mit Transistoren

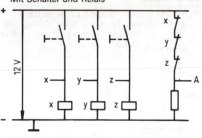
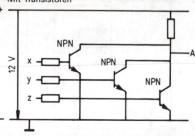

Der Ausgang hat nur dann L-Signal, wenn alle Eingänge 0-Signal haben.

Schaltzeichen

Mathematische Gleichung
($^-$ dieses Zeichen bedeutet NICHT)

$$\bar{x} \wedge \bar{y} \wedge \bar{z} = A$$

x	y	z	A
0	0	0	1
0	0	1	0
0	1	0	0
0	1	1	0
1	0	0	0
1	0	1	0
1	1	0	0
1	1	1	0

Funktionstabelle

Ein Vergleich der Funktionstabelle mit der Funktionstabelle der NOR-Schaltung zeigt, daß beide Schaltelemente gleichwertig sind.

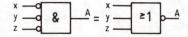

$$\bar{x} \wedge \bar{y} \wedge \bar{z} = \overline{x \vee y \vee z}$$

de Morgansches Gesetz

15 Logische Schaltungen

15.6.2 ODER-Verknüpfung mit negierten Eingängen (de Morgansches Gesetz)

ODER-Verknüpfung mit einem negierten Eingang

Mit Schalter und Relais — Mit Dioden und Transistor

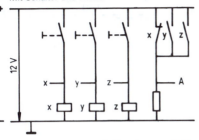
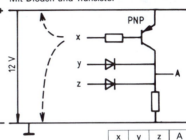

Der Ausgang hat dann L-Signal, wenn die Eingänge y oder z L-Signal haben oder der Eingang x 0-Signal hat.

$\bar{x} \vee y \vee z = A$

Schaltzeichen **Mathematische Gleichung**
(¯ dieses Zeichen bedeutet NICHT)

x	y	z	A
0	0	0	1
0	0	1	1
0	1	0	1
0	1	1	1
1	0	0	0
1	0	1	1
1	1	0	1
1	1	1	1

Funktionstabelle

ODER-Verknüpfung mit drei negierten Eingängen

Mit Schalter und Relais — Mit Transistoren

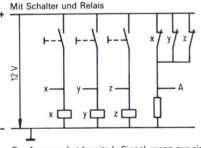
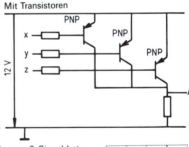

Der Ausgang hat bereits L-Signal, wenn nur ein Eingang 0-Signal hat.

$\bar{x} \vee \bar{y} \vee \bar{z} = A$

Schaltzeichen **Mathematische Gleichung**
(¯ dieses Zeichen bedeutet NICHT)

x	y	z	A
0	0	0	1
0	0	1	1
0	1	0	1
0	1	1	1
1	0	0	1
1	0	1	1
1	1	0	1
1	1	1	0

Funktionstabelle

Ein Vergleich der Funktionstabelle mit der Funktionstabelle der NAND-Schaltung zeigt, daß beide Schaltelemente gleichwertig sind.

$\bar{x} \vee \bar{y} \vee \bar{z} = \overline{x \wedge y \wedge z}$

de Morgansches Gesetz

15 Logische Schaltungen

15.7.1 Verknüpfungselemente (gegenüberstellende Übersicht)

Bezeichnung des Verknüpfungselementes	Schaltzeichen	mathematische Gleichung	Funktionstabelle
UND-Element (AND)	x —[&]— A	$x \wedge y = A$	x,y,A: 0,0,0; 0,1,0; 1,0,0; 1,1,1
ODER-Element (OR)	x —[≥1]— A	$x \vee y = A$	x,y,A: 0,0,0; 0,1,1; 1,0,1; 1,1,1
NICHT-Element (NOT)	x —[1]o— A	$x = \bar{A}$ oder $\bar{x} = A$	x,A: 0,1; 1,0
NAND-Element (AND–NOT)	x —[&]o— A	$x \wedge y = \bar{A}$ oder $\overline{x \wedge y} = A$	x,y,A: 0,0,1; 0,1,1; 1,0,1; 1,1,0
NOR-Element (OR–NOT)	x —[≥1]o— A	$x \vee y = \bar{A}$ oder $\overline{x \vee y} = A$	x,y,A: 0,0,1; 0,1,0; 1,0,0; 1,1,0
AND-Element mit einem negierten Eingang	x —[&]— A, y —o	$x \wedge \bar{y} = A$	x,y,A: 0,0,0; 0,1,0; 1,0,1; 1,1,0
OR-Element mit einem negierten Eingang	x —[≥1]— A, y —o	$x \vee \bar{y} = A$	x,y,A: 0,0,1; 0,1,0; 1,0,1; 1,1,1

15 Logische Schaltungen

15.7.2 Grundgesetze der Schaltalgebra (gegenüberstellende Übersicht)

Bezeichnung des Grundgesetzes	mathematische Gleichung	Verknüpfung der Schaltzeichen
de Morgansche Gesetze	$\overline{x \wedge y} = \bar{x} \vee \bar{y}$ $\overline{x \vee y} = \bar{x} \wedge \bar{y}$	
assoziative Gesetze	$x \wedge (y \wedge z) = (x \wedge y) \wedge z$ $x \vee (y \vee z) = (x \vee y) \vee z$	
Absorptionsgesetz	$x \wedge (y \vee x) = x$ $x \vee (y \wedge x) = x$	
distributive Gesetze	$x \wedge (y \vee z) = (x \wedge y) \vee (x \wedge z)$ $x \vee (y \wedge z) = (x \vee y) \wedge (x \vee z)$	
Gesetze der Tautologie	$x \wedge x = x$ $x \vee x = x$	
Gesetz für das Komplement	$x \wedge \bar{x} = 0$ $x \vee \bar{x} = 1$	
Gesetz für das doppelte Komplement	$\bar{\bar{x}} = x$	
Operationen mit 0 und 1	$0 \wedge x = 0$ $\quad$ $0 \vee x = x$ $1 \wedge x = x$ $\quad$ $1 \vee x = 1$ $\bar{0} = 1$ $\quad\quad$ $\bar{1} = 0$	

16 Speicherprogrammierbare Steuerungen

16.1.1 Festverdrahtete Steuerung als Vorstufe der SPS

Bei der **festverdrahteten Steuerung** bestimmt die Verdrahtung der Schütze oder der digitalen Verknüpfungselemente die Funktion der Steuerung.

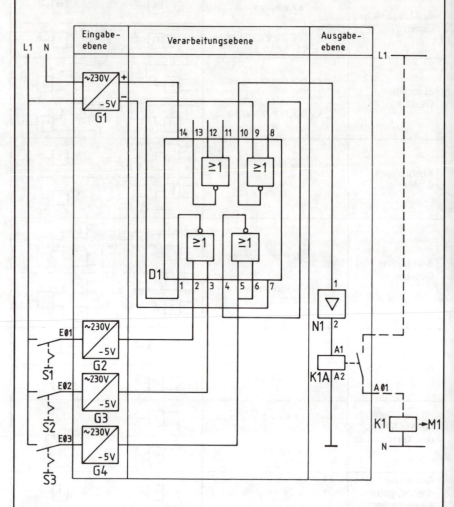

Der Motor M1 wird geschaltet, wenn Eingang Ø3 und (Eingang Ø1 oder Eingang Ø2) den Signalzustand 1 haben.
Soll die Steuerung eine andere Funktion erfüllen, so muß die Verdrahtung geändert werden.

16 Speicherprogrammierbare Steuerungen

16.1.2 Verbindungsprogrammierte Steuerung als Vorstufe der SPS

Bei der **verbindungsprogrammierten Steuerung** bestimmt gleichfalls die Verdrahtung die Funktion. Die Steuerung funktioniert jedoch nach einem Programm, das aus einzelnen, aufeinanderfolgenden Schritten aufgebaut ist.
Ein Programmschalter fragt in schneller Folge die Eingänge auf ihren Zustand ab. So wird das Programm immer wieder neu durchlaufen.
Soll die Steuerung eine andere Funktion erfüllen, so muß der Logik-Plan für die Programmierung geändert werden.

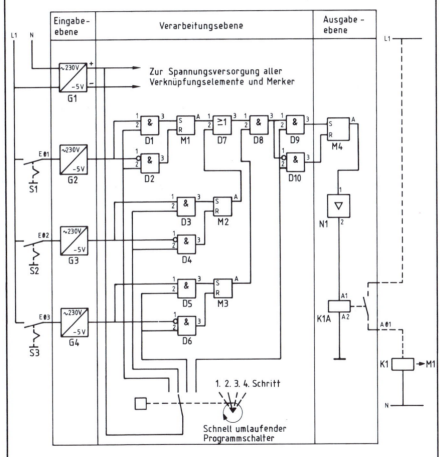

Programmschritte:

1. Schritt: Prüfen, ob E01−1
    wenn 1, dann Merker M1 setzen
    wenn 0, dann Merker M1 rücksetzen

2. Schritt: Prüfen, ob E02−1
    wenn 1, dann Merker M2 setzen
    wenn 0, dann Merker M2 rücksetzen

3. Schritt: Prüfen, ob E03−1
    wenn 1, dann Merker M3 setzen
    wenn 0, dann Merker M3 rücksetzen

4. Schritt: Prüfen, ob Ausgang von D8−1
    wenn 1, dann Ausgangsmerker M4 setzen
    wenn 0, dann Ausgangsmerker M4 rücksetzen

16 Speicherprogrammierbare Steuerungen
16.2.1 Prinzipieller Aufbau

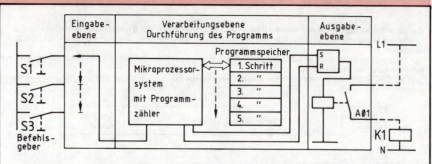

In der speicherprogrammierten Steuerung übernimmt ein Kleinrechner die Durchführung des Programms. Die Eingänge werden nacheinander abgefragt, ob sie den Signalzustand 1 oder 0 haben. Das Ergebnis wird gespeichert. Dann werden diese Ergebnisse nach der einprogrammierten Logik verarbeitet und das Ergebnis 1 oder 0 wird auf den Ausgang geschaltet. Die Zeit eines Programmzyklus ist sehr klein (z. B. 2 ms für 100 Programmschritte [Anweisungen]). Solange die Steuerung eingeschaltet ist, wird das Programm immer wieder durchlaufen.

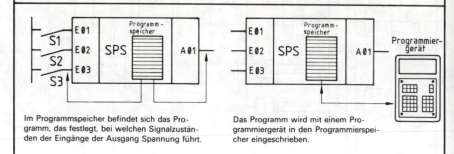

Im Programmspeicher befindet sich das Programm, das festlegt, bei welchen Signalzuständen der Eingänge der Ausgang Spannung führt.

Das Programm wird mit einem Programmiergerät in den Programmierspeicher eingeschrieben.

Beispiel für die Entwicklung eines Programms (von der Schaltaufgabe zum Programm)

Schaltaufgabe:

① Das Schütz K1 soll anziehen, wenn die Befehlsschalter S1 und S2 betätigt sind.

② Übersetzt in die „Computersprache":
Ausgang A01 hat den Signalzustand 1, wenn die Eingänge E01 und E02 die Signalzustände 1 haben.

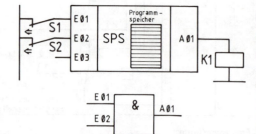

③ Die Steuerung soll also diesen Funktionsplan erfüllen:

④ Das Programm
lautet also: 1. Prüfen, ob E01 den Signalzustand 1 hat. (1. Programmschritt)
2. Prüfen, ob E02 auch den Signalzustand 1 hat. (2. Programmschritt)
3. Haben beide die Signalzustände 1,
dann Ausgang A01 auf 1 schalten (3. Programmschritt)

16 Speicherprogrammierbare Steuerungen
16.2.2 Eingeben eines Programms

Bevor man mit dem Programmiergerät ein Programm eingeben kann, muß man es in eine Form bringen, auf die die SPS-Steuerung eingerichtet ist.

Funktionsplan

Dieser Funktionsplan wird von folgendem Programm erfüllt:
1. Prüfen, ob E0 den Signalzustand 1 hat.
2. Prüfen, ob E1 den Signalzustand 1 hat.
3. Wenn beide den Signalzustand 1 haben, dann Ausgang A0 auf 1 schalten.

Kontaktplan

Das Programm wird in eine bildliche Form gebracht:

Dieser Plan wird von links nach rechts gelesen und bedeutet:

Wenn E0   und E1   dann A0
gleich 1   gleich 1   1

Obwohl dieser Programmablaufplan **nichts** mit Kontakten zu tun hat, nennt man ihn **Kontaktplan**.

─┤ ├─ Dieses Zeichen bedeutet: Eingang nach 1 abfragen.

─( )─ Dieses Zeichen bedeutet: Ausgang

Anweisungsliste Der Kontaktplan wird in eine Anweisungsliste übersetzt:

Adresse des Speicher-platzes	Anweisungen			Erläuterungen
	Operation	Operand		
		Kennzeichen	Parameter	
0001	U	E	0	S0 Ein
0002	U	E	1	S1 Ein
0003	=	A	0	A0 1
Jeder Speicherplatz hat eine Ziffernkennzeichnung.	Hier wird angegeben, was gemacht werden soll.	Hier wird angegeben, mit wem etwas gemacht werden soll.	Hierdurch werden gleiche Operandenkennzeichen unterschieden.	Hier werden zusätzliche Erklärungen gegeben.

Programmierung

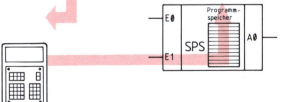

Die Ziffern und Buchstaben werden Zeile für Zeile in das Programmiergerät eingegeben. Zum Schluß wird das Programm in den Programmspeicher übertragen.

Programmiergerät

16 Speicherprogrammierbare Steuerungen
16.3.1 Programmieren von NICHT-Funktionen

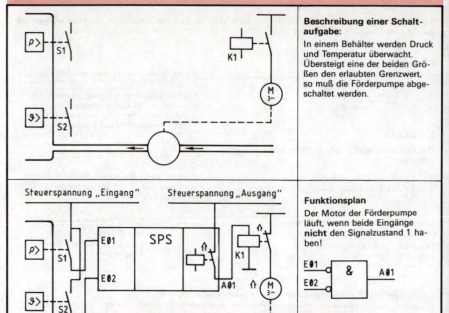

Beschreibung einer Schaltaufgabe:

In einem Behälter werden Druck und Temperatur überwacht. Übersteigt eine der beiden Größen den erlaubten Grenzwert, so muß die Förderpumpe abgeschaltet werden.

Funktionsplan

Der Motor der Förderpumpe läuft, wenn beide Eingänge **nicht** den Signalzustand 1 haben!

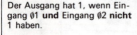

Der Ausgang hat 1, wenn Eingang Ø1 **und** Eingang Ø2 **nicht** 1 haben.

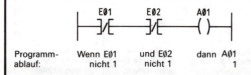

Programmablauf: Wenn EØ1 und EØ2 dann AØ1
nicht 1 nicht 1 1

Kontaktplan

Dieses Zeichen bedeutet: Eingang auf Ø abfragen.

Anweisungsliste

Speicher-platzadresse	Anweisungen			Erläuterungen
	Operation	Operand Kennzeichen	Parameter	
ØØØ1	UN	E	Ø1	S1 „Aus"
ØØØ2	UN	E	Ø2	S2 „Aus"
ØØØ3	=	A	Ø1	K1 „Ein"

N bedeutet: Operation NICHT
UN bedeutet: Operation UND NICHT

Eingabe in das Programmiergerät

16 Speicherprogrammierbare Steuerungen
16.3.2 Programmieren der Grundfunktionen

Operation	Funktionsplan	Kontaktplan	Anweisungsliste
UND Der Ausgang hat 1, wenn alle Eingänge 1 haben.	Befehl: U E01, E02, E03 & A01	E01 E02 E03 A01	U E01 U E02 U E03 = A01
ODER Der Ausgang hat 1, wenn einer der Eingänge 1 hat.	Befehl: O E01, E02, E03 ≥1 A01	E01 A01 / E02 / E03	U E01 O E02 O E03 = A01
NICHT-Eingang Der Ausgang soll 1 haben, wenn E01 1 hat und E02 und E03 nicht 1 haben.	Befehl: N E01, E02̄, E03̄ & A01	E01 E02 E03 A01	U E01 UN E02 UN E03 = A01
NICHT-Ausgang Der Ausgang soll nicht 1 haben, wenn alle Eingänge 1 haben.	Befehl: N E01, E02, E03 & A01̄	E01 E02 E03 A01	U E01 U E02 U E03 =N A01
Exklusiv ODER Der Ausgang soll 1 haben, wenn entweder der eine oder der andere Eingang 1 hat.	Befehl: XO E01, E02 =1 A01	E01 E02 A01 / E01 E02	U E01 XO E02 = A01

Achtung: Bei den meisten Systemen ist heute der Anfangsbefehl U!

16 Speicherprogrammierbare Steuerungen
16.4.1 Problem des Drahtbruchs in der Befehlsgeberleitung

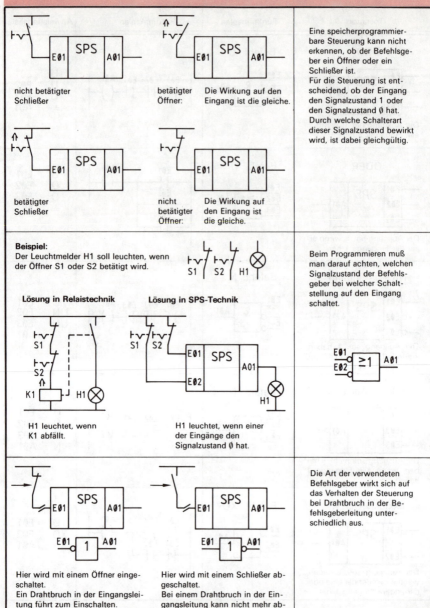

16 Speicherprogrammierbare Steuerungen
16.4.2 Programmierung einer kombinierten UND-ODER-Schaltung

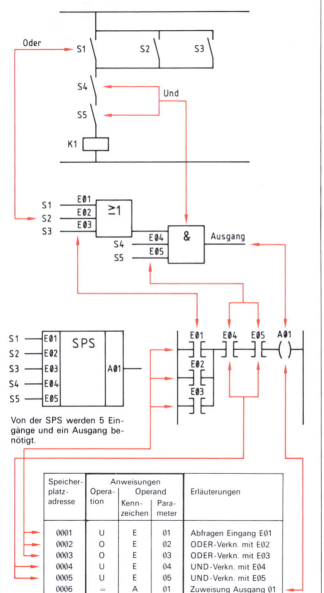

Schaltaufgabe:
Ein Antrieb soll eingeschaltet werden, wenn einer der Schließer S1 ... S3 betätigt ist und wenn S4 und S5 betätigt sind.

Aus der Schaltaufgabe wird die Logik der Schaltung entwickelt (Funktionsplan). Den Eingängen werden die Befehlsgeber zugeordnet.

Die Zuordnung der Befehlsgeber wird auf die SPS übertragen und aus dem Funktionsplan der Kontaktplan entwickelt.

Von der SPS werden 5 Eingänge und ein Ausgang benötigt.

Nach dem Kontaktplan wird die Anweisungsliste geschrieben. Die Anweisungsliste wird in das Programmiergerät eingegeben.

Speicher-platz-adresse	Anweisungen			Erläuterungen
	Opera-tion	Operand		
		Kenn-zeichen	Para-meter	
0001	U	E	01	Abfragen Eingang E01
0002	O	E	02	ODER-Verkn. mit E02
0003	O	E	03	ODER-Verkn. mit E03
0004	U	E	04	UND-Verkn. mit E04
0005	U	E	05	UND-Verkn. mit E05
0006	=	A	01	Zuweisung Ausgang 01

16 Speicherprogrammierbare Steuerungen
16.5.1 Programmieren der Selbsthalteschaltung

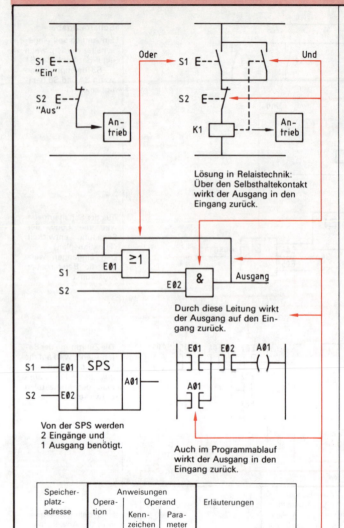

Schaltaufgabe:
Ein Antrieb soll mit Tastschaltern angesteuert werden, nach dem Betätigen des Ein-Tasters soll der Antrieb eingeschaltet bleiben. Mit dem Austaster (Öffner) wird der Antrieb abgeschaltet.

Lösung in Relaistechnik: Über den Selbsthaltekontakt wirkt der Ausgang in den Eingang zurück.

Die Entwicklung der Logik und die Zuordnung der Befehlsgeber.

Durch diese Leitung wirkt der Ausgang auf den Eingang zurück.

Von der SPS werden 2 Eingänge und 1 Ausgang benötigt.

Die Zuordnung der Befehlsgeber wird auf die SPS übertragen, und aus dem Funktionsplan wird der Kontaktplan entwickelt.

Auch im Programmablauf wirkt der Ausgang in den Eingang zurück.

Speicher-platz-adresse	Anweisungen Operation	Operand Kennzeichen	Parameter	Erläuterungen
0001	U	E	01	Abfragen Eingang 01
0002	O	A	01	ODER-Verkn. mit A01
0003	U	E	02	UND-Verkn. mit E02
0004	=	A	01	Zuweisung Ausgang 01

Nach dem Kontaktplan wird die Anweisungsliste geschrieben.
Die Anweisungsliste wird in das Programmiergerät eingegeben.

16 Speicherprogrammierbare Steuerungen
16.5.2 Programmieren von Verriegelungsschaltungen

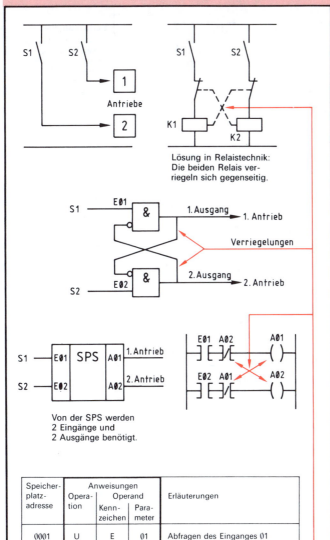

Schaltaufgabe:
Von zwei Antrieben soll jeweils nur ein Antrieb eingeschaltet werden können. Ist Antrieb 1 eingeschaltet, so kann Antrieb 2 nicht geschaltet werden und umgekehrt.

Lösung in Relaistechnik: Die beiden Relais verriegeln sich gegenseitig.

Die Entwicklung der Logik und die Zuordnung der Befehlsgeber.

Die Zuordnung der Befehlsgeber wird auf die SPS übertragen, und aus dem Funktionsplan wird der Kontaktplan entwickelt.

Von der SPS werden 2 Eingänge und 2 Ausgänge benötigt.

Nach dem Kontaktplan wird die Anweisungsliste geschrieben.
Die Anweisungsliste wird in das Programmiergerät eingegeben.

Speicher-platz-adresse	Anweisungen			Erläuterungen
	Opera-tion	Operand		
		Kenn-zeichen	Para-meter	
0001	U	E	01	Abfragen des Einganges 01
0002	UN	A	02	UND A02 nach NICHT abfragen
0003	=	A	01	Zuweisung des Ausganges 01
0004	U	E	02	Abfragen des Einganges 02
0005	UN	A	01	UND A01 nach NICHT abfragen
0006	=	A	02	Zuweisung des Ausganges 02

16 Speicherprogrammierbare Steuerungen
16.6.1 Programmieren von Zwischenspeichern (Merkern)

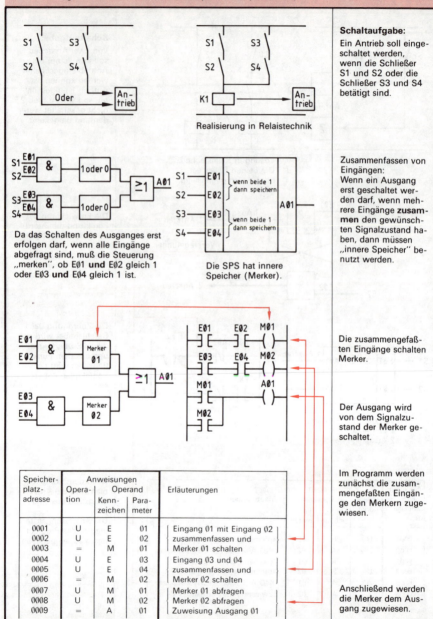

16 Speicherprogrammierbare Steuerungen
16.6.2 Programmieren von Speichern (Ausgangsmerkern)

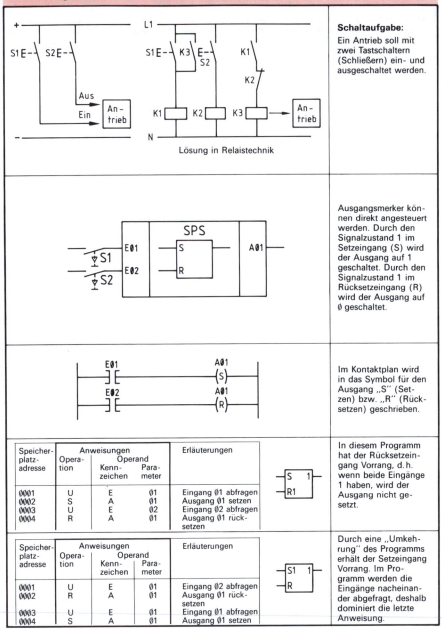

16 Speicherprogrammierbare Steuerungen
16.7.1 Programmieren von Klammerfunktionen

Müssen aufgrund der Art der Verknüpfungen bei einer Programmierung Merker gesetzt werden, so können bei einigen Herstellern von speicherprogrammierbaren Steuerungen anstelle der Merker Klammerfunktionen verwendet werden. Die Programmierung mit Klammerfunktionen setzt wie bei der Programmierung von Merkern im Inneren der SPS Zwischenspeicher.

Beispiele:

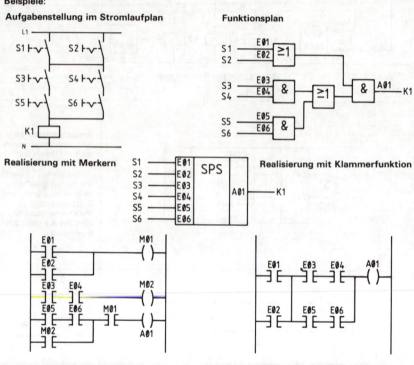

Speicher-platzadresse	Anweisungen Operation	Operand	Erläuterungen	Speicher-platzadresse	Anweisungen Operation	Operand	Erläuterungen
0001	U	E 01	Eingang 01 abfragen	0001	U	E 01	Eingang 01 abfragen
0002	O	E 02	ODER-Verkn. mit E02	0002	O	E 02	ODER-Verkn. mit E02
0003	=	M 01	Merker 01 setzen	0003	U	<	UND Klammer auf
0004	U	E 03	Eingang 03 abfragen	0004	U	E 03	Eingang 03 abfragen
0005	U	E 04	UND-Verkn. mit E03	0005	U	E 04	UND-Verkn. mit E04
0006	=	M 02	Merker 02 setzen	0006	>		Klammer zu
0007	U	E 05	Eingang 05 abfragen	0007	O	<	ODER Klammer auf
0008	U	E 06	UND-Verkn. mit E05	0008	U	E 05	Eingang 05 abfragen
0009	O	M 02	ODER-Verkn. mit M02	0009	U	E 06	UND-Verkn. mit E06
0010	U	M 01	UND-Verkn. mit M01	0010	>		Klammer zu
0011	=	A 01	Ausgang 01 zuweisen	0011	=	A 01	Ausgang 01 zuweisen

Ein Vergleich zeigt, daß die Zahl der Programmierschritte bei beiden Programmen identisch ist. Welches Verfahren angewendet wird, ist vom Aufwand her gleich.

16 Speicherprogrammierbare Steuerungen
16.7.2 Programmieren einer Einschaltverzögerung

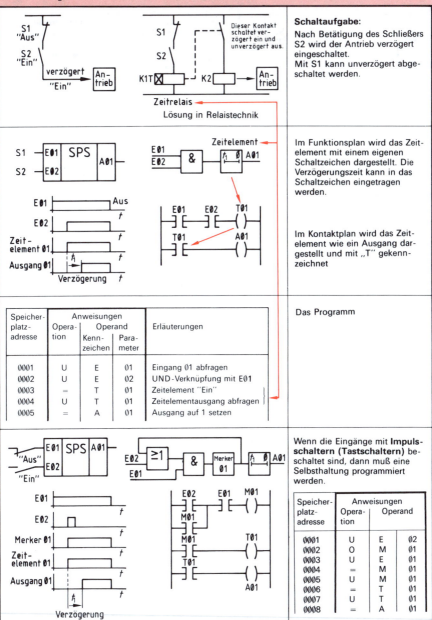

16 Speicherprogrammierbare Steuerungen
16.8.1 Programmieren einer Ausschaltverzögerung

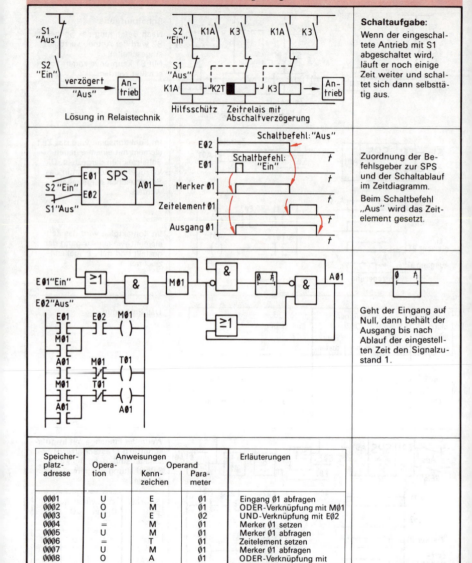

Schaltaufgabe:
Wenn der eingeschaltete Antrieb mit S1 abgeschaltet wird, läuft er noch einige Zeit weiter und schaltet sich dann selbsttätig aus.

Zuordnung der Befehlsgeber zur SPS und der Schaltablauf im Zeitdiagramm.

Beim Schaltbefehl „Aus" wird das Zeitelement gesetzt.

Geht der Eingang auf Null, dann behält der Ausgang bis nach Ablauf der eingestellten Zeit den Signalzustand 1.

Speicherplatz-adresse	Anweisungen			Erläuterungen
	Operation	Operand Kennzeichen	Parameter	
0001	U	E	01	Eingang 01 abfragen
0002	O	M	01	ODER-Verknüpfung mit M01
0003	U	E	02	UND-Verknüpfung mit E02
0004	=	M	01	Merker 01 setzen
0005	U	M	01	Merker 01 abfragen
0006	=	T	01	Zeitelement setzen
0007	U	M	01	Merker 01 abfragen
0008	O	A	01	ODER-Verknüpfung mit Ausgang 01
0009	U	T	01	UND-Verknüpfung mit T01
0010	=	A	01	Ausgang setzen

16 Speicherprogrammierbare Steuerungen

16.8.2 Programmieren einer Ausschaltverzögerung mit Hilfe von Merkern und einschaltverzögerten Schaltelementen

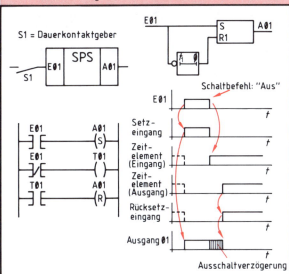

Durch die Verwendung eines Ausgangsmerkers kann ein Zeitelement mit Einschaltverzögerung in seiner Wirkung umgekehrt werden.

Speicher-	Anweisungen	
platz adresse	Operation	Operand
0001	U	E 01
0002	S	A 01
0003	UN	E 01
0004	=	T 01
0005	U	T 01
0006	R	A 01

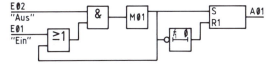

Werden als Befehlsgeber Impulsschalter (Tastschalter) verwendet, dann muß das Programm durch eine Selbsthaltung ergänzt werden.

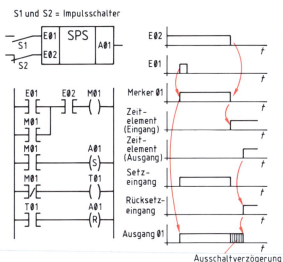

Speicher-	Anweisungen	
platz adresse	Operation	Operand
0001	U	E 01
0002	O	M 01
0003	U	E 02
0004	=	M 01
0005	U	M 01
0006	S	A 01
0007	UN	M 01
0008	=	T 01
0009	U	T 01
0010	R	A 01

17 Mikroprozessorsteuerungen
17.1.1 Blockschaltbild eines Steuerungscomputers

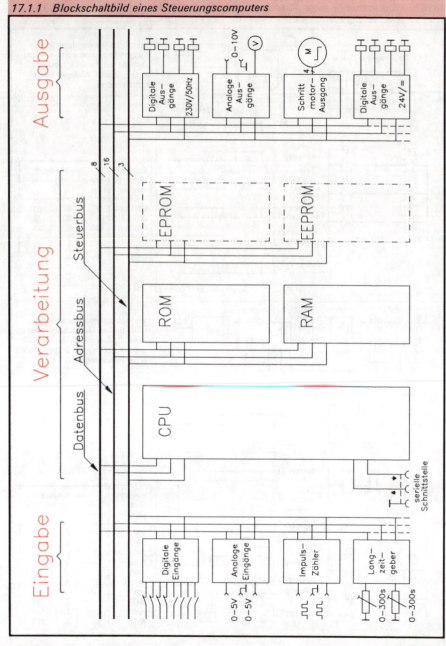

17 Mikroprozessorsteuerungen
17.1.2 Bussystem / CPU / RAM / ROM / EPROM / EEPROM

Bussystem

Alle Baugruppen des Steuerungscomputers sind über ein Bündel von Leitungen miteinander verbunden (**Bussystem**).

Über die Leitungen des **Adressbusses** werden die einzelnen Baugruppen oder Speicherstellen angewählt. Über den **Steuerbus** wird die Anweisung zum Schreiben oder Lesen von Daten erteilt. Über den **Datenbus** erfolgt der Transport der Daten von oder zu einer angewählten Baugruppe oder Speicherstelle.

CPU

Die **CPU** (**C**entral **P**rocessing **U**nit = Zentrale Verarbeitungseinheit) steuert über die Leitungen des Adressbusses, des Steuerbusses und des Datenbusses den zeitlichen Ablauf des Signalverkehrs im Steuerungscomputer.

Die eingelesenen Daten der Eingabe- und der Speicherbaugruppen werden in der CPU entsprechend den Befehlen des Programms miteinander verknüpft und an die Ausgabe- oder Speicherbaugruppen ausgegeben.

Die Übertragung von Steuerungsprogrammen in den Steuerungscomputer oder die Änderung bestehender Programme oder die Datenübertragung von oder zu Zentral-Computern (Vernetzung) erfolgt über die serielle Schnittstelle der CPU.

RAM

Im **RAM** (**R**andom **A**ccess **M**emory = (Speicher mit wahlfreiem Zugriff) werden die Daten der Eingabebaugruppen, Werte aus Berechnungen, Daten für die Ausgabeeinheiten, Zwischenergebnisse, Zeitwerte, usw. gespeichert.

Soll eine Information aus dem RAM-Bereich gelesen oder in diesen geschrieben werden, wird zunächst über den Adressbus eine bestimmte Speicherstelle angewählt.

Erhält der RAM-Baustein über den Steuerbus das Signal $\overline{\text{rd}}$ = "lesen", werden die in der angewählten Speicherstelle enthaltenen Daten auf den Datenbus geschaltet.

Bei dem Steuerbussignal $\overline{\text{wr}}$ = "schreiben" werden die auf dem Datenbus aufliegenden Daten in die angewählte Speicherstelle geschrieben. Wird die Versorgungsspannung abgeschaltet, gehen die im RAM gespeicherten Daten verloren.

ROM

Im **ROM** (**R**ead **O**nly **M**emory = Nur-Lese-Speicher) stehen die Befehle des Programms, nach dem die CPU arbeitet.

Soll eine Information aus dem ROM-Bereich ausgelesen werden, wird zunächst über den Adressbus eine bestimmte Speicherstelle angewählt. Erhält der ROM-Baustein über den Steuerbus das Signal "lesen", werden die in der angewählten Speicherstelle enthaltenen Daten auf den Datenbus geschaltet.

Wird die Versorgungsspannung abgeschaltet, bleiben die im ROM gespeicherten Daten erhalten.

EPROM/EEPROM

Anwenderprogramme zur Steuerung von Prozessen werden in programmierbaren Nur-Lese-Speichern (**EPROM** = **E**rasable **P**rogrammable **R**ead **O**nly **M**emory, Löschung mit UV-Licht, **EEPROM** = **E**lectrical **E**rasable **P**rogrammable **R**ead **O**nly **M**emory, Löschung elektrisch möglich) gespeichert.

Zum schnellen Programmwechsel können diese Einheiten über eine Steckfassung ausgetauscht werden.

Wird die Versorgungsspannung abgeschaltet, bleiben die im EPROM/EEPROM gespeicherten Daten erhalten.

17 Mikroprozessorsteuerungen

17.2.1 Stromlaufplan eines einfachen Steuerungscomputers

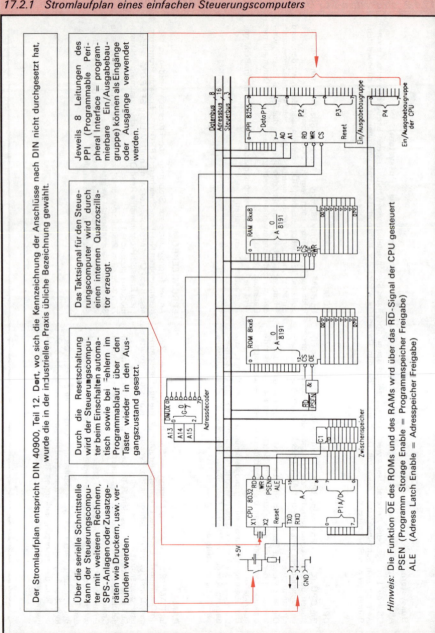

Hinweis: Die Funktion $\overline{OE}$ des ROMs und des RAMs wird über das $\overline{RD}$-Signal der CPU gesteuert
PSEN (Programm Storage Enable = Programmspeicher Freigabe)
ALE (Adress Latch Enable = Adressspeicher Freigabe)

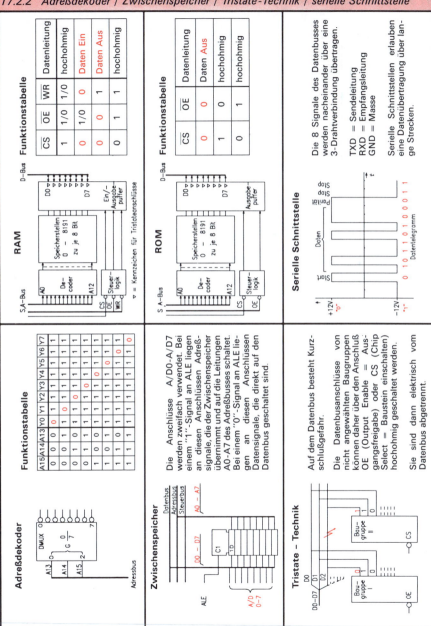

17 Mikroprozessorsteuerungen
17.3.1 Stromlaufplan eines erweiterten Steuerungscomputers

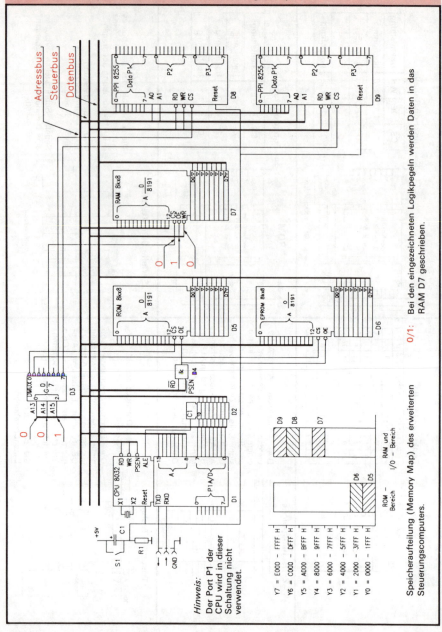

17 Mikroprozessorsteuerungen

17.3.2 Aufbau des Interfacebausteins 8255

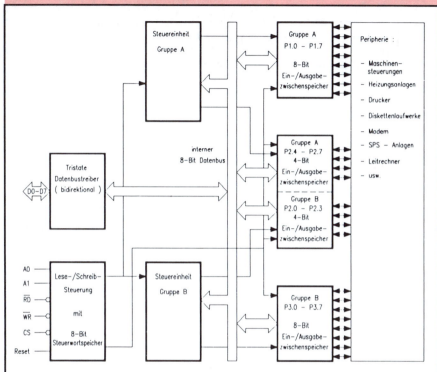

Der programmierbare Schnittstellenbaustein 8255 der Herstellerfirma Intel enthält die drei voneinander unabhängigen Ein-/Ausgabekanäle P1, P2 und P3.

Durch entsprechende Programmierung des internen 8-Bit-Steuerwortspeichers kann festgelegt werden, ob ein Kanal als Eingang, als Ausgang oder mit Sonderfunktionen verwendet wird.

Über das Bussystem des Steuerungscomputers werden die Daten von der CPU über den jeweiligen Ausgabekanal zur Peripherie übertragen oder von der Peripherie über einen Eingabekanal eingelesen. Die Anwahl der Kanäle sowie des Steuerwortspeichers erfolgt durch die Adreßleitungen A0 und A1. Die Steuerbussignale RD bzw. WR lösen den entsprechenden Datentransport aus.
Die Freigabe des PPI-Bausteins erfolgt durch das über den Adreßdekoder erzeugte $\overline{CS}$-Signal.

A0	A1	Kanal / Speicher
0	0	Kanal P1.0 – P1.7
0	1	Kanal P3.0 – P3.7
1	0	Kanal P2.0 – P2.7
1	1	Steuerwortspeicher

Anwahl der Kanäle und des Steuerwortspeichers des PPI 8255

17 Mikroprozessorsteuerungen
17.4.1 Eingangsbaugruppen von Steuerungscomputern

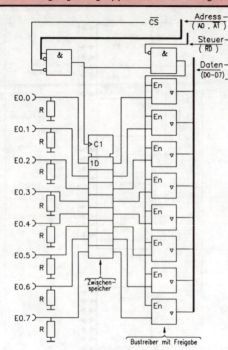

Eingangsbaugruppe

Mit den Adressbussignalen:

A0 ∧ $\overline{A1}$ ∧ $\overline{CS}$

wird der augenblickliche Logikpegel der Eingänge in den Zwischenspeicher übernommen.

Mit dem Steuerbussignal:

$\overline{RD}$ (read = lesen)

werden die Tristateausgangstreiberstufen freigegeben.

Der Inhalt des Zwischenspeichers wird auf den Datenbus geschaltet und zur weiteren Verarbeitung zur CPU übertragen.

Modell: Eingagsbaugruppe eines PPI-Bausteins

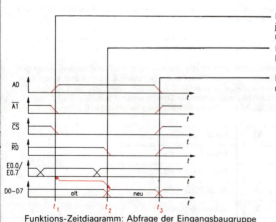

Der Logikpegel der Eingänge wird jetzt in den Zwischenspeicher übernommen.

Der Inhalt des Zwischenspeichers liegt jetzt auf dem Datenbus.

Die Eingangsbaugruppe ist jetzt nicht mehr angewählt.

Funktions-Zeitdiagramm: Abfrage der Eingangsbaugruppe

17 Mikroprozessorsteuerungen

17.4.2 Beschaltung der Eingangsbaugruppen von Steuerungscomputern

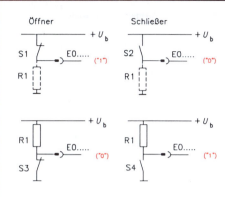

Anschluß von Schaltern, Tastern, usw.

Eingangsbaugruppen von Steuerungscomputern sind oft TTL-kompatibel ausgelegt. Eingänge dürfen daher nie unbeschaltet bleiben. Sie werden über interne oder externe Widerstände auf Versorgungsspannungs- (pull-up) oder Massepotential (pull-down) gelegt.

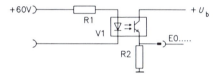

Anschluß von Gebern über Optokoppler

Geberstromkreise mit höherem Potential werden durch Optokoppler galvanisch vom Automatisierungsgerät oder vom Steuerungscomputer getrennt. Die LED des Optokopplers wird durch externe Geber geschaltet. Durch das auftreffende Licht schaltet der Fototransistor durch.
An dem Ausgang des Optokopplers liegt "1"-Signal.

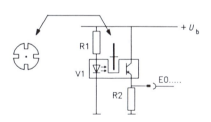

Lichtschranken zur berührungslosen Messung

Die Schlitzscheibe unterbricht die Lichtschranke. Die Impulse werden gezählt und programmgesteuert z.B. als Drehzahl oder als Positionsangabe ausgewertet.

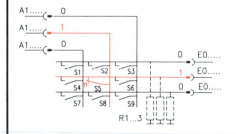

Anschluß von Tastaturen

Bedienungstastaturen mit vielen Tasten werden im Multiplexverfahren angesteuert, um Anschlußleitungen einzusparen. Die einzelnen Taster sind zu einer Matrix verschaltet. Die Spaltenleitungen erhalten über Ausgänge zyklisch sehr schnell nacheinander "1"-Signal. Wird ein Taster betätigt, liegt auf der entsprechenden Zeilenleitung ein "1"-Signal, das durch die Abfrage der Eingangsbaugruppe erfaßt wird. Die Zuordnung des betätigten Tasters zu einer bestimmten Funktion erfolgt durch das jeweilige Programm.

17 Mikroprozessorsteuerungen

17.5.1 Ausgangsbaugruppen von Steuerungscomputern

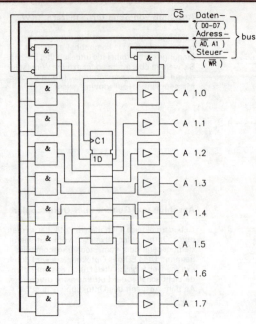

Modell: Ausgangsbaugruppe eines PPI-Bausteins

Ausgangsbaugruppe

Mit dem Adressbussignal:
$\overline{A0} \wedge A1 \wedge \overline{CS}$
werden die Datenbussignale zu dem Zwischenspeicher durchgeschaltet.

Mit dem Steuerbussignal:
$\overline{WR}$ (write = schreiben)
werden dann die Datenbussignale in den Zwischenspeicher übernommen und liegen über die Ausgangsstufen an den Ausgängen A1.0–A1.7 an.

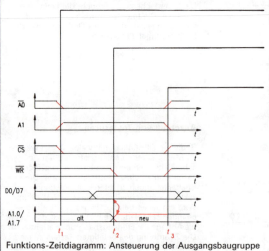

Die Ausgangsbaugruppe ist jetzt angewählt.

Die Daten des Datenbusses werden jetzt in den Zwischenspeicher übernommen und liegen an den Ausgängen A1.0–A1.7 an.

Die Ausgangsbaugruppe ist jetzt nicht mehr angewählt.

Funktions-Zeitdiagramm: Ansteuerung der Ausgangsbaugruppe

17 Mikroprozessorsteuerungen
17.5.2 Beschaltung der Ausgangsbaugruppen von Steuerungscomputern

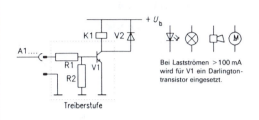

Bei Laststromen >100 mA wird für V1 ein Darlingtontransistor eingesetzt.

Ansteuerung von Relais, Meldeeinrichtungen, usw.

Ausgangsbaugruppen von Steuerungscomputern sind oft TTL-kompatibel ausgelegt. Betriebsmitteln mit höherer Stromaufnahme müssen daher Transistorschaltstufen vorgeschaltet werden. Betriebsmitteln mit induktivem Verhalten wird eine Freilaufdiode parallel geschaltet, um die Spannungsspitzen beim Abschalten kurzzuschließen.

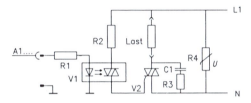

Ansteuerung einer Leistungsstufe über Optokoppler

Stromkreise mit höherem Potential werden durch Optokoppler galvanisch vom Steuerungscomputer getrennt. Die LED des Optokopplers wird direkt von der Ausgangsbaugruppe angesteuert. Der DIAC wird durch das auftreffende Licht leitend und zündet den TRIAC.

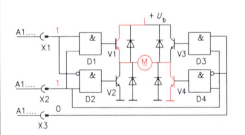

Ansteuerung von kleinen Gleichstrommotoren

Eingang / Drehrichtung	X1	X2	X3
Stop	0/1	0	0/1
rechts	1	1	0
links	0	1	1

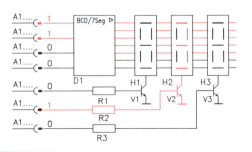

Ansteuerung von Anzeigeeinheiten

Anzeigeeinheiten (z. B. 7-Segmentanzeigen) werden im Multiplexverfahren angesteuert, um Ausgangsbaugruppen einzusparen.
Die einzelnen Anzeigewerte werden nacheinander z. B. im BCD-Code ausgegeben.
Die zugehörige Anzeigestelle wird jeweils über eine Transistorschaltstufe angewählt.

17 Mikroprozessorsteuerungen
17.6.1 Digital-Analog-Wandler (Funktionsprinzip)

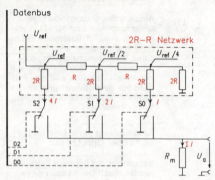

Modell eines D/A-Wandlers mit 3 Bit Auflösung

Funktionsprinzip

Die Referenzspannung U_{ref} wird an ein Widerstandsnetzwerk angeschlossen, dessen Widerstände im Verhältnis 2:1 gewählt werden (2R-R-Netzwerk). Die elektronischen Wechselschalter S0–S2 schalten, vom Datenbus gesteuert, die jeweiligen Teilströme auf den Meßwiderstand R_m. Führt eine Datenleitung "0"-Signal, verbindet der Schalter einen Netzwerkzweig mit Masse; führt eine Datenleitung "1"-Signal, verbindet der Schalter einen Netzwerkzweig über den Meßwiderstand R_m mit Masse.

Der Meßwiderstand R_m wird so niederohmig gewählt, daß er die Größe des Gesamtstromes fast nicht verändert.

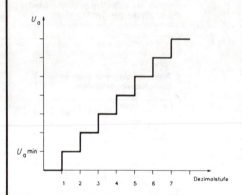

D2	D1	D0	ΣI	U_a
0	0	0	0	0 Volt
0	0	1	$1 \times I$	$1 \times U_{a_{min}}$
0	1	0	$2 \times I$	$2 \times U_{a_{min}}$
0	1	1	$3 \times I$	$3 \times U_{a_{min}}$
1	0	0	$4 \times I$	$4 \times U_{a_{min}}$
1	0	1	$5 \times I$	$5 \times U_{a_{min}}$
1	1	0	$6 \times I$	$6 \times U_{a_{min}}$
1	1	1	$7 \times I$	$7 \times U_{a_{min}}$

Ausgangsspannungsstufen eines 3 Bit-D/A-Wandlers

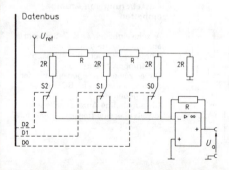

Zur Verbesserung der Wandlereigenschaften wird der Meßwiderstand R_m durch einen Operationsverstärker ersetzt, der als Strom-Spannungswandler beschaltet ist.

Achtung:
Durch diese Stufe wird die Ausgangsspannung, bezogen auf Masse, negativ.

17 Mikroprozessorsteuerungen
17.6.2 Digital-Analog-Wandler mit integrierten Schaltungen

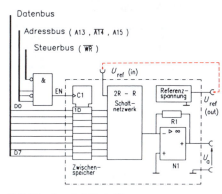

D/A-Wandler mit 8 Bit Auflösung

Mit 8 Bit D/A-Wandlern können $2^8 = 256$ Spannungswerte ausgegeben werden.

Üblich ist ein Ausgangsspannungsbereich von 0 ... 2,55 V.

$U_{a_{min}}$ beträgt dann 10 mV.

Wird dem D/A-Wandler ein Zwischenspeicher vorgeschaltet, bleibt der letzte Ausgangsspannungswert erhalten, nach dem die Baugruppe nicht mehr angewählt ist.

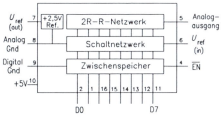

Blockschaltbild eines integrierten D/A-Wandlers

D/A-Wandler werden als integrierte Schaltungen (IC's) hergestellt. Derartige IC's enthalten neben dem 2R-R-Schaltnetzwerk zusätzlich die Referenzspannungsquelle und den Zwischenspeicher.
Die Ausgangsspannung des D/A-Wandlers ZN 428 E ist, bezogen auf Masse, positiv.

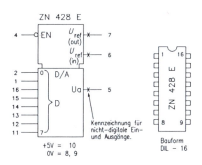

DIL = **D**ual **I**n **L**ine = Doppelt in Reihe
EN = **E**nable = Freigabe

Schaltzeichen, Anschlußbelegung und Gehäuse eines integrierten D/A-Wandlers

17 Mikroprozessorsteuerungen
17.7.1 Analog-Digital-Wandler (Funktionsprinzip)

Funktionsprinzip

Jeder D/A-Wandler läßt sich als A/D-Wandler beschalten. Die Ausgangsspannung des D/A-Wandlers wird programmgesteuert stufenweise von 0 V an erhöht. Durch den Komparator $-$N1 wird dabei die unbekannte Eingangsspannung U_a mit der bekannten Ausgangsspannung U_a des D/A-Wandlers verglichen.

Solange U_a kleiner als die Eingangsspannung ist, liegt am Ausgang des Pegelwandlers $-$D1 "1"-Signal. Erreicht U_a den Betrag der Eingangsspannung wechselt der Ausgang des Pegelwandlers auf "0"-Signal.
Der logische Zustand (0/1) der Datenleitungen D0–D7 zu diesem Zeitpunkt entspricht dem binären Wert der Eingangsspannung U_e und wird abgespeichert.
Im ungünstigsten Falle sind $2^8 = 256$ einzelne Vergleichsschritte erforderlich.

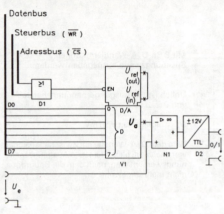

D/A-Wandler als A/D-Wandler beschaltet

Verfahren der schrittweisen Annäherung

1. Die höchstwertige Datenleitung D7 wird zunächst auf "1"-Signal gesetzt. Die Ausgangsspannung des D/A-Wandlers beträgt dann $1/2\ U_{a_{max}}$.

2. Ergibt der Vergleich, daß die Ausgangsspannung des D/A-Wandlers kleiner als die Meßspannung ist, bleibt D7 auf "1"-Signal; im anderen Fall wird D7 auf "0" gesetzt.

3. Wiederholung der Schritte 1 und 2 sinngemäß für die Datenleitungen D6–D0.

Für eine vollständige Wandlung sind nur nach 8 Vergleichsschritte erforderlich.
Die erreichbare Genauigkeit liegt bei $\pm 1/2$ der Wertigkeit der letzten Stelle.

Dieses Verfahren der **sukzessiven Approximation** kann durch ein entsprechendes Programm realisiert werden.
In integrierten A/D-Wandlern wird das Verfahren schaltungstechnisch verwirklicht.

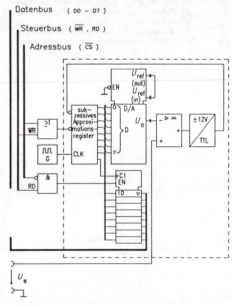

A/D-Wandler mit sukzessiver Approximation

17 Mikroprozessorsteuerungen
17.7.2 Analog-Digital-Wandler mit integrierten Schaltungen

A/D-Wandler werden als integrierte Schaltungen (IC's) hergestellt.
Das IC ZN 427 E ist ein 8-Bit A/D-Wandler nach dem Verfahren der sukzessiven Aproximation. Das IC enthält einen geschalteten D/A-Wandler, einen schnellen Komparator, das Logiknetzwerk für die sukzessive Approximation und eine interne 2,55 V Präzisionsspannungsquelle, die je nach Bedarf durch eine externe Spannungsreferenzquelle ersetzt werden kann. Bei einer Taktfrequenz von 900 kHz beträgt die typische Wandlungszeit 10 µs.

Der $\overline{WR}$-Befehl und das Adressbus-Signal ($\overline{CS}$) starten den Wandlungsvorgang. Nach Ablauf der Wandlung werden die Signalpegel des Approximationsregisters in den Zwischenspeicher übertragen. Mit dem $\overline{RD}$-Befehl und dem Adressbussignal ($\overline{CS}$) werden sie von dort ausgelesen.

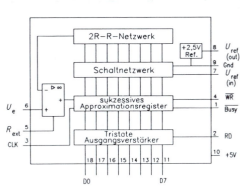

Blockschaltbild eines integrierten A/D-Wandlers

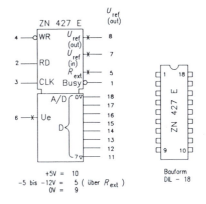

Schaltzeichen, Anschlußbelegung und Gehäuse eines integrierten A/D-Wandlers

Als Zusatzfunktion des IC's liegt an dem Ausgang $\overline{Busy}$ für die Dauer des Wandlungsvorganges "0"-Signal an.
Ein vorzeitiger Zugriff auf den Zwischenspeicher kann so durch Abfrage des $\overline{Busy}$-Signals vermieden werden.

17 Mikroprozessorsteuerungen
17.8.1 Temperaturregelung mit Steuerungscomputern

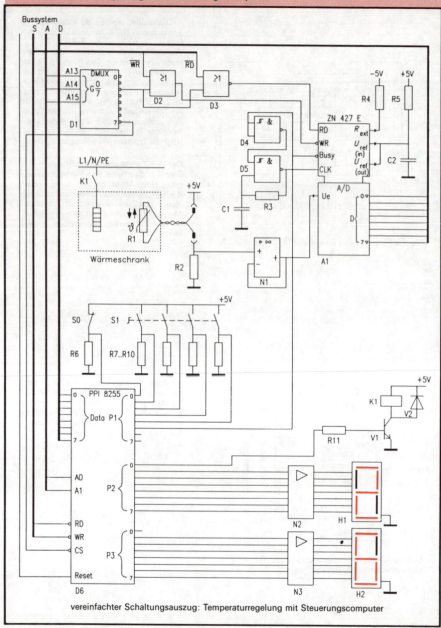

vereinfachter Schaltungsauszug: Temperaturregelung mit Steuerungscomputer

17 Mikroprozessorsteuerungen

17.8.2 Taktoszillator / Istwerterfassung / Sollwertvorgabe / Temperaturanzeige

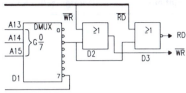

Adressdekodierung

Die Adressbussignale: A13 = 0, A14 = 1, A15 = 0 werden über die Baugruppe D1 zum Signal Y2 dekodiert. Durch die OR-Verknüpfung des $\overline{WR}$-Signals mit dem $\overline{Y2}$-Signal wird die A/D-Wandlung gestartet; das Wandlungsergebnis wird über die NOR-Verknüpfung des $\overline{RD}$-Signals mit dem $\overline{Y2}$-Signal ausgelesen.

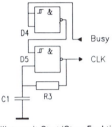

Taktoszillator mit Start/Stop-Funktion

Das Gatter D4 ist als Inverter beschaltet, das Gatter D5 als Oszillator.
Sobald das Busy-Signal 0-Pegel hat, startet der Oszillator; der Ausgang des Gatters D5 nimmt low-Potential an. Der Kondensator C1 wird über R3 entladen. Wird die untere Schaltschwelle von D5 erreicht, nimmt der Ausgang des Gatters wieder high-Potential an; C1 wird aufgeladen bis die obere Schaltschwelle von D5 erreicht ist. Der Vorgang wiederholt sich mit der Frequenz:

$$f = \frac{1}{0{,}85 \cdot R_3 \cdot C_1} \quad [\Omega, F, Hz]$$

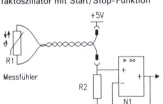

Messfühler

Istwerterfassung

Mit steigender Temperatur steigt die Ausgangsspannung von N1.
Der Operationsverstärker arbeitet als Impedanzwandler.

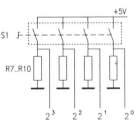

Sollwertvorgabe mit BCD-codiertem Wahlschalter

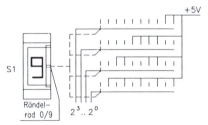

Temperaturanzeige mit LED-7-Segmentanzeigen

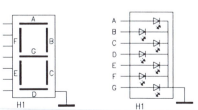

18 Berechnungen
18.1.1 Flächen und Körper

Aufgabentyp	Hauptformel und Einheiten	umgestellte Formeln
Quadrat und Rechteck	$A = a \cdot a$ $[a] = m$ $U = 4 \cdot a$ $[b] = m$ $d = a \cdot \sqrt{2}$ $[d] = m$ $A = a \cdot b$ $[U] = m$ $U = 2a + 2b$ $[A] = m^2$ $d = \sqrt{a^2 + b^2}$	$a = \sqrt{A}$ $a = \dfrac{U}{4}$ $a = \dfrac{d}{\sqrt{2}}$ $b = \dfrac{A}{a}$ $b = \dfrac{U - 2a}{2}$ $b = \sqrt{d^2 - a^2}$

Dreieck	$A = \dfrac{c \cdot b}{2}$ $[a] = m$
	   $[b] = m$
	   $[c] = m$
	 $U = a + b + c$ $[h] = m$
	 $180° = \alpha + \beta + \gamma$ $[A] = m^2$
		$c = \dfrac{2 \cdot A}{h}$
		 $h = \dfrac{2 \cdot A}{c}$
		 $\alpha = 180° - \beta - \gamma$

Rechtwinkliges Dreieck	$c^2 = a^2 + b^2$ $[a] = m$ $[b] = m$ $\sin\alpha = \dfrac{a}{c}$ $[c] = m$ $\cos\alpha = \dfrac{b}{c}$ $\tan\alpha = \dfrac{a}{b}$	$a^2 = c^2 - b^2$ $a = \sin\alpha \cdot c$ $c = \dfrac{a}{\sin\alpha}$ $b = \cos\alpha \cdot c$ $a = \tan\alpha \cdot b$
Kreis	$A = r^2 \cdot \pi$ $[r] = m$ $d = 2 \cdot r$ $[d] = m$ $U = d \cdot \pi$ $[U] = m$ $[A] = m^2$	$r = \sqrt{\dfrac{A}{\pi}}$ $r = \dfrac{d}{2}$ $d = \dfrac{U}{\pi}$
Säule und Zylinder 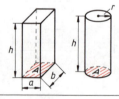	$V = A \cdot h$ $[a] = m$ $A = a \cdot b$ $[b] = m$ $A = r^2 \cdot \pi$ $[h] = m$ $O = 2 \cdot a \cdot b + 2 \cdot a \cdot h$ $[r] = m$ $\quad + 2 \cdot b \cdot h$ $[O] = m^2$ $O = 2 \cdot r^2\pi + d \cdot \pi \cdot h$ $[V] = m^2$	$A = \dfrac{V}{h}$ $h = \dfrac{V}{A}$ $A = a \cdot b \cdot h$ $A = r^2 \cdot \pi \cdot h$

Pyramide und Kegel 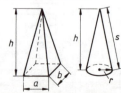	$V = \tfrac{1}{3} \cdot A \cdot h$ $[a] = m$
	 $A = a \cdot b$ $[b] = m$
	 $A = r^2 \cdot \pi$ $[h] = m$
	   $[r] = m$
	 $O = r^2 \cdot \pi + \dfrac{d \cdot \pi \cdot s}{2}$ $[O] = m^2$
	   $[V] = m^3$
	 $O = a \cdot b + \tfrac{1}{2}a\sqrt{h^2 + (\tfrac{b}{2})^2} + \tfrac{1}{2}b\sqrt{h^2 + (\tfrac{a}{2})^2}$
		$A = \dfrac{3 \cdot V}{h}$
		 $h = \dfrac{3 \cdot V}{A}$

18 Berechnungen

18.1.2 Mechanische Größen

Aufgabentyp	Hauptformel und Einheiten	umgestellte Formeln
Konstante Geschwindigkeit 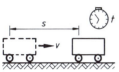	geradlinige Bewegung $\quad [s] = \text{m}$ $v = \dfrac{s}{t} \qquad\qquad [t] = \text{s}$ $\qquad\qquad\qquad [n] = \dfrac{1}{\text{s}}$ Kreisbewegung $\qquad [d] = \text{m}$ $v = d \cdot \pi \cdot m \qquad [v] = \dfrac{\text{m}}{\text{s}}$	$s = v \cdot t$ $t = \dfrac{s}{v}$ $n = \dfrac{v}{d \cdot \pi}$
Beschleunigung und Verzögerung 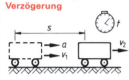	$a = \dfrac{v_A - v_1}{t} \qquad [v] = \dfrac{\text{m}}{\text{s}}$ $s = v_1 \cdot t + \tfrac{1}{2}at^2 \quad [s] = \text{m}$ $\qquad\qquad\qquad [t] = \text{s}$ $\qquad\qquad\qquad [a] = \dfrac{\text{m}}{\text{s}^2}$	$v_2 = v_1 + at$ $a = \dfrac{2 \cdot s - 2v_1 \cdot t}{t^2}$
Kraft und Gewichtskraft 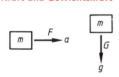	$F = m \cdot a \qquad [m] = \text{kg}$ $\qquad\qquad\quad [a] = \dfrac{\text{m}}{\text{s}^2}$ $G = m \cdot g \qquad [F] = \text{N}$ $\qquad\qquad\quad g = 9{,}81 \dfrac{\text{m}}{\text{s}^2}$ $\qquad\qquad\quad [G] = \text{N}$	$a = \dfrac{F}{m}$ $m = \dfrac{F}{a}$ $m = \dfrac{G}{g}$
Drehmoment 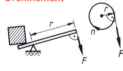	am Hebel $\qquad [F] = \text{N}$ $M = F \cdot r \qquad [r] = \text{m}$ $\qquad\qquad\quad [n] = \dfrac{1}{\text{s}}$ am Motor $M = \dfrac{P}{2 \cdot \pi \cdot n} \quad [F] = \text{W}$ $\qquad\qquad\quad [M] = \text{Nm}$	$F = \dfrac{M}{r}$ $n = \dfrac{P}{2 \cdot \pi \cdot M}$ $P = 2 \cdot \pi \cdot n \cdot M$
Arbeit und Leistung 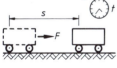	$W = F \cdot s \qquad [F] = \text{N}$ $\qquad\qquad\quad [s] = \text{m}$ $P = \dfrac{W}{t} \qquad [W] = \text{Nm}$ $\qquad\qquad\quad [t] = \text{s}$ $\qquad\qquad\quad [P] = \dfrac{\text{Nm}}{\text{s}} = \text{W}$	$s = \dfrac{W}{F}$ $W = P \cdot t$ $t = \dfrac{W}{P}$
Wirkungsgrad 	$\eta = \dfrac{P_{ab}}{P_{zu}} \qquad [P_{ab}] = \text{kW}$ $\qquad\qquad [P_{zu}] = \text{kW}$ $\eta = \dfrac{W_{ab}}{W_{zu}} \quad [W_{ab}] = \text{kWh}$ $\qquad\qquad [W_{zu}] = \text{kWh}$	$P_{ab} = P_{zu} \cdot \eta$ $P_{zu} = \dfrac{P_{ab}}{\eta}$

18 Berechnungen

18.2.1 Ohmsches Gesetz, Leiterwiderstand, Widerstandsschaltungen

Aufgabentyp bzw. Schaltung	Hauptformel und Einheiten	umgestellte Formeln
Ohmsches Gesetz 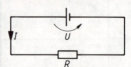	$R = \dfrac{U}{I}$ $[U] = V = \dfrac{Nm}{Q}$ $[I] = A = \dfrac{Q}{s}$ $[R] = \Omega$	$U = I \cdot R$ $I = \dfrac{U}{R}$
Leiterwiderstand 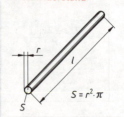 $S = r^2 \cdot \pi$	$R = \dfrac{\varrho \cdot l}{S}$ $[R] = \Omega$ oder $[l] = m$ $R = \dfrac{l}{\gamma \cdot S}$ $[S] = mm^2$ $[\varrho] = \dfrac{\Omega \, mm^2}{m}$ $[\gamma] = \dfrac{m}{\Omega \, mm^2}$	$l = \dfrac{R \cdot S}{\varrho}$ $S = \dfrac{\varrho \cdot l}{R}$ $\varrho = \dfrac{R \cdot S}{l}$ oder $l = R \cdot \gamma \cdot S$ $S = \dfrac{l}{\gamma \cdot R}$ $\gamma = \dfrac{l}{R \cdot S}$
Leiterwiderstand und Temperatur 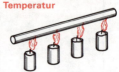	$R_W = R_{20} + \Delta R$ $[R] = \Omega$ $\Delta R = R_{20} \cdot \alpha \cdot \Delta \vartheta$ $[\alpha] = \dfrac{1}{K}$ $R_W = R_{20} \cdot (1 + \alpha \cdot \Delta \vartheta)$ $[\vartheta] = K$	$R_{20} = R_W - \Delta \vartheta$ $\Delta \vartheta = \dfrac{\Delta R}{R_{20} \cdot \alpha}$ $\alpha = \dfrac{R_W - R_{20}}{R_{20} \cdot \Delta \vartheta}$
Reihenschaltung 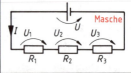	$U = U_1 + U_2 + U_3$ $[U] = V$ $R_g = R_1 + R_2 + R_3$ $[R] = \Omega$ $\dfrac{U_1}{U_2} = \dfrac{R_1}{R_2}$ $[I] = A$	$U_1 = U - U_2 - U_3$ $R_2 = R_g - R_1 - R_3$
Parallelschaltung 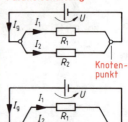	$I_g = I_1 + I_2$ $[I] = A$ $R_g = \dfrac{R_1 \cdot R_2}{R_1 + R_2}$ $[R] = \Omega$ $I_g = I_1 + I_2 + I_3 + \ldots$ $\dfrac{1}{R_g} = \dfrac{1}{R_1} + \dfrac{1}{R_2} + \dfrac{1}{R_3} + \ldots$ $\dfrac{I_1}{I_2} = \dfrac{R_2}{R_1}$	$R_1 = \dfrac{R_2 - R_g}{R_2 \cdot R_g}$ $I_2 = I_g - I_1 - I_3$ $\dfrac{1}{R_3} = \dfrac{1}{R_g} - \dfrac{1}{R_1^2} - \dfrac{1}{R_2}$

18 Berechnungen
18.2.2 Elektrische Leistung und elektrische Arbeit

Aufgabentyp bzw. Schaltung	Hauptformel und Einheiten	umgestellte Formeln
Gleichstromleistung 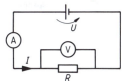	$P = U \cdot I$ $[U] = V$ $P = I^2 \cdot R$ $[I] = A$ $P = \dfrac{U^2}{R}$ $[R] = \Omega$ $[P] = W$	$U = \dfrac{P}{I}$ $I = \dfrac{P}{U}$ $I = \sqrt{\dfrac{P}{R}}$ $U = \sqrt{P \cdot R}$

Gleichstromarbeit 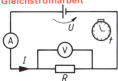	$W = P \cdot t$ $[U] = V$
	 $W = U \cdot I \cdot t$ $[I] = A$
	    $[t] = h$
	    $[P] = W$
	    $[W] = Wh$
		$P = \dfrac{W}{t}$
		 $t = \dfrac{W}{P}$
		 $I = \dfrac{W}{U \cdot t}$

Wechselstrom- und Drehstromleistung 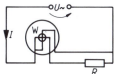 *Schaltung für Wechselstrom*	*Wechselstrom* $S = U \cdot I$ $[S] = VA$ $P = U \cdot I \cdot \cos\varphi$ $[P] = W$ $Q = U \cdot I \cdot \sin\varphi$ $[Q] = var$ $S^2 = P^2 + Q^2$	$U = \dfrac{S}{I}$ $I = \dfrac{P}{U \cdot \cos\varphi}$ $\sin\varphi = \dfrac{Q}{U \cdot I}$ $P = \sqrt{S^2 - Q^2}$
  Leistungsdreieck	*Drehstrom* $S = \sqrt{3} \cdot U \cdot I$ $[S] = VA$ $P = \sqrt{3} \cdot U \cdot I \cdot \cos\varphi$ $[P] = W$ $Q = \sqrt{3} \cdot U \cdot I \cdot \sin\varphi$ $[Q] = var$ $S^2 = P^2 + Q^2$	$U = \dfrac{S}{\sqrt{3} \cdot I}$ $I = \dfrac{P}{\sqrt{3} \cdot U \cdot \cos\varphi}$ $\sin\eta = \dfrac{Q}{\sqrt{3} \cdot U \cdot I}$ $Q = \sqrt{S^2 - P^2}$

Wechselstrom- und Drehstromarbeit 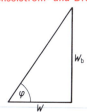	$W = P \cdot t$ $[P] = W$
	 $W_b = Q \cdot t$ $[Q] = var$
	 $W_b = W \cdot \sin\varphi$ $[t] = h$
	    $[W] = Wh$
	    $[W_b] = varh$
		$P = \dfrac{W}{t}$
		 $t = \dfrac{W}{P}$
		 $t = \dfrac{W_b}{Q}$
		 $W = \dfrac{W_b}{\sin\varphi}$

18 Berechnungen

18.3.1 Chemische Spannungsquellen

Aufgabentyp bzw. Schaltung	Hauptformel und Einheiten	umgestellte Formeln
Innenwiderstand und Leistungsanpassung		
	unbelasteter Betriebszustand $I = 0$ $U_0 = U_k$	$U_0 \Rightarrow$ Leerlaufspannung $U_k \Rightarrow$ Klemmenspannung $U_i \Rightarrow$ innerer Spannungsfall
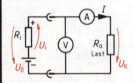	*belasteter Betriebszustand* $U_i = I \cdot R_i$ $\quad [U] = V$ $U_k = U_0 - U_i$ $\quad [I] = A$ $\quad\quad\quad\quad\quad\quad [R] = \Omega$	$R_i = \dfrac{U_i}{I}$ $U_0 = U_k + U_i$ $U_k = U_b - I \cdot R_i$
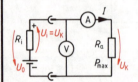	*Leistungsanpassung* $R_a = R_i$ (maximale Leistung) $U_k = \dfrac{U_0}{2}; \quad U_k = U_i$ $P = \dfrac{U_k}{2} \cdot I \quad [P] = W$	$I = \dfrac{U_0}{2 \cdot R_a}$ $P = \dfrac{U_0^2}{4 R_a}$
Reihen- und Parallelschaltung (mit Einzelzellen gleicher Werte)		
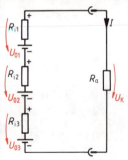	*Reihenschaltung (höhere Spannung)* $U_{0_g} = U_{0_1} + U_{0_2} + U_{0_3} + \ldots$ $R_{i_g} = R_{i_1} + R_{i_2} + R_{i_3} + \ldots$ $U_k = U_{0_g} - I \cdot R_{i_g}$	$I = \dfrac{U_{0_g}}{U_{i_g} + R_a}$ $I = \dfrac{n \cdot U_0}{n \cdot R_i + R_a}$
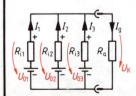	*Parallelschaltung (höherer Strom)* $U_0 = U_{0_1} = U_{0_2} = U_{0_3}$ $I_g = I_1 + I_2 + I_3 + \ldots$ $R_{i_g} = \dfrac{R_{i_1 \ldots n}}{n} \quad \left(\dfrac{R_i}{3}\right)$ $U_k = U_0 - I_g \cdot R_{i_g}$	$I = \dfrac{U_0}{R_{i_g} + R_a}$ $I = \dfrac{U_0}{\dfrac{R_i}{n} + R_a}$

18 Berechnungen

18.3.2 Zuleitungen, Spannungs- und Leistungsverlust

Aufgabentyp bzw. Schaltung	Hauptformel und Einheiten	umgestellte Formeln
unverzweigte Gleichstromleitung 2/PE –220V 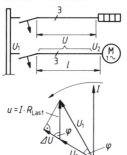	$U = \dfrac{2 \cdot l \cdot I}{\gamma \cdot S}$ $P_v = \dfrac{2 \cdot l \cdot I^2}{\gamma \cdot S}$ U = Spannungsverlust $U = I \cdot R_{Leitung}$ $U = U_1 - U_2$ P_v = Leistungsverlust	$S = \dfrac{2 \cdot l \cdot I}{\gamma \cdot U}$ $I = \dfrac{U \cdot \gamma \cdot S}{2 \cdot l}$
unverzweigte Wechselstromleitung 1/N/PE ∼ 50Hz 230V 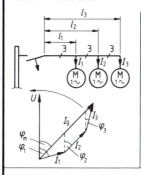	*ohmsche Last* $U = \dfrac{2 \cdot l \cdot I}{\gamma \cdot S}$ *induktive Last* $\Delta U = U \cdot \cos\varphi$ $\Delta U = \dfrac{2 \cdot l \cdot I \cdot \cos\varphi}{\gamma \cdot S}$ $P_v = U \cdot I$ $P_v = \dfrac{2 \cdot l \cdot I^2}{\gamma \cdot S}$ $[l] = \text{m}$ $[S] = \text{mm}^2$ $[\gamma] = \dfrac{\text{m}}{\Omega \cdot \text{mm}^2}$ ΔU = Spannungsunterschied	$U = \dfrac{\Delta U}{\cos\varphi}$ $S = \dfrac{2 \cdot l \cdot I \cdot \cos\varphi}{\gamma \cdot \Delta U}$ $S = \dfrac{2 \cdot l \cdot I^2}{P_v \cdot \gamma}$
verzweigte Wechselstromleitung 1/N/PE ∼ 50Hz 230V 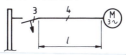	$\sum (I \cdot l) = I_1 \cdot l_1 + I_2 \cdot l_2 + I_3 \cdot l_3 \ldots$ usw. $\Delta U = \dfrac{2 \cdot \sum(I \cdot l) \cdot \cos\varphi_n}{\gamma \cdot S}$ $P_v = \dfrac{2 \cdot \sum(I \cdot l) \cdot \cos\varphi_n}{\gamma - S}$	$S = \dfrac{2 \cdot \sum(I \cdot l) \cdot \cos\varphi_n}{\gamma \cdot S}$ $S = \dfrac{2 \sum(I)^2 \cdot l}{\gamma \cdot S}$
unverzweigte Drehstromleitung 3/PE ∼ 50Hz 400V	$\Delta U = \dfrac{\sqrt{3} \cdot l \cdot I \cdot \cos\varphi}{\gamma \cdot S}$ $P_v = \dfrac{3 \cdot l \cdot I^2}{\gamma \cdot S}$	$S = \dfrac{\sqrt{3} \cdot l \cdot I \cdot \cos\varphi}{\Delta U \cdot S}$ $l = \dfrac{\Delta U \cdot \gamma \cdot S}{\sqrt{3} \cdot I \cdot \cos\varphi}$

18 Berechnungen

18.4.1 Elektrisches und magnetisches Feld, Induktion, Wechselspannung

Aufgabentyp bzw. Schaltung	Hauptformel und Einheiten	umgestellte Formeln
Elektrische Feldstärke 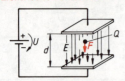	$E = \dfrac{U}{d}$ $E = \dfrac{F}{Q}$ $[U] = \text{V}$ $[d] = \text{m}$ $[E] = \dfrac{\text{V}}{\text{m}}$ $[F] = \text{N}$ $[Q] = \text{A} \cdot \text{s}$	$U = E \cdot d$ $d = \dfrac{U}{E}$ $F = E \cdot Q$
Magnetische Feldgrößen 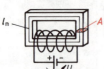 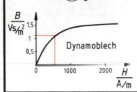	elektr. Durchflutung $\Theta = I \cdot N$ magnet. Feldstärke $H = \dfrac{\Theta}{l} = \dfrac{I \cdot N}{l_m}$ magnet. Flußdichte $B = \mu_0 \cdot H$ magnet. Fluß $\Phi = B \cdot A$ Spule mit Eisenkern $\mu = \mu_0 \cdot \mu_r$ $B = \mu_0 \mu_r \cdot H$ Mit zunehmender Magnetisierung ändert sich μ_r. Deshalb wird das Ablesen von Wertepaaren am Diagramm der mathematischen Rechnung vorgezogen.	$[I] = \text{A}$ $[\Theta] = \text{A}$ $[l_m] = \text{m}$ $[H] = \dfrac{\text{A}}{\text{m}}$ $\mu_0 = 1{,}25 \cdot 10^{-6} \dfrac{\text{Vs}}{\text{Am}}$ $[B] = \dfrac{\text{Vs}}{\text{m}^2} = \text{T}$ $\Phi = \text{Vs} = \text{Wb}$	$I = \dfrac{\Theta}{N}$ $\Theta = H \cdot l_m$ $H = \dfrac{B}{\mu_0}$ $B = \dfrac{\Phi}{A}$ $H = \dfrac{B}{\mu_r \cdot \mu_0}$
Elektromagnetische Induktion 	$U_0 = -N \dfrac{\Delta \Phi}{\Delta t}$ $\Delta \Phi = \Phi_2 - \Phi_1$	$[\Phi] = \text{Vs}$ $[t] = \text{s}$ $[U_0] = \text{V}$	$N = -\dfrac{\Delta t \cdot U_0}{\Delta \Phi}$ $\Delta \Phi = -\dfrac{\Delta t \cdot U_0}{N}$ $\Phi_2 = \Delta \Phi + \Phi_1$
Sinusförmige Wechselspannung 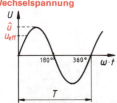	*Augenblickswert* $U_\alpha = \hat{U} \cdot \sin\alpha$ $\alpha = w \cdot t$ *Effektivwert* $U_{\text{eff}} = \dfrac{\hat{U}}{\sqrt{2}}$ *Periodendauer und Frequenz* $f = \dfrac{1}{T}$	$[U] = \text{V}$ $[t] = \text{s}$ $[\alpha] = °$ $[U_{\text{eff}}] = \text{V}$ $[T] = \text{s}$ $[f] = \dfrac{1}{\text{s}} = \text{Hz}$	$\hat{u} = \dfrac{U_\alpha}{\sin\alpha}$ $t = \dfrac{\alpha}{w}$ $\hat{u} = U_{\text{eff}} \cdot \sqrt{2}$ $T = \dfrac{1}{f}$

18 Berechnungen

18.4.2 Kapazität und Induktivität, kapazitiver und induktiver Widerstand

Aufgabentyp bzw. Schaltung	Hauptformel und Einheiten	umgestellte Formeln
Kapazität (Kondensator) 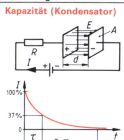	$Q = I \cdot t$ $Q = U \cdot C$ $c = \dfrac{\varepsilon_0 \cdot \varepsilon_r \cdot A}{d}$ $\tau = C \cdot R$ $\varepsilon_0 = 8{,}86 \cdot 10^{-12} \dfrac{As}{Vm}$ $[I] = A$ $[t] = s$ $[Q] = As = C$ $[C] = \dfrac{As}{V} = F$ $[\tau] = s$	$I = \dfrac{Q}{t}$ $Q = U \cdot C$ $C = \dfrac{\tau}{R}$
Induktivität (Spule) 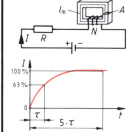	$L = \dfrac{\mu_0 \cdot \mu_r \cdot A \cdot N^2}{l_m}$ $\tau = \dfrac{L}{R}$ $U_{ind} = -N \dfrac{\Delta \Phi}{\Delta t}$ $\Delta \Phi = \Phi_2 - \Phi_1$ $\Delta t = t_2 - t_1$ $\mu_0 = 1{,}257 \cdot 10^{-6} \dfrac{Vs}{Am}$ $[A] = m^2$ $[l] = m$ $[L] = \dfrac{Vs}{A} = H$ $[\tau] = s$ $[\Phi] = Vs$ $[U_{ind}] = V$	$N = \sqrt{\dfrac{L \cdot l_m}{\mu_0 \cdot \mu_r \cdot A}}$ $L = \tau \cdot R$ $\Delta \Phi = -\dfrac{U_{ind} \cdot \Delta t}{N}$
Kapazitiver Widerstand 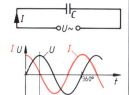	$\omega = 2 \cdot \pi \cdot f$ $X_c = \dfrac{1}{\omega \cdot C}$ $X_c = \dfrac{U_c}{I}$ $Q = U_c \cdot I$ $[\omega] = \dfrac{1}{s}$ $[C] = F$ $[X_2] = \Omega$ $[Q] = var$	$f = \dfrac{\omega}{2 \cdot \pi}$ $C = \dfrac{1}{\omega \cdot X_c}$ $I = \dfrac{U_c}{X_c}$ $I = \dfrac{Q}{U_c}$
Induktiver Widerstand 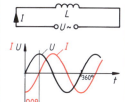	$\omega = 2 \cdot \pi \cdot f$ $X_L = \omega \cdot L$ $X_L = \dfrac{U_L}{I}$ $Q = U_L \cdot I$ $[f] = \dfrac{1}{s}$ $[L] = H$ $[X_c] = \Omega$ $[Q] = var$	$L = \dfrac{X_L}{\omega}$ $f = \dfrac{X_L}{2 \cdot \pi \cdot L}$ $U_L = X_2 \cdot I$ $U_L = \dfrac{Q}{I}$

18 Berechnungen

18.5.1 Komplexe Schaltungen mit zwei Widerständen

Aufgabentyp bzw. Schaltung	Hauptformel und Einheiten	umgestellte Formeln
Ohmscher und induktiver Widerstand in Reihe 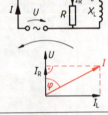	$U^2 = U_R^2 + U_L^2$ $[U] = V$ $Z^2 = R^2 + X_L^2$ $[R] = \Omega$ $[X_L] = \Omega$ $\sin\varphi = \dfrac{U_L}{U} = \dfrac{X_L}{Z}$ $[Z] = \Omega$ $\cos\varphi = \dfrac{U_L}{U} = \dfrac{R}{Z}$	$U_L = \sqrt{U^2 - U_R^2}$ $U_L = \sqrt{U^2 - U_L^2}$ $X_L = \sqrt{Z^2 - R^2}$ $X_L = Z \cdot \sin\varphi$ $R = \sqrt{Z^2 - X_L^2}$ $R = Z \cdot \cos\varphi$

Ohmscher und induktiver Widerstand parallel 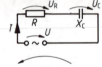	$I^2 = I_R^2 + I_L^2$ $[I] = A$
	 $\dfrac{1}{Z^2} = \dfrac{1}{R^2} + \dfrac{1}{X_L^2}$ $[R] = \Omega$
	                $[X_L] = \Omega$
	                $[Z] = \Omega$
	 $\sin\varphi = \dfrac{I_L}{I} = \dfrac{Z}{X_L}$
	 $\cos\varphi = \dfrac{I_R}{I} = \dfrac{Z}{R}$
		$I_L = \sqrt{I^2 - I_R^2}$
		 $I_R = \sqrt{I^2 - I_L^2}$
		 $X_L = \sqrt{\dfrac{1}{\dfrac{1}{Z^2} - \dfrac{1}{R^2}}}$
		 $X_L = \dfrac{Z}{\sin\varphi}$
		 $R = \dfrac{Z}{\cos\varphi}$

Ohmscher und kapazitiver Widerstand in Reihe 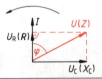	$U^2 = U_R^2 + U_C^2$ $[U] = V$ $Z^2 = R^2 + X_C^2$ $[R] = \Omega$ $[X_C] = \Omega$ $\sin\varphi = \dfrac{U_C}{U} = \dfrac{X_C}{Z}$ $[Z] = \Omega$ $\cos\varphi = \dfrac{U_R}{U} = \dfrac{R}{Z}$	$U_C = \sqrt{U^2 - U_R^2}$ $U_R = \sqrt{U^2 - U_C^2}$ $X_C = \sqrt{Z^2 - R^2}$ $X_C = Z \cdot \sin\varphi$ $R = \sqrt{Z^2 - R_C^2}$ $R = Z \cdot \cos\varphi$

Ohmscher und kapazitiver Widerstand parallel 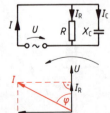	$I^2 = I_R^2 + I_C^2$ $[I] = A$
	 $\dfrac{1}{Z^2} = \dfrac{1}{R^2} + \dfrac{1}{X_C^2}$ $[R] = \Omega$
	                $[X_C] = \Omega$
	                $[Z] = \Omega$
	 $\sin\varphi = \dfrac{I_C}{I} = \dfrac{Z}{X_C}$
	 $\cos\varphi = \dfrac{I_R}{I} = \dfrac{Z}{R}$
		$I_C = \sqrt{I^2 - I_R^2}$
		 $I_R = \sqrt{I^2 - I_C^2}$
		 $X_C = \dfrac{1}{\dfrac{1}{Z^2} - \dfrac{1}{R^2}}$
		 $X_C = \dfrac{Z}{\sin\varphi}$
		 $R = \dfrac{Z}{\cos\varphi}$

18 Berechnungen

18.5.2 Komplexe Schaltungen mit drei Widerständen

Aufgabentyp bzw. Schaltung	Hauptformel und Einheiten	umgestellte Formeln

Ohmscher, kapazitiver und induktiver Widerstand in Reihe 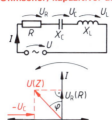	$U^2 = U_R^2 + (U_L - U_C)^2$ $[U] = V$
	 $Z^2 = R^2 + (X_2 - X_C)^2$ $[R] = \Omega$
	    $[X_L] = \Omega$
	 $\sin\varphi = \dfrac{U_L - U_C}{U} = \dfrac{X_L - X_C}{Z}$ $[X_C] = \Omega$
	    $[Z] = \Omega$
	 $\cos\varphi = \dfrac{U_R}{U} = \dfrac{R}{Z}$
		$U_R^2 = U^2 - (U_L - U_C)^2$
		 $X^2 = Z^2 - R^2$
		 $Z = \sin\varphi \cdot (X_L - X_C)$
		 $R = \cos\varphi \cdot Z$

Spannungsresonanz (Reihenschwingkreis) 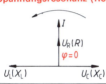	$U_L = U_C$ $X_L = X_C$ $[\omega] = \dfrac{1}{s}$ $\omega L = \dfrac{1}{\omega \cdot C}$ $[f] = \dfrac{1}{s} = Hz$ $f = \dfrac{1}{2 \cdot \pi \cdot \sqrt{L \cdot C}}$	$L \dfrac{1}{\omega^2 \cdot C}$ $L = \dfrac{1}{4\pi^2 \cdot f^2 \cdot C}$

Ohmscher, kapazitiver und induktiver Widerstand parallel 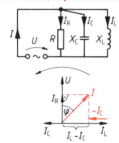	$I^2 = I_R^2 + (I_L - I_C)^2$ $[I] = A$
	 $\left(\dfrac{1}{Z}\right)^2 = \left(\dfrac{1}{R}\right)^2 + \left(\dfrac{1}{X_L} - \dfrac{1}{X_C}\right)^2$ $[R] = \Omega$
	    $[X_L] = \Omega$
	    $[X_C] = \Omega$
	 $\sin\varphi = \dfrac{I_L - I_C}{I} = \dfrac{Z}{\dfrac{1}{X_L} - \dfrac{1}{X_C}}$ $[Z] = \Omega$
	 $\cos\varphi = \dfrac{I_R}{I} = \dfrac{Z}{R}$
		$(I_L - I_C)^2 = I^2 - I_R^2$
		 $\dfrac{1}{R^2} = \dfrac{1}{Z^2} - \left(\dfrac{1}{X_L} - \dfrac{1}{X_C}\right)^2$
		 $I = \dfrac{I_L - I_C}{\sin\varphi}$
		 $R = \dfrac{Z}{\cos\varphi}$

Stromresonanz (Parallelschwingkreis) 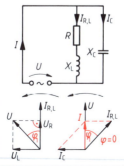	$I^2 = I_{RL}^2 + I_C^2$ $I_{R,L} = \dfrac{U}{\sqrt{R^2 + X_L^2}}$ $\dfrac{1}{Z^2} = \dfrac{1}{R^2 + X_L^2} + \dfrac{1}{X_C^2}$ $X_L = X_L$ $[\omega] = \dfrac{1}{s}$ $\omega L = \dfrac{1}{\omega C}$ $[f] = Hz$ $f = \dfrac{1}{2 \cdot \pi \cdot \sqrt{L \cdot C}}$	$I_{R,L}^2 = I^2 - I_C^2$ $\dfrac{1}{X_C^2} = \dfrac{1}{Z^2} - \dfrac{1}{R^2 + X_L^2}$ $C = \dfrac{1}{\omega^2 \cdot L}$ $C = \dfrac{1}{4 \cdot \pi^2 \cdot f^2 \cdot L}$

18 Berechnungen
18.6.1 Stern- und Dreieckschaltung

Aufgabentyp bzw. Schaltung	Hauptformel und Einheiten	umgestellte Formeln
Sternschaltung 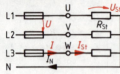	*symmetrische Belastung* $I_{St} = \dfrac{U_{St}}{R_{St}}$ $[I] = A$ $I = I_{St}$ $[U] = V$ $U = \sqrt{3} \cdot U_{St}$ $[P] = W$ $P_{St} = U_{St} \cdot I_{St}$ $[R] = \Omega$ $P = 3 \cdot P_{St} = \sqrt{3} \cdot U \cdot I$ $I_N = 0\,A$	$U_{St} = \dfrac{U}{\sqrt{3}}$ $I_{St} = \dfrac{P_{St}}{U_{St}}$ $I = \dfrac{P}{\sqrt{3} \cdot U}$ $U = \dfrac{P}{\sqrt{3} \cdot I}$
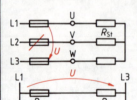	*Ausfall eines Netzleiters (mit N-Leiter)* $I = I_{St}$ $I_N = I_{St}$ $P' = 2 \cdot U_{St} \cdot I_{St} = \dfrac{2}{3} P$	
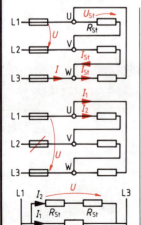	*Ausfall eines Netzleiters (ohne N-Leiter)* $I'' = \dfrac{U}{2 \cdot R_{St}}$ $P'' = U \cdot I'' = \dfrac{1}{2} P$	
Dreieckschaltung	*symmetrische Belastung* $U = U_{St}$ $[U] = V$ $I = \sqrt{3} \cdot I_{St}$ $[I] = A$ $P_{St} = U_{St} \cdot I_{St}$ $[P] = W$ $P = 3 \cdot P_{St} = \sqrt{3} \cdot U \cdot I$ $[R] = \Omega$	$I_{St} = \dfrac{I}{\sqrt{3}}$ $U = \dfrac{P_{St}}{I_{St}}$ $P_{St} = \dfrac{P}{3}$
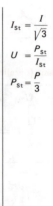	*Ausfall eines Netzleiters* $I_1 = \dfrac{U}{R_{St}}$ $I_2 = \dfrac{U}{2 \cdot P_{St}}$ $P' = U \cdot I_1 + U \cdot I_2$ $P' = \dfrac{1}{2} P$	

18 Berechnungen
18.6.2 Motoren und Antriebe

Aufgabentyp bzw. Schaltung	Hauptformel und Einheiten		umgestellte Formeln
Drehmoment und mechanische Leistung 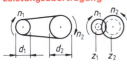 Riemenscheibe	$M = F \cdot r$ $P = 2 \cdot \pi \cdot n \cdot M$	$[F] = N$ $[r] = m$ $[M] = Nm$ $[n] = \dfrac{1}{s}$ $[P] = W$	$F = \dfrac{M}{r}$ $M = \dfrac{P}{2 \cdot \pi \cdot n}$ $n = \dfrac{P}{2 \cdot \pi \cdot M}$
Leistungsübertragung 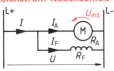 Riementrieb Zahntrieb	$\dfrac{n_1}{n_2} = \dfrac{d_2}{d_1}$ $\dfrac{n_1}{n_2} = \dfrac{z_2}{z_1}$ $v = n \cdot d \cdot \pi$	z = Zahnzahl $[n] = \dfrac{1}{s}$ $[v] = \dfrac{m}{s}$	$n_1 = \dfrac{n_2 \cdot d_2}{d_1}$ $z_1 = \dfrac{z_2 - n_2}{n_1}$ $df = \dfrac{v}{n \cdot \pi}$
Gleichstrom-Nebenschluß-Motor 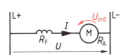	$I = I_A + I_F$ $I_A = \dfrac{U - U_{ind}}{R_A}$ $U_{ind} = c \cdot n \cdot \Phi$	c = Konstante $[n] = \dfrac{1}{s}$ $[\Phi] = Vs$ $I_F = \dfrac{U}{R_F}$	$U_{ind} = U - I_A \cdot R_A$ $\Phi = \dfrac{U_{ind}}{c \cdot n}$
Gleichstrom-Reihenschluß-Motor 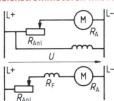	$R_i = R_A + R_F$ $U_{ind} = c \cdot n \cdot \Phi$ $U_{ind} = U - I \cdot R_A + R_F$		$U = U_{ind} + I \cdot R_i$
Gleichstrommotoren mit Anlasser 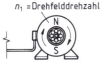	$I_{Anl} = 1{,}7 \cdot I_N$ $R_{Anl} = \dfrac{U}{I_{Anl}} - R_A$ $R_{Anl} = \dfrac{U}{I_{Anl}} - (R_F + R_A)$		
Wechsel- und Drehstrom-Asynchronmotoren n_1 = Drehfelddrehzahl n_2 = Läuferdrehzahl n_S = Schlupfdrehzahl	$n_1 = \dfrac{f \cdot 60}{p}$ $n_S = n_1 - n_2$ $n_{S\%} = \dfrac{n_1 - n_2}{n_1} \cdot 100\%$	p = Palporzahl $[f] = \dfrac{1}{s}$ $[n] = \dfrac{1}{min}$	$p = \dfrac{f \cdot 60}{n_1}$ $n_2 = n_S - n_1$

18 Berechnungen
18.7.1 Transformatoren und Netzkompensation

Aufgabentyp bzw. Schaltung	Hauptformel und Einheiten	umgestellte Formeln
Transformatoren	*idealer Transformator* $P_1 = P_2 \qquad \dfrac{U_1}{U_2} = \dfrac{N_1}{N_2} = ü$ $\dfrac{I_1}{I_2} = \dfrac{U_2}{U_1} = \dfrac{1}{ü} \qquad \dfrac{Z_1}{Z_2} = \dfrac{N_1^2}{N_2^2}$ *realer Transformator* $\eta = \dfrac{P_2}{P_1}; \quad P_r = P_1 - P_2$ $P_1 = U_1 \cdot I_1 \cdot \cos\varphi_1$ $P_2 = U_2 \cdot I_2 \cdot \cos\varphi_2$ *Kurzschlußspannung* $U_{k_\%} = \dfrac{U_k}{U_1} \cdot 100\%$ $\quad [U_k] = V$ $\qquad\qquad\qquad\qquad [U_1] = V$ $\qquad\qquad\qquad\qquad [U_{k_\%}] = \%$ $I_2 = $ Nennstrom *Spartransformator* für $U_1 > U_2$ $S_B = S_D \cdot \left(1 - \dfrac{U_2}{U_1}\right)$ für $U_1 < U_2$ $S_B = S_D \cdot \left(1 - \dfrac{U_1}{U_2}\right)$	$ü = $ Übersetzungsverhältnis $U_1 = \dfrac{U_2 \cdot N_1}{N_2}$ $I_2 = \dfrac{U_1 \cdot I_1}{U_2}$ $P_2 = P_1 \cdot \eta$ $P_1 = \dfrac{P_2}{\eta}$ $S_B = $ Bauleistung $S_D = $ Durchgangsleistung für $U_1 > U_2$ $S_D = \dfrac{S_B \cdot U_1}{U_1 - U_2}$
Netzkompensation 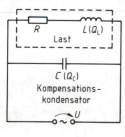 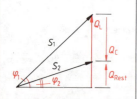	$Q_C = P(\tan\varphi_1 - \tan\varphi_2)$ *Kompensationskondensator bei $\sim$* $C = \dfrac{Q_C \cdot 10^6}{\omega \cdot U^2}$ $\quad [C] = \mu F$ $\qquad\qquad\qquad [Q_C] = var$ $\qquad\qquad\qquad [\omega] = \dfrac{1}{s}$ *Kompensationskondensator bei $3\sim$* Sternschaltung je Kondensator $C = \dfrac{Q_C \cdot 10^6}{\omega \cdot U^2}$ Dreieckschaltung je Kondensator $C = \dfrac{Q_C \cdot 10^6}{3 \cdot \omega \cdot U^2}$	$\tan\varphi_2 = \tan\varphi_1 - \dfrac{Q_C}{P}$ $Q_C = \dfrac{C \cdot \omega \cdot U^2}{10^6}$

18 Berechnungen
18.7.2 Lichttechnik

Erklärungsbild	Hauptformel und Einheiten	umgestellte Formeln
Raumwinkel ω, Punktlampe, $r = 1\,m$, Fläche = $1\,m^2$	*Lichtstärke I* $[I]$ = cd (Candela) $I = \dfrac{\Phi}{\omega}$ $[\Phi]$ = lm $[\omega]$ = sr $[I]$ = cd	sr ⇒ Steradiant $\Phi = I \cdot \omega$
leuchtende Fläche, Auge	*Leuchtdichte L* $L = \dfrac{I}{A}$ $[I]$ = cd $[A]$ = m² $[L] = \dfrac{cd}{m^2}$	$I = L \cdot A$
I, U, $P = U \cdot I$, Lichtstrom	*Lichtstrom Φ* (Strahlungsleistung) $[\Phi]$ = lm (lumen) *Lichtausbeute η* (Wirkungsgrad einer Lichtquelle) $\eta = \dfrac{\Phi}{P}$ $[\Phi]$ = lm $[P]$ = W $[\eta] = \dfrac{lm}{W}$	$\Phi = \eta \cdot P$ $P = \dfrac{\Phi}{\eta}$
beleuchtete Fläche	*Beleuchtungsstärke E* $[E]$ = lx (lux) $E = \dfrac{\Phi}{A}$ $[\Phi]$ = lm $[A]$ = m² $[E] = \dfrac{lm}{m^2}$ = lx	$\Phi = E \cdot A$ $A = \dfrac{\Phi}{E}$
Reflektion an Wänden und Decken η_R, η_L (Leuchte), Fläche A	*Raumbeleuchtung* erforderlicher Lichtstrom Φ_{gesamt} $\Phi_{gesamt} = \dfrac{E \cdot A}{\eta_B}$ Beleuchtungswirkungsgrad η_B $\eta_B = \eta_L \cdot \eta_R$ Lampenzahl n $n = \dfrac{\Phi_{gesamt}}{\Phi_{Lampe}}$	$E = \dfrac{\Phi_{gesamt} \cdot \eta_B}{A}$ η_L = Leuchtenwirkungsgrad η_R = Raumwirkungsgrad

19 Tabellen
19.1.1 Zeit-Strom-Kennlinien von Sicherungen

Sicherungen sind hochwertige Schaltgeräte, die selbst höchste Kurzschlußströme zuverlässig abschalten.

Schraubsicherungen
Ihr Nennstromschaltvermögen bei Wechselstrom beträgt 50 kA und mehr.

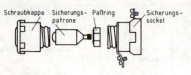

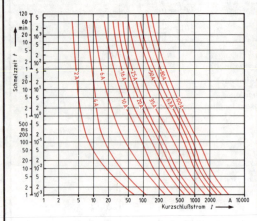

Schmelz-einsatz Nennstromstärke A	Farbe des Kennmelders	Gewinde
2	rosa	E 16
4	braun	oder
6	grün	E 27
10	rot	
16	grau	
20	blau	
25	gelb	
35	schwarz	E 33
50	weiß	
63	kupfer	
80	silber	R1¼"
100	rot	

Sicherungen mit Messerkontaktstücken (NH-Griffsicherungen)
Ihr Nennausschaltvermögen bei Wechselstrom beträgt 120 kA.

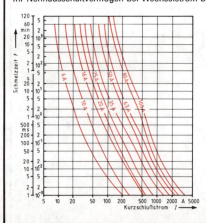

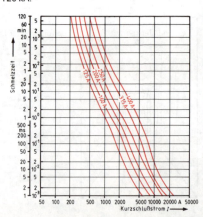

19 Tabellen

19.1.2 Leitungsschutzschalter; Leistungsschalter

Leitungsschutzschalter und Leistungsschalter trennen bei Überlastung und bei Kurzschluß den abgehenden Stromkreis selbsttätig vom Netz. Die Überlastabschaltung erfolgt verzögert über Bimetallauslöser, die Überstromabschaltung (Kurzschlußabschaltung) erfolgt unverzögert über magnetische Schnellauslöser.

Leitungsschutzschalter (N-Automaten)

Ihr Nennausschaltvermögen beträgt je nach Typenreihe 3000 A, 6000 A oder 10000 A. Gefertigt werden sie mit zwei Auslösecharakteristiken für folgende Nennströme:

6 A, 10 A, 16 A, 20 A, 25 A, 32 A, 35 A, 40 A, 50 A, 63 A.

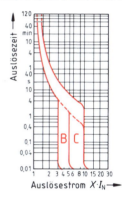

Nach der Norm gibt es nur noch Leitungsschutzschalter mit der Auslösecharakteristik B und C.

B
Der Schnellauslöser spricht auf den 3–5fachen Nennstrom an.

C
Die höhere magnetische Ansprechgrenze ist auf die hohen Einschaltströme von Motoren und Transformatoren abgestimmt.

Leistungsschalter

Diese Schalter trennen selbst unter abnormalen Bedingungen den abgehenden Stromkreis zuverlässig vom Netz. Kurzschlußströme von 100000 A und mehr werden problemlos abgeschaltet. Während die Bimetallauslöser und die Kurzschlußschnellauslöser bei den Leitungsschutzschaltern feste Einstellungen haben, sind diese bei den Leistungsschaltern über Bereiche einstellbar.

Beispiele:

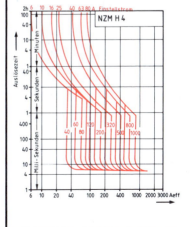

Dauer-strom	Einstellbereiche: Bimetallauslöser	Kurzschluß-Schnellauslöser	Typ
6	4– 6	40– 80	**NZMH 4**
10	6– 10	60– 120	
16	10– 16	100– 200	
25	16– 25	160– 320	
40	25– 40	260– 500	
63	40– 63	400– 800	
80	63– 80	600–1000	
40	25– 40	260– 475	**NZMH 6**
63	40– 63	400– 760	
100	63–100	600–1150	
160	100–160	1000–1900	
200	140–200	1500–2400	
100	63–100	600–1200	**NZMH 9**
160	100–160	1000–2000	
200	160–200	1600–2400	
250	200–250	1600–2400	
315	240–315	2000–4000	
250	160–250	1600–3200	**NZMH 11**
400	250–400	2600–5000	
500	350–500	2600–5000	
630	455–630	2600–5000	

19 Tabellen

19.2.1 Mindestquerschnitte von Leitungen

Mindestquerschnitte für die mechanische Festigkeit
DIN VDE 0100 Teil 523

Leitungen und Kabel müssen eine ausreichende mechanische Festigkeit haben. Dafür muß der Nennquerschnitt der Leiter folgende Mindestwerte haben.

Verlegungsart	Mindestquerschnitt in mm² bei Cu	bei Al
feste geschützte Verlegung	1,5	2,5
Leitungen in Schaltanlagen und Verteilern		
– bei Stromstärken bis 2,5 A	0,5	–
– bei Stromstärken über 2,5 bis 16 A	0,75	–
– bei Stromstärken über 16 A	1,0	–
offene Verlegung (auf Isolatoren)		
– Abstand der Befestigungspunkte bis 20 m	4	16
– Abstand der Befestigungspunkte 20–45 m	6	16*
bewegliche Leitungen für		
– leichte Handgeräte bis 1 A und 2 m Länge	0,1	–
– Handgeräte fis 2,5 A und 2 m Länge	0,5	–
– Handgeräte und Kupplungsdosen bis 10 A	0,75	–
– Handgeräte und Kupplungsdosen über 10 A	1,0	–
Fassungsadern	0,75	–
Lichtketten für Innenräume (VDE 0710)		
– als Verbindungs- und Zuleitungen	0,75	–
– als Verbindungsleitungen	0,5	–
Starkstrom-Freileitungen (VDE 0211)	10	25

Mindestquerschnitte von Schutzleitern
DIN VDE 0100 Teil 540

Außenleiter mm²	Schutzleiter oder PEN-Leiter[1]		Schutzleiter[3] getrennt verlegt		
	isolierte Starkstromleitungen mm²	0,6/1-kV-Kabel mit 4 Leitern mm²	geschützt mm² Cu	Al	ungeschützt[2] mm² Cu
bis 0,5	0,5	–	2,5	4	4
0,75	0,75	–	2,5	4	4
1	1	–	2,5	4	4
1,5	1,5	2,5	2,5	4	4
2,5	2,5	2,5	2,5	4	4
4	4	4	4	4	4
6	6	6	6	6	6
10	10	10	10	10	10
16	16	16	16	16	16
25	16	16	16	16	16
35	16	16	16	16	16
50	25	25	25	25	25
70	35	35	35	35	35
95	50	50	50	50	50
120	70	70	50	50	50
150	70	70	50	50	50
185	95	95	50	50	50
240	–	120	50	50	50
300	–	150	50	50	50
400	–	185	50	50	50

Die Tabellenwerte sind nur gültig, wenn Schutzleiter und Außenleiter aus demselben Werkstoff sind.
In IT-Netzen braucht bei vorhandenem zusätzlichen Potentialausgleich und einer Isolationsüberwachung der Querschnitt des getrennt verlegten Schutzleiters aus Fe nicht größer als 120 mm² zu sein.

---

[1]) PEN-Leiter ≥ 10 mm² Cu oder ≥ 16 mm² Al
[2]) Ungeschütztes Verlegen von Leitern aus Aluminium ist nicht zulässig.
[3]) Ab einem Querschnitt des Außenleiters von ≥ 95 mm² vorzugsweise blanke Leiter anwenden.

19 Tabellen

19.2.2 Querschnitte für Potentialausgleichs-, Erdungsleiter und Erder

Querschnitte für Potentialausgleichsleiter

	Hauptpotentialausgleich	Zusätzlicher Potentialausgleich	
normal	0,5 × Querschnitt des Hauptschutzleiters	zwischen zwei Körpern	1 × Querschnitt des kleineren Schutzleiters
		zwischen einem Körper und einem fremden leitfähigen Teil	0,5 × Querschnitt des Schutzleiters
mindestens	6 mm² Cu oder gleichertiger Leitwert*)	bei mechanischem Schutz	2,5 mm² Cu 4 mm² Al
		ohne mechanischem Schutz	4 mm² Cu
mögliche Begrenzung	25 mm² Cu oder gleichwertiger Leitwert*)	–	–
Hauptschutzleiter im Sinne dieser Festlegungen ist der – von der Stromquelle kommende oder – vom Hausanschlußkasten oder dem Hauptverteiler abgehende Schutzleiter			

*) Ungeschützte Verlegung von Leitern aus Aluminium ist nicht zulässig.

Mindestquerschnitte für Erdungsleiter

Verlegung	mechanisch geschützt	mechanisch ungeschützt
isoliert	siehe Tabelle für Schutzleiter	Al unzulässig Cu 16 mm² Fe 16 mm²
blank	Al unzulässig Cu 25 mm² Fe 50 mm², feuerverzinkt	

Mindestabmessungen und einzuhaltende Bedingungen für Erder

Werkstoff	Erderform	Mindestquerschnitt mm²	Mindest-dicke mm	Sonstige Mindestabmessungen bzw. einzuhaltende Bedingungen
Stahl bei Verlegung im Erdreich, feuerverzinkt mit einer Mindestzinkauflage von 70 µm	Band	100	3	
	Rundstahl	78 (entspricht einem Durchmesser von 10 mm)		Bei zusammengesetzten Tiefenerdern: Mindestdurchmesser des Stabes: 20 mm
	Rohr			Mindestdurchmesser: 25 mm Mindestwandstärke: 2 mm
	Profilstäbe	100	3	
Stahl mit Kupferauflage	Rundstahl	für Stahlseele: 50 für Kupferauflage 20% des Stahlquerschnitts, mindestens jedoch 35		Bei zusammengesetzten Tiefenerdern: Mindestdurchmesser des Stabes: 15 mm Die Verbindungsstellen müssen so ausgeführt sein, daß sie in ihrer Korrosionsbeständigkeit der Kupferauflage gleichwertig sind.
Kupfer	Band	50	2	
	Seil	35		Mindestdrahtdurchmesser: 1,8 mm Bei Bleiummantelung Mindestdicke des Mantels: 1 mm
	Rundkupfer	35		
	Rohr			Mindestdurchmesser: 20 mm Mindestwandstärke: 2 mm

19 Tabellen

19.3.1 Schutzarten und Schutzklassen

Schutzarten
bezeichnen die Güte des Schutzes gegen das Eindringen von festen Körpern und das Eindringen von Wasser in das Betriebsmittel.

Gekennzeichnet wird die Schutzart mit einer Buchstaben(IP)-Zahlen-Kombination
(IP ≙ International Protection)

Kennziffer	als erste Ziffer: Schutz gegen das Eindringen fester Körper	als zweite Ziffer: Schutz gegen das Eindringen von Wasser
0	kein besonderer Schutz	kein besonderer Schutz
1	größer 50 mm Durchmesser	senkrecht fallendes Tropfwasser
2	größer 12 mm Durchmesser	bis zu 15° schräg fallendes Tropfwasser
3	größer 2,5 mm Durchmesser	bis zu 60° auftreffendes Sprühwasser
4	größer 1 mm Durchmesser	Spritzwasser aus allen Richtungen
5	gegen Staubablagerungen	Strahlwasser aus allen Richtungen
6	absolut staubdicht	vorübergehendes Überfluten
7	–	kurzzeitiges Druckwasser
8	–	dauerndes Druckwasser

Übliche Schutzarten

Schutzart	Beschreibung des Anwendungsbereiches	noch verwendete Sinnbilder nach VDE 0710
IP 20	trockene Räume, Staubentwicklung gering	
IP 21	feuchte Räume	▲
IP 23	im Freien (stationär), regengeschützt	▣
IP 44	im Freien (Baustellen), spritzwassergeschützt	⚠
IP 55	nasse Räume, strahlwassergeschützt	⚠ ⚠
IP 55	Räume mit besonderer Staubentwicklung	▩
IP 66	nasse Räume, starke Strahlwasser	▲ ▲
IP 66	durch Staubexplosionen gefährdete Räume	◈
IP 68	unter Wasser und dauerndem Wasserdruck	▲ ▲ ···bar

Wird zum Schutz gegen das Eindringen fester Körper oder zum Schutz gegen das Eindringen von Wasser keine Angabe gemacht, so wird an der Stelle der nicht besetzten Kennziffer ein X geschrieben.

Beispiele: IP 2X; IP 4X; IP X8.

Schutzklassen

Schutzklassen bezeichnen die Art des Schutzes elektrisches Betriebsmittel gegen Körperschluß und damit indirekt gegen gefährliche Körperströme.

Schutzklasse I
Kennzeichen ⏚
Die aktiven Teile des Betriebsmittels haben eine Basisisolierung, und die leitfähige Umhüllung der Basisisolierung (das Gehäuse) hat einen Schutzleiteranschluß.

Schutzklasse II
Kennzeichen ▫
Die Umhüllung der Basisisolierung der aktiven Teile besteht aus einer zweiten Isolierung (Schutzisolierung).

Schutzklasse III
Kennzeichen ⬙
Die mit einer Basisisolierung umhüllten aktiven Teile des Betriebsmittels sind für Kleinspannung ausgelegt.

19 Tabellen

19.3.2 Leiterkennzeichnung; Sicherungsbaugrößen

Kennzeichnung isolierter und blanker Leiter

	Leiterbezeichnung	alphanumerisch	Bildzeichen	Farbe
Wechselstromnetz	Außenleiter 1 Außenleiter 2 Außenleiter 3 Neutralleiter	L1 L2 L3 N		[1]) [1]) [1]) hellblau
Gleichstromnetz	Positiv Negativ Mittelleiter	L+ L− M	+ −	[1]) [1]) hellblau
Schutzleiter (oder Erdungsleitung mit Schutzleiterfunktion)		PE	⊕	grüngelb
Neutralleiter (Mittelleiter mit Schutzleiterfunktion)		PEN	⊕	grüngelb
Erde		E	⏚	[1])

Baugrößen von Schmelzsicherungen

im D-System (Diazed)

Das Nennausschaltvermögen beträgt 50 kA bis 100 kA.

Baugröße	Gewinde	Durchmesser des Sicherungseinsatzes	Nennströme von	bis
1	E 16	13,2 mm	2 A	25 A
2	E 27	22,5 mm	2 A	25 A
3	E 33	28 mm	35 A	63 A
4	R 1¼"	34,5 mm	80 A	100 A
5	R 2"	47 mm	125 A	200 A

im DO-System (Neozed)

Das Nennausschaltvermögen der Sicherungseinsätze beträgt 50 kA.

Baugröße	Gewinde	Durchmesser des Sicherungseinsatzes	Nennströme von	bis
1	E 14	11 mm	2 A	16 A
2	E 16	15 mm	20 A	64 A
3	M 30 × 2	22 mm	80 A	100 A

im NH-System

Das Nennausschaltvermögen beträgt 120 kA.

Baugröße	Länge des Sicherungseinsatzes	Messerbreite	Nennströme von	bis
1	78 mm	15 mm	6 A	125 A
2	125 mm	15 mm	6 A	160 A
3	135 mm	20 mm	35 A	250 A
4	150 mm	26 mm	80 A	400 A
5	150 mm	32 mm	300 A	630 A
6	198 mm	50 mm	500 A	1250 A

---

[1]) Farbe nicht festgelegt. (vorzugsweise „schwarz")

19 Tabellen
19.4.1 Richtwerte für Beleuchtung (DIN 5035)

Farbwiedergabeeigenschaften und Lichtfarben

Qualität der Farbwiedergabe	Lampen und Lichtfarben		
	tageslichtweiß (tw)	neutralweiß (nw)	warmweiß (ww)
sehr gut; Stufe 1	Leuchtstofflampen, Lichtfarben 11 und 19 Halogen-Metalldampflampe	Leuchtstofflampen, Lichtfarbe 21 Halogen-Metalldampflampe	Glühlampen, Leuchtstofflampen, Lichtfarben 31 und 41
gut; Stufe 2	–	Leuchtstofflampe, Lichtfarbe 25 Mischlichtlampe	Halogen-Metalldampflampe Mischlichtlampe
weniger gut; Stufe 3	–	Leuchtstofflampe, Lichtfarbe 20 Quecksilberdampf-Hochdrucklampe	Leuchtstofflampe, Lichtfarbe 30 Quecksilberdampf-Hochdrucklampe
ungenügend; Stufe 4	–	–	Natriumdampflampe

Richtwerte für die Beleuchtung von Innenräumen und Arbeitsstätten

Art des Raumes Art der Tätigkeit	Nennbeleuchtungsstärke in lx	Farbwiedergabequalität Stufe	empfohlene Lichtfarbe
Allgemeine Räume			
Abstellräume, Lagerräume	50	3	nw; ww
Toiletten- und Waschräume	100	2	nw; ww
Kantinen	200	2	nw; ww
Verkehrswege			
für Personen	50	3	nw; ww
für Fahrzeuge und für Treppen	100	3	nw; ww
Büroräume			
Sitzungs- und Besprechungszimmer	300	2	nw
Räume für Bürotätigkeit	500	2	nw
Räume für Datenverarbeitung	500	2	nw
Räume für Technisches Zeichnen	750	2	nw
Chemische Industrie			
Arbeitsplatz	200	3	nw
Laboratorien	300	3	nw
Farbprüfung	1000	1	tw
Metallverarbeitung			
Schweißen	300	3 oder 4	nw; ww
feine Maschinenarbeit	500	3	nw
Anreiß- und Meßplätze	750	3	nw
Feinmechanik	1000	3	nw
Schmuck- und Uhrenindustrie			
Herstellung von Schmuck	1000	2	nw
Optiker- und Uhrmacherwerkstatt	1500	2	nw
Bearbeitung von Edelsteinen	1500	1	nw
Verkaufsräume			
allgemein	300	2	nw; ww
Haarpflege	500	2	nw; tw
Kosmetik	750	2	nw; tw

19 Tabellen

19.4.2 Kennzeichnungen von Betriebsmitteln (DIN 40 719)

Kennbuchstaben für die Kennzeichnung der Art eines Betriebsmittels

Art des Betriebsmittels	Kennbuchstabe	Beispiele
Baugruppen, Teilbaugruppen	A	Verstärker, Magnetverstärker, Gerätekombinationen
Umsetzer von nicht elektrischen auf elektrische Größen und umgekehrt	B	Meßumformer, thermoelektrische Fühler, Mikrofon, Drehfeldgeber
Kondensatoren	C	
Verzögerungseinrichtungen, Speichereinrichtungen, binäre Elemente	D	Verknüpfungselemente, bistabile Elemente, Kernspeicher
Verschiedenes	E	Beleuchtungseinrichtungen, Heizeinrichtungen
Schutzeinrichtungen	F	Sicherungen, Schutzrelais, Auslöser
Generatoren, Stromversorgungen	G	Frequenzwandler, Batterie
Meldeeinrichtungen	H	Optische und akustische Meldegeräte
–	J	–
Relais, Schütze	K	Leistungsschütze, Hilfsschütze, Zeitrelais
Induktivitäten	L	Drosselspulen
Motoren	M	
Verstärker, Regler	N	Einrichtungen der analogen Steuerungs-, Regelungs- und Rechentechnik
Meßgeräte Prüfeinrichtungen	P	Anzeigende, schreibende und zählende Meßeinrichtungen, Impulsgeber, Uhren
Starkstrom-Schaltgeräte	Q	Leistungsschalter, Schutzschalter, Selbstschalter
Widerstände	R	Potentiometer, Regelwiderstände, Heißleiter
Schalter, Wähler	S	Taster, Endschalter, Steuerschalter, Signalgeber
Transformatoren	T	Spannungswandler, Stromwandler, Übertrager
Modulatoren, Umsetzer	U	Frequenzwandler, Umrichter, Wechselrichter
Röhren, Halbleiter	V	Elektronenröhren, Dioden, Transistoren, Thyristoren
Übertragungswege, Hohlleiter, Antennen	W	Kabel, Sammelschienen, Hohlleiter, Dipole
Klemmen, Stecker, Steckdosen	X	Trennstecker und -steckdosen, Klemmleisten, Lotleisten
Elektrisch betätigte mechanische Einrichtungen	Y	Bremsen, Kupplungen, Ventile
Abschluß, Ausgleichseinrichtungen, Filter, Begrenzer, Gabelabschlüsse	Z	Kabelnachbildungen, Dynamikregler, Kristallfilter

Kennbuchstaben für die Kennzeichnung allgemeiner Funktionen

Kennbuchstabe	Allgemeine Funktion
A	Hilfsfunktion
B	Bewegungsrichtung (vorwärts, rückwärts, heben, senken usw.)
C	Zählung
D	Differenzierung
E	Funktion Ein
F	Schutz
G	Prüfung
H	Meldung
J	Integration
K	Tastbetrieb
L	Leiterkennzeichnung
M	Hauptfunktion
N	Messung
P	Proportional
Q	Zustand (Start, Stop, Begrenzung)
R	Rückstellen, löschen
S	Speichern, aufzeichnen
T	Zeitmessung, verzögern
U	–
V	Geschwindigkeit (beschleunigen, bremsen)
W	Addierung
X	Multiplizieren
Y	Analog
Z	Digital

19 Tabellen

19.5.1 Typenbezeichnungen von Halbleiterbauelementen

In Europa werden die Bauelemente nach **ProElektron** gekennzeichnet. Dabei wird unterschieden zwischen:

den **Standardtypen** für die Konsumelektronik und
den Typen für die **professionelle Anwendung**.

Die Kennzeichnung der Standardtypen besteht aus 2 Buchstaben und einer 3stelligen Zahl.
Die Kennzeichnung der professionellen Typen besteht aus 3 Buchstaben und einer 2stelligen Zahl.

Kennzeichnungsschlüssel

1. Buchstabe	2. Buchstabe	3. Buchstabe
A Germanium	**A** Diode (allgemein)	**X**
B Silizium	**B** Kapazitätsdiode	**Y** } professioneller Typ
C Gallium-Arsenid	**C** NF-Transistor	**Z**
D Indium-Antimonid	**D** NF-Leistungstransistor	
	E Tunneldiode	
	F HF-Transistor	
	K Hallgenerator	
	L HF-Leistungstransistor	
	N Optokoppler	
	P Fotodiode	
	Q Leuchtdiode	
	S Schalttransistor	
	T Thyristor	
	Y Leistungsdiode	
	Z Z-Diode	

Die nachfolgenden Zahlen dienen der fortlaufenden Kennzeichnung.

Beispiele:

BA 100	Siliziumdiode, Standardtyp
AF 106	Germanium-Hochfrequenztransistor, Standardtyp
AAZ 13	Germanium-Diode für professionelle Anwendung
BAY 30	Silizium-Diode für professionelle Anwendung
BC 550	Silizium-NF-Transistor, Standardtyp
BSX 40	Silizium-Schalttransistor für professionelle Anwendung

In den USA und in Japan werden die Bauelemente nach **JEDEC** gekennzeichnet.

1 N ...	mit 4stelliger Ziffer	= Dioden
2 N ...	mit 4stelliger Ziffer	= Transistoren

19 Tabellen

19.5.2 Bauformen und Anschlüsse von Halbleiterbauelementen

Bezeichnung	Bauformen	Bezeichnung	Bauformen
Metallgehäuse DO – 5		Kunststoffgehäuse TO – 92	
Glasgehäuse DO – 7		Kunststoffgehäuse TO – 236	
Metallgehäuse DO – 13		Kunststoffgehäuse TO – 32	
Metallgehäuse DO – 18		Kunststoffgehäuse TO – 220	
Metallgehäuse DO – 39		Metallgehäuse TO – 3	

19 Tabellen
19.6.1 Höchstzulässige Leitungslängen bei Kurzschlüssen

Nomogramm zur Ermittlung der höchstzulässigen Leitungs- bzw. Kabellängen bei einpoligen Kurzschlüssen in 400/230 V-Netzen für Sicherungen nach DIN 57636/VDE 0636, die nur bei Kurzschluß schützen sollen, und PVC-isolierten Leitern bis 16 mm² Cu.

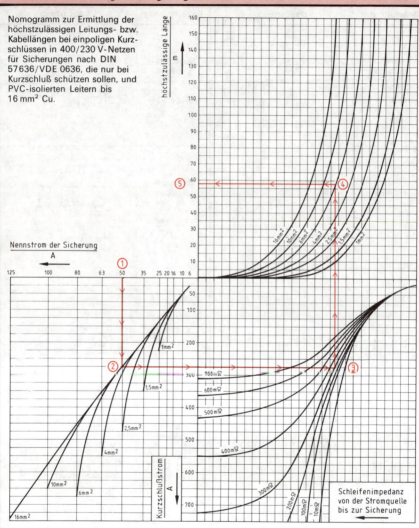

Beispiel:

Eine Sicherung von 50 A sichert eine Leitung mit 6 mm² Querschnitt. Von ① 50 A Sicherungsnennstrom nach ② Querschnitt 6 mm² nach ③ gemessene Schleifenimpedanz vor der Sicherung nach ④ wieder 6 mm² Querschnitt ergibt dann ⑤ eine höchstzulässige Leitungslänge von 58 m.

19 Tabellen

19.6.2 Spannungsfall und höchstzulässige Leitungslänge

Beispiel: Wenn die Zuleitung vom Zählerplatz zum Stromkreisverteiler l = 14 m beträgt, verbleibt ein zulässiger Spannungsfall für den Stromkreis: 3% − 0,31% = 2,69%.

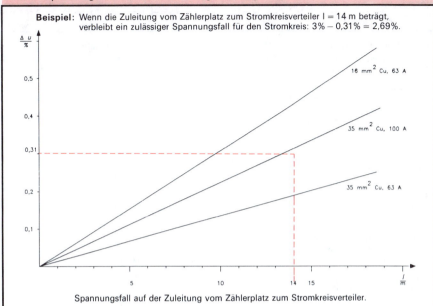

Spannungsfall auf der Zuleitung vom Zählerplatz zum Stromkreisverteiler.

Beispiel: Verbleibt ein zulässiger Spannungsfall von 2,69%, beträgt die maximale Leitungslänge bei 1,5 mm = 16,2 m und bei 2,5 mm = 27,1 m.

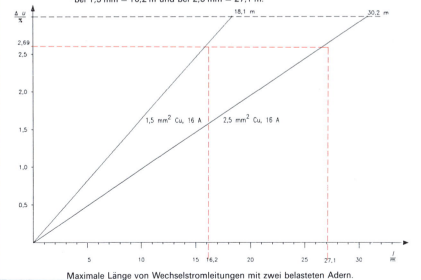

Maximale Länge von Wechselstromleitungen mit zwei belasteten Adern.

Graphische Symbole für Schaltungsunterlagen DIN 40900

Teil 1 Allgemeines

Begriff und Definitionen

Symbolelemente sind Figuren, Zeichen, Ziffern oder Buchstaben, die nur in Kombination mit Grundsymbolen angewendet werden.

Grundsymbole sind Figuren mit festgelegter Bedeutung, die für Funktionseinheiten oder Baueinheiten charakteristisch sind.

Schaltzeichen sind Darstellungen von Funktionseinheiten oder Baueinheiten. Sie werden aus Grundelementen und Symbolelementen gebildet.

Kennzeichen sind Schaltzeichen oder Symbolelemente, die Schaltzeichen beigefügt werden, um deren Bedeutung festzulegen.

Blocksymbole sind vereinfachte Darstellungen von Funktionseinheiten oder Baueinheiten durch ein einzelnes Schaltzeichen.

Beispiele

Wh   Wh Wattstunden

Meßgerät, integrierend

Wattstundenzähler (Wh)

Wattstundenzähler mit Drucker, fernbetätigt (→ Wh)

Wechselsprechstelle

Bildung neuer Schaltzeichen

Ist für ein konkretes Betriebsmittel bisher kein genormtes Schaltzeichen vorgegeben, dann darf durch Kombinieren von Grundsymbolen, Symbolelementen, Kennzeichen oder Schaltzeichen ein neues Schaltzeichen gebildet werden.

z. B. Durch Motor betätigter 3poliger Leistungstrennschalter mit zwei getrennten Meldekontakten.

Größe der Schaltzeichen

Verkleinerte oder vergrößerte Schaltzeichen sollen ihre Proportionen beibehalten.

z. B. Halbleiterdiode oder Transformator mit zwei getrennten Wicklungen.

Lage der Schaltzeichen

Die Lage, in der sie in der Norm dargestellt sind, ist nicht zwingend. Sie dürfen gedreht oder gespiegelt werden, wenn ihre Bedeutungen dadurch nicht verändert werden.

z. B. Spannungsabhängiger Widerstand

Anschlüsse an Schaltzeichen

Soweit nichts anderes vermerkt ist, ist die gezeigte Anordnung der Anschlußlinien nur eine von mehreren Möglichkeiten.

z. B. Anschlüsse an einem Spannungsmesser.

Graphische Symbole für Schaltungsunterlagen DIN 40900

Teil 2 Symbolelemente und Kennzeichen für Schaltzeichen

International genormte Schaltzeichen

Form 1, Form 2, Form 3 — Betriebsmittel / Gerät / Funktionseinheit		Form 1, Form 2 — Hülle / Gehäuse / Röhrenkolben

Begrenzungslinie für Betriebsmittel, die funktionsmäßig zusammengehören	Abschirmung	Gleichstrom	Wechselstrom	∼50Hz / ∼100…600kHz — Wechselstrom, 50 Hz; Wechselstrom mit dem Frequenzbereich: 100 kHz bis 600 kHz

3N ∼ 50Hz 400/230V
Dreiphasen-Vierleitersystem mit drei Außenleitern und einem Neutralleiter, 50 Hz, 400 V (230 V zwischen jedem Außenleiter und dem Neutralleiter). 3N darf durch 3/N ersetzt werden

Wechselstrom, verschiedene Frequenzbereiche
Niedrige Frequenzen, z.B. Stromversorgung | Mittlere Frequenzen, z.B. Tonfrequenz | Hohe Frequenzen, z.B. Rundfunk

Veränderbarkeit, nicht inhärent* — linear / nicht linear	Veränderbar, inhärent — linear / nicht linear	Einstellbarkeit

* inhärent. Die veränderbare Größe wird von der Eigenschaft des Bauteils gesteuert.

Stetige Funktion	Stufige Funktion	Einstellbarkeit, stetig	Veränderbarkeit, nicht inhärent — 5stufig / stetig

Geradlinig wirkende Kraft oder Bewegung, in Pfeilrichtung	Drehung in Richtung des Pfeiles	Drehung in beide Richtungen	Drehung, in beiden Richtungen begrenzt	Periodische Bewegung

Übertragung, Energiefluß, Signalfluß
in einer Richtung (simplex) | in beide Richtungen, gleichzeitig | in beide Richtungen, nicht gleichzeitig

Senden | Empfangen
Der Punkt darf entfallen, wenn die Bedeutung der Pfeilspitze in Verbindung mit dem Schaltzeichen, auf da sie sich bezieht, eindeutig ist.

Materie, allgemein Stoff, allgemein	Materie, fest	Materie, flüssig	Materie, gasförmig	Isolierstoff Dielektrikum

Strahlung, nicht ionisierend, elektromagnetisch, z.B. sichtbares Licht	Strahlung, nicht ionisierend, kohärent, z.B. kohärentes Licht	Strahlung, ionisierend z.B. Röntgenstrahlen	Drucken auf Blatt	Fernkopieren

20 Graphische Symbole für Schaltungsunterlagen DIN 40900

Symbol	Bezeichnung	Symbol	Bezeichnung
Form 1 / Form 2	Wirkverbindung, allgemein		Selbsttätiger Rückgang
	Raste (Nicht selbsttätiger Rückgang): allgemein, nicht eingerastet, eingerastet		
Form 1 / Form 2	Verzögerte Wirkung		Sperre: nicht verklinkt, verklinkt
	Bremse: eingelegt, gelöst		
	Handbetrieb, allgemein		Betätigungsarten: Ziehen, Drücken, Drehen, Berühren, Pedal
	Betätigungsarten: Schlüssel, Kurbel, Rolle, Nocken, Motor, Uhr		
	Arten von Wirkungen oder Abhängigkeiten: Thermische Wirkung, Elektromagnetische Wirkung, Magnetfeld-Wirkung, Verzögerung		Betätigung durch: elektromagnetischen Überstromschutz, thermischen Antrieb
	Kraftantrieb, allgemein. Hinweise auf die Art in das Quadrat eintragen		Betätigung durch elektromagnetischen Antrieb
	Betätigung durch: Flüssigkeits-Pegel, Strömung, allgemein		Notschalter
	Erde, allgemein		Schutzerde
	Masse/Gehäuse. Die Schraffur darf entfallen, wenn keine Unklarheit besteht.		Fehler (angenommener Fehlerort)
	Überschlag Isolationsfehler		
	Impulsformen: Positiver Impuls, Negativer Impuls, Wechselstrom-Impuls, Positive Schrittfunktion, Negative Schrittfunktion, Sägezahn		

National genormte Schaltzeichen

	Handantrieb, Betätigung durch Kippen
	Handantrieb, abnehmbar, z.B. Steckschlüssel
	Schaltschloß mit mechanischer Freigabe
	Schaltschloß mit elektromechanischer Freigabe
	Mitnehmer
	Rutschkupplung
	in beide Richtungen
	Sperre von Hand lösbar
	mit abnehmbarem Handantrieb
	Verzögerung, mechanisch, nach rechts und links
	Kraftantrieb, dargestellt mit Handaufzug
	Kapazitiver Effekt

20 Graphische Symbole für Schaltungsunterlagen DIN 40900

Teil 3 Schaltzeichen für Leiter und Verbinder

International genormte Schaltzeichen

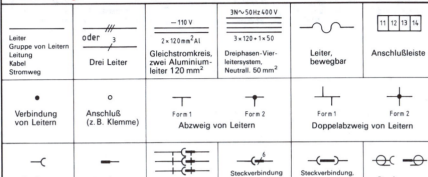

National genormte Schaltzeichen

Teil 4 Schaltzeichen für passive Bauelemente

International genormte Schaltzeichen

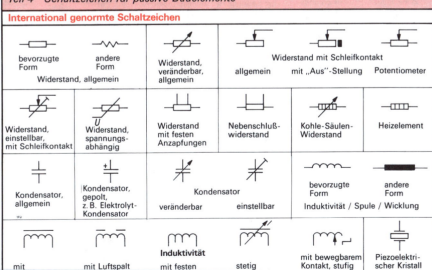

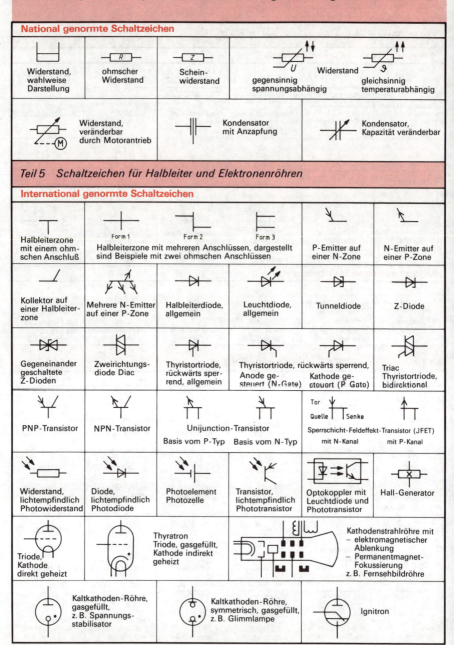

Graphische Symbole für Schaltungsunterlagen DIN 40900

Teil 6 Schaltzeichen für Erzeugung und Umwandlung elektrischer Energie

International genormte Schaltzeichen

L	Zweiphasenwicklung, L-Schaltung
V	Dreiphasenwicklung, V-Schaltung (60°)
△	Dreiphasenwicklung, Dreieckschaltung
Y (mit Neutralleiter)	Dreiphasenwicklung, Sternschaltung mit herausgeführtem Neutralleiter
Zickzack	Dreiphasenwicklung, Zickzackschaltung
‖‖‖ 3~	Dreiphasen-System
| 6	Sechs getrennte Wicklungen
|_	Zwei getrennte Wicklungen
⌒	Wendepol- oder Kompensationswicklung
⌒⌒⌒	Reihenschlußwicklung
⌒⌒⌒	Nebenschlußwicklung oder fremderregte Wicklung
Bürste	Bürste (an Schleifring oder Kommutator)
●	Maschine, allgemein
	An die Stelle des Sterns (*) muß eines der folgenden Kennzeichen eingetragen werden: C Umformer, G Generator, M Motor, MS Synchronmotor
(M)	Linearmotor, allgemein
(M)	Schrittmotor, allgemein
(M)	Gleichstrom-Reihenschlußmotor
(M)	Gleichstrom-Nebenschlußmotor
(G)	Gleichstrom-Doppelschlußgenerator, dargestellt mit Bürsten
(M)(G)	Gleichstrom-Umformer, rotierend, mit gemeinsamer Feldwicklung
(M 1~)	Wechselstrom-Reihenschlußmotor, einphasig
(GS 3~)	Drehstrom-Synchrongenerator mit Dauermagneterregung
(MS 1~)	Synchronmotor, einphasig
(GS)	Drehstrom-Synchrongenerator, Sternschaltung, Neutralleiter herausgeführt
(M 3~)	Drehstrom-Asynchronmotor mit Käfigläufer
(M 1~)	Asynchronmotor, einphasig, mit Käfigläufer, Enden für eine Anlaufwicklung herausgeführt
(M 3~)	Drehstrom-Asynchronmotor mit Schleifringläufer
(M 3~)	Drehstrom-Linearmotor, Bewegung in nur einer Richtung
Form 1 / Form 2	Transformator mit zwei Wicklungen
Form 1 / Form 2	Drehstromtransformator, Stern/Dreieckschaltung
Form 1 / Form 2	Drehstromeinheit aus Einphasentransformatoren, Stern/Dreieckschaltung
Form 1 / Form 2	Transformator mit drei Wicklungen
Form 1 / Form 2	Drehstromtransformator mit Last-Stufenschalter, Stern/Dreieckschaltung
Form 1 / Form 2	Drehstromtransformator, Stern/Zickzackschaltung, mit Neutralleiter
Form 1 / Form 2	Spartransformator

Graphische Symbole für Schaltungsunterlagen DIN 40900

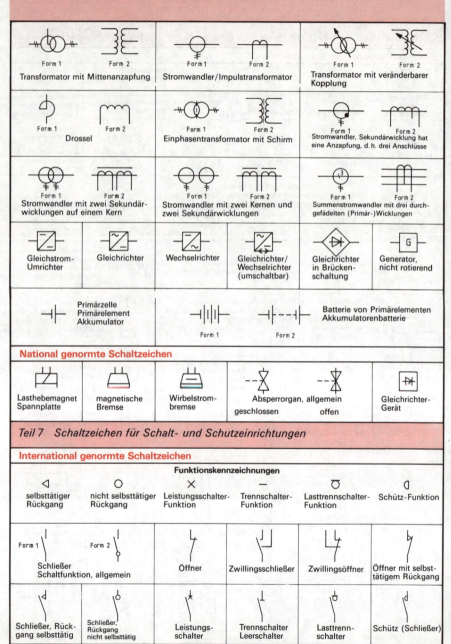

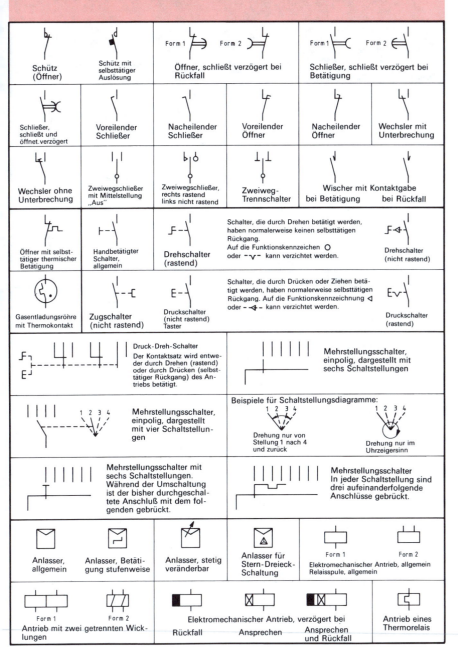

Graphische Symbole für Schaltungsunterlagen DIN 40900

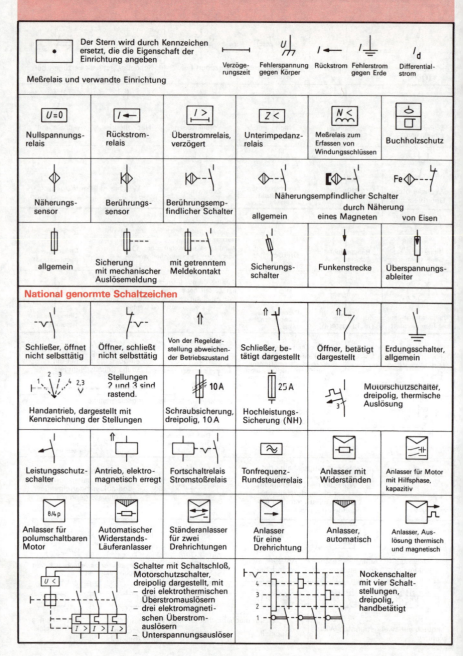

Graphische Symbole für Schaltungsunterlagen DIN 40900

Teil 8 Schaltzeichen für Meß-, Melde- und Signaleinrichtungen

International genormte Schaltzeichen

Der Stern in den Schaltzeichen muß durch eine der nachstehenden Angaben ersetzt werden:
- Zeichen für die Einheit der zu messenden Größe
- Zeichen für die zu messende Größe
- chemische Zeichen oder andere Sonderzeichen

Diese Angaben sollten sich auf die Anzeige beziehen.

Symbol	Bezeichnung
⊙	anzeigend,
⊡	Meßgerät, allgemein aufzeichnend
(mit *)	integrierend, z.B. Elektrizitätszähler

V	Hz	↑	cosφ	var	n
Spannungsmeßgerät, Voltmeter	Frequenzmeßgerät	Galvanometer	Leistungsfaktormeßgerät	Blindleistungsmeßgerät	Drehzahlmeßgerät

W	⟋\	W | var	Wh	Wh	varh
Wirkleistungsschreiber	Kurvenschreiber	Wirk-/Blindleistungsschreiber	Wattstundenzähler Elektrizitätszähler	Wattstundenzähler mit Drucker	Blindverbrauchszähler

h	Ah	Form 1	Form 2	Thermoelement mit nicht isoliertem Heizelement	mit isoliertem Heizelement
Betriebsstundenzähler	Amperestundenzähler	Thermoelement			

Uhr, allgemein Nebenuhr	Hauptuhr	Uhr mit Schalter	Impulszähler, elektrisch betätigt	Lampe, allgemein Leuchtmelder, allgemein	RD rot / YE gelb / GN grün / BU blau / WH weiß

Horn Hupe	Wecker Klingel	Gong Einschlagwecker	Schnarre Summer	Sirene	Pfeife, elektrisch betätigt

National genormte Schaltzeichen

Meßwerk, allgemein	Meßwerk mit einem Spannungspfad / Strompfad (wenn Unterscheidung erforderlich)	Meßwerk mit Anzapfung	Meßwerk zur Summen- oder Differenzbildung	Meßwerk zur Produktbildung

Meßwerk zur Quotientenbildung	Registrierwerk, allgemein Linienschreibwerk	Anzeige, allgemein	Anzeige, digital Anzeige, numerisch	Dehnungsmeßstreifen	Widerstandsthermometer

Polizeimelder	Brandmelder	Brandmelder, selbsttätig	Temperaturmelder, Bimetallprinzip	Rauchmelder, lichtabhängiges Prinzip	Erschütterungsmelder

Graphische Symbole für Schaltungsunterlagen DIN 40900

Teil 9 Schaltzeichen für die Nachrichtentechnik: Vermittlungseinrichtungen

International genormte Schaltzeichen

Mikrophon, allgemein	Kondensatormikrophon	Hörer, allgemein	Handapparat	Lautsprecher, allgemein	Lautsprecher/Mikrophon

Teil 10 Schaltzeichen für die Nachrichtentechnik: Übertragungseinrichtungen

International genormte Schaltzeichen

Antenne, allgemein	Rahmenantenne	Faltdipolantennen: Schleifendipol	drei Direktoren, ein Reflektor	Verstärker, allgemein, dargestellt mit Ein- und Ausgang (Form 1)	(Form 2)
Frequenzumsetzer	Sinusgenerator 500 Hz, Frequenz veränderbar		Sägezahngenerator	Pulsgenerator	Pulsinverter
Dämpfungsglied allgemein	Dämpfungsglied veränderbar	Filter, allgemein	Hochpaß	Tiefpaß	Bandsperre

Teil 11 Schaltzeichen für Netze und Elektroinstallation

International genormte Schaltzeichen

Leiter, allgemein	Leiter im Erdreich Erdkabel	Erdkabel mit Verbindungsstelle	Leiter im Gewässer Seekabel	Leiter, oberirdisch Freileitung	Kabelkanal, Trasse Elektro-Installationsrohr
Neutralleiter (N) Mittelleiter (M)	Schutzleiter (PE)	Neutralleiter mit Schutzfunktion (PEN)	Drei Leiter, ein Neutralleiter, ein Schutzleiter	Leitung nach oben führend	Leitung, nach unten führend
Dose, allgemein Leerdose, allgemein	Anschlußdose Verbindungsdose	Hausanschlußkasten mit Leitung	Verteiler mit fünf Anschlüssen	Schutzkontaktsteckdose	Steckdose, abschaltbar
Schalter, allgemein	Schalter mit Kontrolleuchte	Zeitschalter, einpolig	Ausschalter, zweipolig	Serienschalter, einpolig	Wechselschalter, einpolig

Graphische Symbole für Schaltungsunterlagen DIN 40900

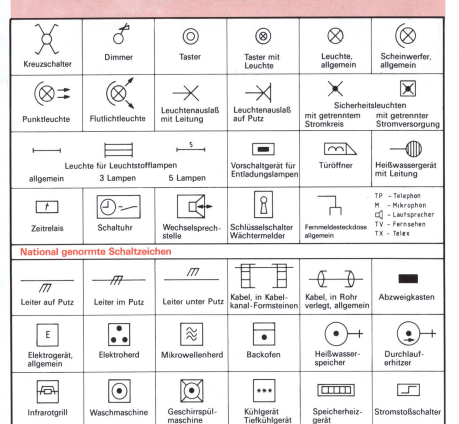

National genormte Schaltzeichen

Teil 12 Schaltzeichen für binäre Elemente

International genormte Schaltzeichen

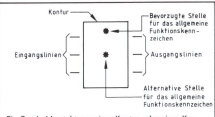

Ein Symbol besteht aus einer Kontur oder einer Konturenkombination, zusammen mit einem oder mehreren Kennzeichen.
Die Anwendung der Symbole erfordert außerdem die Darstellung von Eingangs- und Ausgangslinien.

Begriffserklärungen:

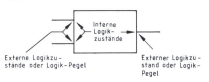

„**Interner Logik-Zustand**" bezeichnet den Logik-Zustand, der innerhalb einer Symbolkontur an einem Ein- oder Ausgang angenommen wird.

„**Externer Logik-Zustand**" bezeichnet den Logik-Zustand, der außerhalb einer Symbolkontur angenommen wird.

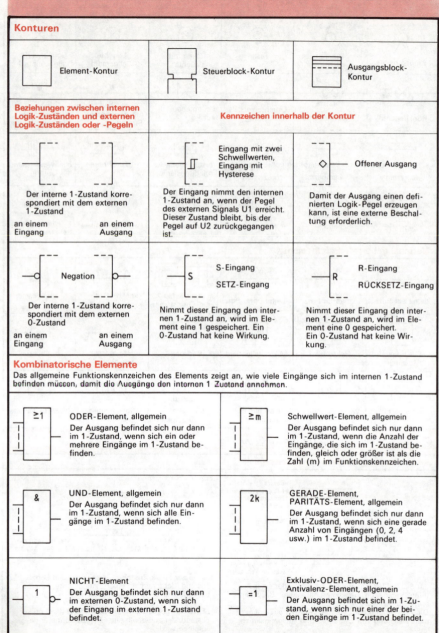

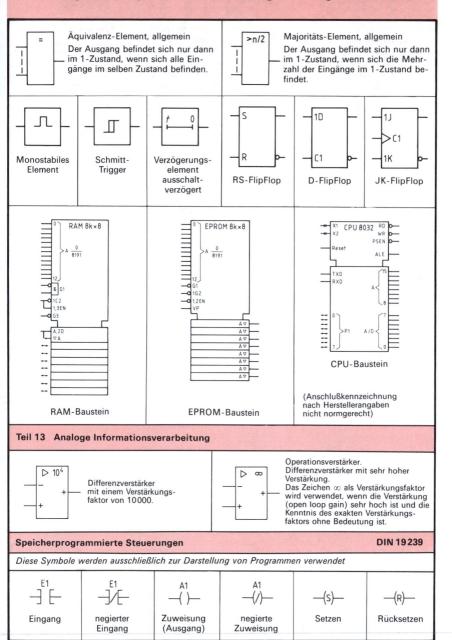

21 Sachwortverzeichnis

A
Abschaltzeiten 37
Adreßdekoder 331
Analog-Digitalwandler 340, 341
Analogverstärker 280
Anlasser (Gleichstrommotoren) 152, 153
Antennenanlagen 28, 29
Assoziatives Gesetz 302
Astabile Kippstufe 270
Asynchronmotor als Generator 183
Ausschaltungen 60, 61
Automatikkochplatte 99

B
Backofen 95
Basisschaltung 262
Beleuchtung (Richtwerte) 364
Betriebsmittelkennzeichnungen 365
Bipolare Transistoren 261
Bistabile Kippstufe 266
Blindleistungskompensation 227
Blitzschutz 30, 31
Bremslüfter 176, 177
Bremsschaltungen 176–181
Bremswächterschaltungen 220, 221
Bügelautomat 86
Busorganisation 127

C
Codierschaltung 275

D
Dahlanderschaltung 168, 169
Dämmerungsschalter 265
de Morgansches Gesetz 308, 309
Demultiplexer 277
Diac 258, 259
Differenzverstärker 283
Digital-Analogwandler 338, 339
Digitale Meßgeräte 250–253
Dimmer 259
Direktes Berühren 35, 36
Distributives Gesetz 303, 304
Drehstromgeneratoren 182, 183
Drehstromgleichrichter (Gesteuert) 228, 229
Drehstrommotor (Direktes Schalten) 158, 159
Drehstrommotor (Sternschaltung, Dreieckschaltung) 158, 159
Drehstrommotor als Wechselstrommotor 184, 185
Drehstrommotor (Stern-Dreieckschaltung) 162–165
Drehstrommotoren 158–183
Drehstrommotoren (Polumschaltung) 166–173
Drehstrommotoren (Drehrichtungsumkehr) 160, 161
Drehstromschleifringläufer-Selbstanlasser 222, 223
Drehstromsteller 235
Drehstromtransformatoren (Schaltgruppen) 132, 133
Drehstromtransformatoren 132, 133
Dualzähler 273, 274
Durchlauferhitzer 93, 94

E
Einphasengleichrichter 138, 139
Einphasentransformatoren 130, 131
Einphasen-Wechselstrommotoren 184–189
Elektromotorische Antriebe (Vierquadrantenbetrieb) 238, 239
Elektronik 254–281
Emitterschaltung 262
Erdungswiderstand (Messung) 44
Erstprüfungen 46–59

F
Feldeffekttransistoren 278, 279
Feldstellanlasser 153
Feldsteller 148, 149
Fernhörer 122
Fernsprechanlagen 122–125
FI-Schutzeinrichtung (Nachweis der Wirksamkeit) 45
Flankensteuerung 271
Flipflop 266
Formeln 344–357
Freilaufdiode 254
FU-Schutzeinrichtung (Nachweis der Wirksamkeit) 46
Funkentstörung 26, 27
Funktionskleinspannung 36

G
Gebäudesystemtechnik 126, 127
Gegenstrombremsung 180, 181
Gleichrichter 138–143
Gleichrichter (Siebglieder) 140
Gleichrichterschaltungen (Übersicht) 143
Gleichstrombremsung 178, 179
Gleichstromgenerator (Fremderregt) 145
Gleichstromgenerator (Doppelschluß) 147
Gleichstromgenerator (Nebenschluß, Reihenschluß) 146
Gleichstrommaschinen 144–157
Gleichstrommotor (Wendeschaltung) 154, 155
Gleichstrommotor (Doppelschluß) 151

Gleichstrommotor (Nebenschluß, Reihenschluß) 150
Gleichstromschütz 156, 157
Gleichstromsteller 231
Graphische Symbole 370–383
Gruppenschaltung 62, 63

H
Halbleiter (Typenbezeichnungen) 366
Halbleiter (Bauformen) 367
Harmonisierte Leitungen 12
Hauptpotentialausgleich 39, 54
Hausanschlüsse 20
Haushaltgeräte 84–101
Heimfernsprechanlage 123
Heißleiter 268
Heißwassergeräte 92, 93, 94
Heizgeräte 87
Heizkissen 90, 91
Heizlüfter 88, 89
Herd 95–101
Herdanschlüsse 101
Hilfsschütz 196, 197
Hörmelder 112

I
Indirektes Berühren 36–42
Installationsplan 25
Installationspläne (Gebäudeschnitte) 22, 23
Installationspläne (Verteilungsplan) 24
Installationszonen 15, 16, 17
Interface 333
Isolationsprüfung 43
Isolationsüberwachung 42
Istwerterfassung 343

J
JK-Flipflop 272

K
Kabel 14
Kaltleiter 260
Klingelanlage 114, 115
Kollektorschaltung 262
Komparatorschaltung 290
Kondensatormotor 187
Konstantspannungsquelle 289
Konstantstromquelle 288
Kreuzschaltung 66, 67
Kühlschrank 106, 107

L
Lampenschaltungen 60–83
Lautsprecher 122

LDR-Widerstand 261
Leistungselektronik 228–239
Leistungselektronik (Wechselstromsteller) 234
Leistungselektronik (Elektromotorische Antriebe) 238, 239
Leistungselektronik (Umrichter) 236
Leistungselektronik (Drehstromgleichrichter) 228, 229
Leistungselektronik (Wechselrichter) 232, 233
Leistungselektronik (Gleichstromsteller) 231
Leistungselektronik (Drehstromsteller) 235
Leistungselektronik (Gleichstromschalter) 230
Leistungsfaktormessung 247
Leistungsmessung 246
Leitungen (Kennzeichnungen) 363
Leitungen (Querschnitte) 360, 361
Leitungen (Kurzzeichen) 12, 13
Leitungen (Überstromschutz) 18, 19, 358, 359
Leitungen (Strombelastbarkeit) 18, 19
Leuchtröhrenschaltung 82, 83
Leuchtstofflampen 76–80
Lichtabhängige Widerstände 261
Logische Schaltungen 298–311

M
Mehrphasengleichrichter 142
Merker 266
Meßgeräte (Symbole) 240
Meßschaltungen 240–253
Mikrofon 122
Mikroprozessorsteuerungen 328–343
Monostabile Kippstufe 268, 269
Motorschutz 192, 193
Multiplexer 276
Multivibrator 270

N
Nachtstrom-Speicheröfen 108–111
NAND-Element 306
NAND-Funktion 263
Natriumdampflampe 81
Netzformen 33
Netzumschaltung 224, 225
NICHT-Funktion 263
NICHT-Verknüpfung 305
NOR-Element 307
NOR-Funktion 263
Notbeleuchtung 74, 75
NTC-Widerstand 260

O
ODER-Verknüpfung 300
Offsetspannung 285
Operationsverstärker 282–297

Operationsverstärker (Eingänge) 284
Operationsverstärker (Summierend) 292
Operationsverstärker (Spannungsversorgung) 282
Operationsverstärker (Gegen-, Mitkopplung) 291
Operationsverstärker (Nichtinvertierend) 286
Operationsverstärker (Integrierend) 293
Operationsverstärker (Invertierend) 287

P
Phasenanschnittsteuerung 256, 257
Polumschalt-Wendeschütz 214, 215
Polumschaltschütz 201–213
Polumschaltung 166–173, 210–219
Polumschaltung (Dahlanderschaltung) 168–171
Polumschaltung (Getrennte Wicklungen) 166, 167
PTC-Widerstand 260

Q
Quecksilberdampf-Hochdrucklampe 81

R
Raumschutzanlagen 118–121
Richtimpulsschaltung 267
RS-Flipflop 267
Rufanlage 116, 117

S
Schaltalgebra (Grundgesetze) 311
Schaltdioden 254
Schaltzeichen 370–383
Schleifenwiderstand (Messung) 44
Schleifringläufer 174, 175
Schmitt-Trigger 264
Schnellkochplatte 98
Schrittschaltsteuerungen 226, 227
Schutz durch Abschaltung 40, 41, 42
Schutzarten 33, 362
Schutzbereiche 17
Schutzisolierung 38
Schutzklassen 33, 362
Schutzkleinspannung 36
Schutzmaßnahmen (Zulässige Berührungsspannung) 32
Schutzmaßnahmen (Gefährdungsbereiche) 32
Schutzmaßnahmen (Indirektes Berühren) 36–42
Schutzmaßnahmen (Direktes Berühren) 35, 36
Schutzmaßnahmen (Erstprüfungen) 46–59
Schützschaltungen 190–227

Schützschaltungen (Schrittschaltsteuerung) 226, 227
Schützschaltungen (Begrenzungsschaltungen) 204, 205
Schützschaltungen (Polumschaltungen) 210–219
Schützschaltungen (Steuerstromkreise) 190, 191
Schützschaltungen (Selbsthaltung) 195
Schützschaltungen (Zeitverzögertes Schalten) 198–201
Schützschaltungen (Bremswächter) 220, 221
Schützschaltungen (Stern-Dreieck-Schaltung) 206–209
Schützschaltungen (Hilfsschütz) 196, 197
Schützschaltungen (Wendeschütz) 202, 203
Schutztrennung 38
Selbsthaltung 195
Selektivität 21
Serielle Schnittstelle 331
Serienschaltung 62, 63
Serienwechselschaltung 70, 71
Sicherheitsbeleuchtung 74, 75
Sicherungen (Kennlinien) 358, 359
Sicherungen (Baugrößen) 363
Siebentaktschaltung 96, 97
Signalanlagen 112–121
Spannungsabhängige Widerstände 261
Spannungsstabilisierung 281, 294–297
Spannungsvervielfachung 141
Spannungswandler
Speicher-Funktion 266
Speicherprogrammierbare Steuerungen (SPS) 312–327
SPS (Verriegelungsschaltungen) 321
SPS (Programmieren der Grundfunktionen) 315–317
SPS (Drahtbruchsicherheit) 318
SPS (Programmeingabe) 315
SPS (Klammerfunktion) 324
SPS (Selbsthalteschaltung) 320
SPS (Ausschaltverzögerung) 326, 327
SPS (Einschaltverzögerung) 325
SPS (Merker) 322, 323
Stabilisierungsschaltungen 281
Stern-Dreieck-Schaltungen 162, 163, 206, 207
Stern-Dreieck-Wendeschaltung 164, 165, 208, 209
Stern-Dreieckschütz 206, 207
Steuerungscomputer 328–337
Strom- und Spannungsmessung 241
Stromrichterschaltung 237
Stromstoßschalter 68, 69
Stromwandler 137
Synchronmotor als Generator 182

T

T-Kippelement 273
Tabellen 358–369
Taktoszillator 343
Taktzustandgesteuertes Flipflop 271
Tarifumschaltung 110, 111
Temperaturabhängige Widerstände 260
Temperaturregelung 84, 85, 342
Temperaturschalter 265
Thyristor 256, 257
Transformatoren 128–137
Transformatoren (Parallelbetrieb) 135
Transformatorstation 134
Treppenhausbeleuchtung 72, 73
Triac 258, 259
Trigger-Flipflop 273
Tristate 331
Türlautsprecheranlage 124, 125
Türöffner 113

U

Überstromschutz 18, 19
Umrichter 236
UND-Verknüpfung 299

V

VDR-Widerstand 261
Verknüpfungselemente 310
Verriegelungsschaltung 267
Verteilungsplan 24
Verzögerungsdiode 254
Vielfachmeßinstrument 244, 245, 250–253
Vorrangschaltung 267

W

Waschvollautomat 102–105
Wechselrichter 232, 233
Wechselschaltungen 64, 65
Wechselstrommotoren mit Hilfswicklung 186, 187
Wechselstromsteller 234
Wendepole 144, 149, 151
Wendeschaltungen 154, 155, 160, 161, 164, 165, 170, 171, 188, 189, 208, 209, 214, 215
Wendeschütz 202, 203
Widerstandsmeßbrücken 243
Widerstandsmessungen 242, 243
Widerstandsthermometer 243

Z

Zähler 248, 249
Zähler (Zählerplatz mit Verteilung) 24
Zählerauswertung 275
Zeit-Funktion 268, 269
Zeitverzögertes Schalten 198–201, 269, 325–327
Zenerdioden 255
Zweiflanken-A/D-Wandler 251
Zweiflankensteuerung 272